信息科学技术学术著作丛书

多尺度理论与遥感图像处理及应用

黄世奇　张欧亚　王艺婷　张玉成　著

科学出版社

北　京

内 容 简 介

本书介绍多尺度理论在遥感图像处理中的应用，涉及多尺度的概念、小波多尺度变换、多尺度几何分析理论、经验模态分解、邻域多尺度滤波器和深度学习多尺度卷积等理论，并用于光学、红外、高光谱、合成孔径雷达等遥感图像处理，主要包括红外图像滤波、光学图像雾霾去除和合成孔径雷达图像增强，以及遥感图像的特征提取、目标检测、语义分割、地物分类和变化检测等，还结合近年来的研究成果对相关理论和算法在应用领域的实践情况进行介绍。

本书可供高等院校电子信息、遥感、计算机、模式识别、地理信息系统等专业的本科生和研究生学习，也可供相关领域科研人员和工程技术人员参考。

图书在版编目（CIP）数据

多尺度理论与遥感图像处理及应用 / 黄世奇等著. —北京：科学出版社，2023.8
（信息科学技术学术著作丛书）
ISBN 978-7-03-076203-0

Ⅰ. ①多… Ⅱ. ①黄… Ⅲ. ①遥感图像-图像处理-研究
Ⅳ. ①TP751

中国国家版本馆 CIP 数据核字（2023）第 156824 号

责任编辑：张艳芬 魏英杰 李 娜 / 责任校对：崔向琳
责任印制：赵 博 / 封面设计：陈 敬

科学出版社 出版
北京东黄城根北街 16 号
邮政编码：100717
http://www.sciencep.com
北京市金木堂数码科技有限公司印刷
科学出版社发行 各地新华书店经销
＊
2023 年 8 月第 一 版 开本：720×1000 1/16
2024 年 5 月第二次印刷 印张：18 1/2
字数：355 000
定价：**150.00 元**
（如有印装质量问题，我社负责调换）

"信息科学技术学术著作丛书"序

21世纪是信息科学技术发生深刻变革的时代,一场以网络科学、高性能计算和仿真、智能科学、计算思维为特征的信息科学革命正在兴起。信息科学技术正在逐步融入各个应用领域并与生物、纳米、认知等交织在一起,悄然改变着我们的生活方式。信息科学技术已经成为人类社会进步过程中发展最快、交叉渗透性最强、应用面最广的关键技术。

如何进一步推动我国信息科学技术的研究与发展;如何将信息技术发展的新理论、新方法与研究成果转化为社会发展的推动力;如何抓住信息技术深刻发展变革的机遇,提升我国自主创新和可持续发展的能力?这些问题的解答都离不开我国科技工作者和工程技术人员的求索和艰辛付出。为这些科技工作者和工程技术人员提供一个良好的出版环境和平台,将这些科技成就迅速转化为智力成果,将对我国信息科学技术的发展起到重要的推动作用。

"信息科学技术学术著作丛书"是科学出版社在广泛征求专家意见的基础上,经过长期考察、反复论证之后组织出版的。这套丛书旨在传播网络科学和未来网络技术,微电子、光电子和量子信息技术、超级计算机、软件和信息存储技术、数据知识化和基于知识处理的未来信息服务业、低成本信息化和用信息技术提升传统产业,智能与认知科学、生物信息学、社会信息学等前沿交叉科学,信息科学基础理论,信息安全等几个未来信息科学技术重点发展领域的优秀科研成果。丛书力争起点高、内容新、导向性强,具有一定的原创性,体现出科学出版社"高层次、高水平、高质量"的特色和"严肃、严密、严格"的优良作风。

希望这套丛书的出版,能为我国信息科学技术的发展、创新和突破带来一些启迪和帮助。同时,欢迎广大读者提出好的建议,以促进和完善丛书的出版工作。

中国工程院院士

原中国科学院计算技术研究所所长

前　言

遥感技术兴起于 20 世纪 60 年代，经过几十年的发展，我国在遥感领域取得了辉煌的成就，在气象、海洋、环境、资源、测绘和陆地观测等领域形成了完备的国家级卫星遥感对地观测体系，基本上解决了遥感图像数据获取的瓶颈问题。在遥感大数据和智能遥感时代，各种深度卷积神经网络模型和智能算法已逐步应用于遥感图像处理。目前，多源多模态遥感图像数据非常丰富，已形成由粗到细、由单一分辨率到多级分辨率，以及多类型观测数据共存的遥感大数据时代，并在众多领域得到广泛应用。

在自然界中，一切事物都是在一定的尺度范围或空间范围内存在。人眼观察客观世界也是一个多尺度信息获取和感知的过程。人眼观察目标由远及近的过程，就是目标在视网膜中形成图像的过程。人们观察物体时，距离越远，范围越广，即空间尺度越大，看到物体的细节信息越少，轮廓信息越多。因此人们感觉距离越远，物体看起来越模糊，当观察的物体距离越近时，空间尺度越小，越能捕捉到更多的细节信息，因此人们观察近处物体时看起来比较清晰。所以，多尺度的概念与人类的视觉生理特征是密切相关的。同样，遥感图像的获取也是一个在一定尺度空间内对一定区域地貌信息的感知过程。例如，不同观察距离获得的不同分辨率遥感图像，就是典型的空间多尺度图像。每幅图像实际上包含多个尺度的信息，因此可以用多尺度理论把图像中不同尺度信息逐渐展示出来。近年来，作者课题组对多尺度理论在遥感图像处理应用中的相关内容进行研究，取得了一些研究成果，得到国家自然科学基金面上项目(41574008、61379031)、中国博士后科学基金特别资助项目(201104751)和陕西省自然科学基础研究计划一般项目(2016JM6052)和重点项目(2020JZ-57)的支持。

全书共 8 章，分别阐述多尺度理论中概念及其在遥感图像处理中的应用。第 1 章阐述多尺度、高斯函数多尺度空间以及遥感图像多尺度的概念。第 2 章介绍遥感成像类型、多源遥感图像尺度空间特征和多尺度遥感图像融合的概念。第 3 章阐述小波多尺度变换在 SAR 图像变化检测、SAR 目标分割和高光谱遥感图像条带噪声去除中的应用。第 4 章是多尺度几何分析理论应用于 SAR 图像处理、特征提取和目标检测。第 5 章是经验模态分解用于 SAR 图像处理。第 6 章是多尺度 Retinex 理论与遥感图像增强处理。第 7 章是遥感图像多尺度特征提取用于分类和增强。第 8 章是基于深度卷积神经网络的遥感图像处理。

本书的撰写过程中，参阅了大量的国内外文献资料和网络资料，在此向各位文献的作者表示衷心的感谢。书中部分遥感图像数据来源于公开数据，在此表示感谢。本书的第 1、3 和 6 章由黄世奇执笔，第 2 章由黄世奇和张欧亚执笔，第 4 和 5 章由黄世奇和王艺婷执笔，第 7 和 8 章由黄世奇和张玉成执笔。这些工作也包含团队的研究成果，他们是卢莹、苏培峰、蒲学文、罗鹏、孙柯和赵伟伟，在此表示感谢。本书的出版得到了广州商学院、火箭军工程大学、西京学院和西安邮电大学等单位的支持，在此表示感谢。

由于遥感科学与技术发展非常迅速，加之作者水平有限，书中难免存在不妥之处，恳请读者指正。

作 者

2023 年 8 月

目　录

第1章 绪 论

遥感技术兴起于20世纪60年代，它根据电磁波理论，利用各种传感仪器对远距离目标所反射或辐射的电磁波能量进行接收与处理,实现对地物目标的探测、定位、分类和识别。遥感技术按不同的分类标准可以分成不同的类型。例如，按电磁波谱可分为紫外遥感、可见光遥感、红外遥感和微波遥感；按传感器搭载平台可分为航天遥感、航空遥感和地面遥感；按信息记录方式可分为成像遥感和非成像遥感等。由于图像包含信息多，所以应用最广泛的是成像遥感技术。成像遥感技术不但探测范围广、采集数据快、获取手段多，而且具有非常丰富的空间信息，因此已在测绘、环境、灾害、地质、水文、气象、农业、林业、海洋等众多领域中得到广泛应用[1-19]，促进了资源与环境，以及社会生产与管理的全面协调发展。

在短短几十年的发展过程中，我国在遥感领域取得了非凡成就，已在气象、海洋、环境减灾和陆地资源等领域形成完备的国家级卫星遥感对地观测体系[8]，因此遥感数据获取的瓶颈问题基本上得到解决。现在，遥感领域不但进入名副其实的遥感大数据时代[9]，而且步入智能遥感时代，各种深度卷积神经网络模型和智能算法已逐步应用于遥感图像处理[20,21]。目前，多源多模态遥感图像数据非常丰富，已形成由粗到细、由单一分辨率到多级分辨率以及多类型观测数据共存的遥感大数据时代。数据类型多种多样，包括全色图像、多光谱图像、高光谱图像、红外图像、合成孔径雷达(synthetic aperture radar, SAR)图像、激光雷达图像、视频遥感图像、立体遥感图像和夜视遥感图像[10]。这些数据是通过不同平台和传感器技术获取的。同分辨率传感器不同高度平台获取的遥感图像，覆盖地面的区域大小不同，即形成不同尺度比例的图像。此外，同一高度平台不同分辨率传感器获取的遥感图像覆盖地面区域大小也是不同的，即不同分辨率图像，实质上它们就是多尺度图像。获取遥感图像的目的是对环境、资源、气象和海洋进行有效管理和利用，在这个过程中需要对遥感图像进行不同形式的处理、分析和判读，无论是单幅遥感图像的增强、恢复、重建和压缩处理，还是多幅遥感图像的配准、融合及变化检测，多尺度变换都是一种非常重要的处理理论，被广泛使用，如小波变换、多尺度几何分析(multiscale geometric analysis，MGA)理论、经验模态分解、高斯变换、深度卷积神经网络等。

1.1 多尺度的概念

在客观世界中，多尺度的概念与人类的视觉生理特征是密切相关的。与理想的点、线、面不同，自然界的事物都是在一定的尺度范围内存在的。例如，在毫米或者千米的尺度来讨论一棵树是毫无意义的事情，因为在这样的尺度下，树叶或者森林才是人们所要研究的对象。在实验科学方面这种情况更为普遍，例如人们研究量子力学、热力学和天文学三种科学需要在不同的尺度范围内进行；人们需要在尺度不同的地图集上寻找大城市、大城市的某个城镇、城镇的某条乡村小路。事实上，对于客观世界结构的描述，或者对其二维投影图像结构的描述，都需要一个关键的概念来进行约束，即尺度。Lindeberg[22]认为，对图像进行处理时需要考虑尺度的问题。成像系统的传感器通过仿制人类或动物的视觉系统来获取自然界的信息。人类视觉系统感知到的所有客观物体都是其在特定尺度范围内的呈现，并且在不同尺度下可以得到不同的成像。人的大脑可以综合不同尺度下描述的图像，并对它们进行辨别和区分。成像设备每次拍摄的图像，实质上是其对客观自然界在某个尺度的一次感知，所以自然界中实物的多尺度特征不能被全面体现出来，这会降低对图像信息分析的准确性。通常有两种思路可以解决客观物体的多尺度特征问题：一是连续获取不同尺度的图像，即获取不同区域大小或不同分辨率的多尺度图像；二是利用多尺度理论或多参数模型对单尺度图像进行多尺度分解或多参数尺度特征提取，从而获得不同尺度或不同分辨率的子图像。这种基于多尺度变换的图像表示算法，本质上就是对一组连续尺度的图像展开不同程度的研究，通过各尺度图像的特征以及彼此之间的关联，不但可以获得不同尺度或层次的图像信息，而且可以获得不同尺度图像之间的关系，以及图像深层结构上的信息。

关于尺度的概念，目前学术界有不同的解释。例如，对图像来说，图像不同的分辨率、图像不同的尺寸、卷积核的参数个数和大小均可以作为尺度。在大尺度中，视觉感知到的主要是物体的轮廓和形状等信息；在小尺度中，视觉感知到的是物体的纹理、结构、几何等细节信息。Witkin[23]在1983年首次提出尺度空间(scale space, SS)的概念，并给出一维连续信号的尺度空间定义。尺度空间是一种解决信号尺度问题的理论和算法，由于图像是二维信号的表示形式，因此尺度空间理论同样适用于二维图像处理，只需要对处理的信号增加一个尺度维，变成二维尺度空间，然后在不同的尺度上对信号进行描述和分析。如图1.1所示，随着尺度的增加，图像中的细节信息会被抑制或平滑，获取的信息将是深层信息或抽象信息。

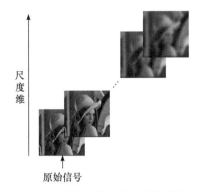

尺
度
维

原始信号

图 1.1　图像信号尺度空间示意图

1.1.1　一维尺度空间

早在 20 世纪 60 年代初就有学者提出信号尺度空间的思想，但是"尺度空间"一词直到 1983 年才被 Witkin[23]提出。Witkin 利用不同方差大小的高斯函数对一维信号进行连续平滑处理，得到一维信号的不同尺度空间信息。

对于一维信号 $f: \mathbb{R} \to \mathbb{R}$，其尺度空间表达为 $L: \mathbb{R} \times \mathbb{R}_+ \to \mathbb{R}$，把原始信号作为尺度空间中的信号，其尺度为 0，即

$$L(x,0)=f(x) \tag{1.1}$$

式中，$f(x)$ 为一维信号。

尺度大于 0 时的信号是通过不同方差的一维高斯函数与原函数进行卷积运算获得的，即

$$L(x, \sigma)=g(x, \sigma)*f(x) \tag{1.2}$$

式中，*为卷积符号；σ 为高斯尺度空间的尺度参数，且 $\sigma \in [0, \infty)$；$g(x,\sigma)$ 为一维高斯函数，其表达式为

$$g(x, \sigma) = \frac{1}{\sqrt{2\pi}\sigma} \exp\left(-\frac{x^2}{2\sigma^2}\right) \tag{1.3}$$

极值是一维信号的一个重要特征。Witkin 在研究一维信号的尺度空间表达式时发现，信号的局部极值个数不会随着尺度个数的增大而增加，即一维信号极值的数目具有尺度非增性。

1.1.2　二维尺度空间

1984 年，Koenderink[24]把一维尺度空间理论扩展到二维图像信号，通过不同方差大小的二维高斯函数对图像进行卷积处理，即可获得图像信息的多尺度空间表达式。

在高斯尺度空间中，用高斯函数作为卷积核生成不同尺度层的算法是目前最

完善的尺度空间理论之一。二维图像的高斯尺度空间可以表示为

$$L(x,y;\sigma)=g(x,y;\sigma)*I(x,y) \tag{1.4}$$

式中，$I(x,y)$ 为二维图像；σ 为高斯尺度空间的尺度参数；与一维尺度空间相似，$L(x,y;0)=I(x,y)$，即尺度为 0 的尺度空间是图像本身。

令 (x,y) 表示像素点的坐标，高斯函数的表达式为

$$g(x,y;\sigma)=\frac{1}{2\pi\sigma^2}\exp\left(-\frac{x^2+y^2}{2\sigma^2}\right) \tag{1.5}$$

当用高斯函数对图像进行高斯卷积处理时，图像的细节信息会被平滑处理。随着尺度参数 σ 的增大，图像的细节信息和几何信息会逐渐被抑制。在尺度从低到高的变化过程中，会产生不同模糊程度的一簇图像，即多尺度图像族，见图 1.2～图 1.5。在高斯尺度空间中，图像之间的尺寸和像素没有变化，但在其他尺度空间中，它们会发生变化，如小波变换。图 1.2 为 Lena 图像的高斯多尺度空间。图 1.3～图 1.5 分别为 SAR 图像的高斯多尺度空间、SAR 图像的金字塔多尺度空间、SAR 图像的小波分解多尺度空间示意图。

图 1.2　Lena 图像的高斯多尺度空间

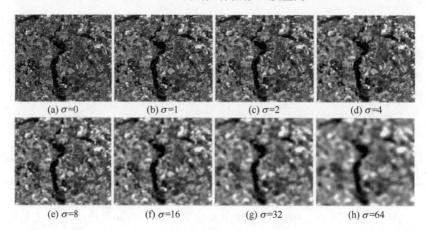

(a) $\sigma=0$　　(b) $\sigma=1$　　(c) $\sigma=2$　　(d) $\sigma=4$

(e) $\sigma=8$　　(f) $\sigma=16$　　(g) $\sigma=32$　　(h) $\sigma=64$

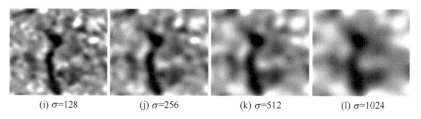

(i) $\sigma=128$　　　　(j) $\sigma=256$　　　　(k) $\sigma=512$　　　　(l) $\sigma=1024$

图 1.3　SAR 图像的高斯多尺度空间

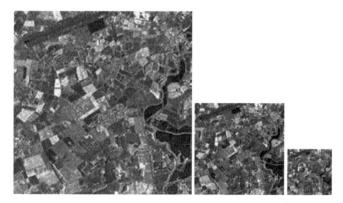

图 1.4　SAR 图像的金字塔多尺度空间

图 1.5　SAR 图像的小波分解多尺度空间

实际上，已有学者从不同的条件假设出发，证明并得到图像尺度空间表示是热传导方差的解[22]。同样，在因果性、匀质性和各向同性的假设条件下，Koenderink[24]也发现高斯函数及其派生函数是唯一能够生成尺度空间的线性卷积核，并证明图像的尺度空间表示也是以原始图像为初始条件的二维热传导方差的解。在图像尺度空间的表达式中，不同尺度的图像等价于热传导方程在不同时刻的解。此时的热传导方程可表示为

$$\partial_t L = \frac{1}{2}\nabla^2 L = \left(\partial_{xx}+\partial_{yy}\right)L \tag{1.6}$$

与二维信号的尺度空间表示类似，在半群性和尺度连续增大时不会有新的局部极值出现的假设下，可以得到一维信号的尺度空间表示是一维热传导方差的解。此时，热传导方程可表示为

$$\partial_t L = \frac{1}{2}\nabla^2 L = \partial_{xx} L \tag{1.7}$$

式中，t 为尺度参数。

1.1.3 高斯函数尺度空间

高斯函数特殊的性质使其成为唯一能够构造尺度空间表达式的线性核函数，因此下面重点讨论高斯函数和尺度空间理论的性质。

1. 高斯函数的性质

1) 半群性

半群性指大尺度的高斯核可由两个或多个小尺度的高斯核卷积得到，即

$$g(\cdot, t_1+t_2)=g(\cdot, t_1) * g(\cdot, t_2) \tag{1.8}$$

式中，$g(\cdot, t)$ 表示尺度为 t 的高斯函数。

2) 可分离性

对于二维及其以上的高斯函数 $g: \mathbb{R}^N \to \mathbb{R}$，可分解为多个一维高斯函数 $g_1: \mathbb{R}^N \to \mathbb{R}$ 的乘积，即

$$g(z; t)=\prod_{i=1}^{N} g_1(z_i; t) \tag{1.9}$$

式中，$z = (z_1, z_2, \cdots, z_N)^T \in \mathbb{R}^N$，用高斯函数可以描述为

$$\frac{1}{(2\pi t)^{N/2}} e^{-z^T z/(2t)}=\prod_{i=1}^{N} \frac{1}{(2\pi t)^{1/2}} e^{-z_i^2/(2t)} \tag{1.10}$$

这表示一个 N 维高斯核可由 N 个一维高斯核相乘得到，这样在计算过程中可以大大减少运算量。

3) 最小时频分辨率

高斯函数是唯一能够使不确定原理在确定的时频不等式中等号成立的实函数，这也是高斯函数独特性的一种体现。

4) 单峰性

高斯函数是单峰函数，可以通过选择不同的标准差来构造信号不同尺度的表达式。不同标准差的高斯函数可以抑制图像中不同尺寸的目标，目标的尺寸小也会被先抑制，因此随着尺度增大，图像中的细节信息会逐渐被抑制。

2. 尺度空间理论的性质

(1) 由高斯函数的半群性可知，信号的大尺度表达式可以由小尺度表达式通过与高斯函数进行卷积运算得到，具体模型如下：

$$L(\cdot, t_1 + t_2) = g(\cdot, t_1 + t_2) * f = g(\cdot, t_1) * g(\cdot, t_2) * f = g(\cdot, t_1) * L(\cdot, t_2) \quad (1.11)$$

(2) 由高斯函数的可分离性可知，图像尺度空间的表达式可由两个一维的高斯核相乘得到，即

$$L(\cdot, t) = g(\cdot, t) * f = g(x, t) \times g(y, t) * f \quad (1.12)$$

这可把二维高斯核函数转化为一维高斯核函数的乘积。

(3) 尺度空间表达 $L(\cdot, t)$ 是由不同方差的高斯核函数与信号 f 卷积得到的，因此可设 $n = (n_1, n_2, \cdots, n_N)^T \in \mathbb{Z}_+^N$，其中 $n_i \in \mathbb{Z}_+$。设 $z = (z_1, z_2, \cdots, z_N)^T \in \mathbb{R}^N$，定义 $z^N = z_1^{n_1} z_2^{n_2} \cdots z_N^{n_N}$，用 $|n|$ 阶微分算子 $\partial_{z^n} = \partial_{z_1^{n_1}} \partial_{z_2^{n_2}} \cdots \partial_{z_N^{n_N}}$ 对 $L(\cdot, t)$ 求微分，可得

$$\partial_{z^n} L(\cdot, t) = \partial_{z^n} (g(\cdot, t) * f) = (\partial_{z^n} g(\cdot, t)) * f \quad (1.13)$$

式中，第 1 个等号是由定义得到的；第 2 个等号是由卷积的性质得到的；$|n| = n_1 + n_2 + \cdots + n_N$。

式(1.13)也表明尺度空间的表达式具有无限可微性。

虽然以上只是简要介绍了一维信号和二维信号的尺度空间表达式的概念，但是尺度空间理论在高维信号中具有类似的性质。

1.2 单尺度傅里叶变换与小波多尺度变换

傅里叶变换是由法国数学家 Fourier 在 1807 年提出的一种把时域信号转换到频域进行分析的算法。其主要思想是，任何周期函数均可由一系列正弦函数的无穷和来表示。该思想对后来的数学界、物理界和工程界都产生了极其深远的影响。傅里叶变换只考虑时域和频域之间的一一对应关系，因此是一种完全的时域与频域分离的分析算法。它揭示了时间函数和频谱函数之间的内在关系，表示了信号在整个时间范围的"全部"频谱成分，所以傅里叶变换的频谱分析算法从诞生以来一直占据着信号分析领域的主导地位，以至于"频谱"一词成了傅里叶变换的代名词。

傅里叶变换的定义是把满足一定条件的某个函数表示成三角函数(正弦函数或余弦函数)或者其积分的线性组合。在不同的研究领域，傅里叶变换具有多种不同的变体形式，如连续傅里叶变换和离散傅里叶变换、一维傅里叶变换和二维傅里叶变换等。

从傅里叶变换的定义可知，相对于单尺度的变换，它是一种全局的变换。在对信号进行处理时，先把信号从时域变换到频域，然后在频域内对信号进行研究

分析和处理。在频域处理完毕后，根据需要再进行反变换，恢复到原来的时域。在这个过程中，获得的是信号在整个时域的频谱，信号的突变成分会被傅里叶变换的积分运算平滑。因此，信号变化的时间、程度和位置无法确定，当然也无法对信号频谱的局域特性进行描述。自然界中许多信号的频谱是随时间变化的，特别是在实际工程应用中对非平稳信号进行处理和分析时，需获得信息的局部时频特性。此时，傅里叶变换的缺陷和不足已明显体现出来，不论是在理论上还是实际应用中都会带来诸多不便，尤其对于非平稳、非高斯和非周期信号的处理。这是因为傅里叶变换有非常严格的约束条件，首先是被分析的系统必须是线性的；其次是信号必须是周期的或平稳的。如果不满足这两个条件，那么用傅里叶变换得到的结果将缺乏物理意义。

针对傅里叶变换不能局部化分析的缺点，Gabor 于 1946 年引入 Gabor 变换，又称短时傅里叶变换(short time Fourier transform, STFT)。短时傅里叶变换通过引入一个局部化窗函数获取信号傅里叶变换的局部信息。窗函数中的参数 b 用来平移窗函数，目的是覆盖整个时域。虽然短时傅里叶变换可以在一定程度上弥补傅里叶变换不具有局部分析能力的缺陷，但是短时傅里叶变换的窗函数一旦确定，窗口的大小和形状也随之确定，所以它是一种单一尺度(单一分辨率)的信号分析算法。如果想获得新的分辨率频谱信息，则必须重新选择或设计新的窗函数才能改变频率的分辨率，这是短时傅里叶变换的天生不足之处。因此，对于非平稳信号和突变信号的处理，短时傅里叶变换很难得到满意的结果，这也给其广泛应用带来了诸多不便。

当用短时傅里叶变换分析信号时，时间和频率的局部窗函数一旦确定下来，窗口的大小(宽度)就不能改变了。因此，在分析具有较高或较低频率的信号时，短时傅里叶变换就不能完成相应的功能。法国地质物理学家 Morlet 于 1984 年对地震信号进行分析时引入了小波变换(wavelet transform, WT)理论。小波变换继承和发展了 Gabor 变换的局部化思想，同时克服了短时傅里叶变换的不足。当采用小波变换对信号进行处理时，基函数，即 $\psi_{a,b}(t) = (1/\sqrt{a}) \cdot \psi[(t-b)/a]$，可用于改变时间及频率窗的大小和位置，其中 a 是尺度因子，用来调节窗口大小，b 是平移因子，用来调整窗口位置。在分析一个突变非平稳信号时，如果信号变化比较剧烈，那么主频率是高频，就要有较高的时间分辨率，即窗口在时间轴上要窄一些；如果信号变化比较平缓，那么主频率是低频，就要有较高的频率分辨率，即窗口在频率轴上要窄一些。小波变换理论是继傅里叶变换之后的一个非常重要的突破性进展，为信号处理等许多相关领域提供了一种强有力的数学分析和处理工具。小波变换是一个时频分析的局域变换，能有效地从信号中提取信息，通过伸缩和平移等运算功能对函数或信号进行多分辨率分析，从根本上克服傅里叶变换只能以单个变量的形式来描述信号的缺陷，以及短时傅里叶变换只能以单尺度方式来描述信号的不足。

法国学者 Mallat 于 1989 年从函数空间剖分的角度把多分辨率分析的算法引入小波变换，从而统一了前人提出的关于小波变换的构造，如小波变换分解与重建，并提出 Mallat 小波快速分解和重建算法，极大地促进了小波变换理论的发展和应用。图像的小波变换类似于高斯多尺度分解塔的形式，也是一种多尺度(多分辨率)的分解理论，而且小波变换是一种非冗余的变换，即图像数据经过小波分解(wavelet decomposition, WD)后得到的数据总量不会增加。小波变换也有连续小波变换、离散小波变换(discrete wavelet transform, DWT)、复小波变换、小波包变换，以及一维小波变换和二维小波变换等多种形式。

1.3　遥感图像多尺度概念

目前，有关遥感图像多尺度概念还没有一个统一的定义。从遥感技术的发展过程来看，遥感图像的空间分辨率不断提高，同样大小的图像对应的地面覆盖区域是随着空间分辨率的提高而不断缩小的。这样就产生了不同区域大小的遥感图像，通常称为不同比例尺的图像，即不同尺度或不同分辨率的图像，也称为多尺度或多分辨率的图像。图 1.6 为不同分辨率的光学遥感图像。图 1.7 为不同分辨率的 SAR 遥感图像。它们都对应不同比例尺的图像。这是从传感器成像的角度来说的，实质上不同分辨率的图像就是不同比例尺的图像，即每次成像就是某尺度下获取的图像。因此，不同尺度的图像包含的信息是不同的，可以通过图像融合技术获得更全面、更完整的信息，融合后的新图像信息会大于单个尺度的图像信息。地面目标在不同尺度的遥感图像中会表现出不同的特征。不同尺度的遥感图像可以满足不同需求的用户，他们可以根据实际需求选择相应尺度的图像，如土地资源的详查和普查、海洋环境的监测和跟踪。

(a) 分辨率15m　　　　　　　　　　(b) 分辨率30m

图 1.6　不同分辨率的光学遥感图像

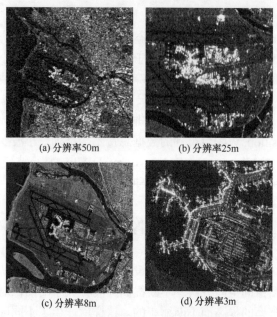

(a) 分辨率50m   (b) 分辨率25m

(c) 分辨率8m   (d) 分辨率3m

图 1.7   不同分辨率的 SAR 遥感图像

  同区域不同尺度的遥感图像通常称为多源图像，这是因为遥感图像是由不同传感器获取的。在某一尺度或者某个分辨率条件下获得的一幅遥感图像，其包含的信息是不变的。如果按照人的视觉系统来分析，单幅遥感图像包含的信息应该是多幅子尺度图像信息的综合。因此，可以利用多尺度分析的理论和算法来分析和提取单幅图像的信息，在不同的尺度上对信息进行深入分析，提取一些隐含的或深层的抽象特征。典型的理论有小波多尺度变换、多尺度几何分析理论和深度卷积神经网络等。由上述分析可知，图像尺度空间表达相对于其他多尺度表达算法是一种信息冗余的表达算法，即尺度大于 0 的各尺度图像的信息都存在于原始图像中，只是利用相邻尺度图像间的强相关性来提取图像特征，但是总的信息量不会增加，如图 1.5 所示。

  多尺度遥感图像指的是不同比例尺或不同分辨率的遥感图像，是多幅异源的遥感图像，主要通过图像融合技术进行处理，重构新的表达图像，以获得更准确、更全面的信息。融合的过程可以采用多尺度空间理论算法完成，如基于小波变换的多源遥感图像融合、基于主成分分析(principal component analysis, PCA)的多源遥感图像融合等。遥感图像多尺度处理指的是用多尺度的处理算法对一幅遥感图像或一系列遥感图像进行分解，通过分析各分解尺度子图像的特征，挖掘重要价值信息，寻找内在联系和关系。这些多尺度空间理论，既包含下采样和非下采样的多尺度变换理论，也包含不同大小核函数窗和多个尺度参数的相关模型。

1.4　本 章 小 结

本章重点介绍尺度空间的概念及其特点、傅里叶变换和小波变换的概念，以及多尺度遥感图像处理的相关概念，为后续章节内容的介绍奠定基础。本书后面的内容涉及多尺度遥感图像的处理与应用，包括融合和变化信息的获取等。此外，还介绍多尺度空间理论来处理遥感图像，用于遥感图像预处理、目标检测和分类等，涉及的算法有多尺度变换理论、多尺度卷积核和多尺度参数等。

参 考 文 献

[1] Saha S, Bovolo F, Bruzzone L. Building change detection in VHR SAR images via unsupervised deep transcoding[J]. IEEE Transactions on Geoscience and Remote Sensing, 2021, 59(3): 1917-1929.

[2] Yao W, Aardt J, Leeuwen M, et al. A simulation-based approach to assess subpixel vegetation structural variation impacts on global imaging spectroscopy[J]. IEEE Transactions on Geoscience and Remote Sensing, 2018, 56(7): 4149-4164.

[3] Tobias L, Christian G, Michael W, et al. Unsupervised change detection in VHR remote sensing imagery-an object-based clustering approach in a dynamic urban environment[J]. International Journal of Applied Earth Observation and Geoinformation, 2017, 54(2): 15-27.

[4] Stumpf A, Maleta J P, Delacourtc C. Correlation of satellite image time-series for the detection and monitoring of slow-moving landslides[J]. Remote Sensing of Environment, 2017, 189(2): 40-55.

[5] Iervolino P, Guida R, Iodice A, et al. Flooding water depth estimation with high-resolution SAR[J]. IEEE Transactions on Geoscience and Remote Sensing, 2015, 53(5): 2295-2307.

[6] 杨潇钮, 余勤, 叶强, 等. 基于遥感技术的输电走廊植被山火预警平台研究[J]. 自然灾害学报, 2021, 30(6): 67-76.

[7] 王立国, 王丽凤. 结合高光谱像素级信息和 CNN 的玉米种子品种识别模型[J]. 遥感学报, 2021, 25(11): 2234-2244.

[8] 童庆禧. 与遥感发展同行——纪念《遥感学报》更名 25 周年[J]. 遥感学报, 2021, 25(1): 1-12.

[9] 李德仁, 马军, 邵振峰. 论时空大数据及其应用[J]. 卫星应用, 2015, 9: 7-11.

[10] 李树涛, 李聪好, 康旭东. 多源遥感图像融合发展现状与未来展望[J]. 遥感学报, 2021, 25(1): 148-166.

[11] 刘代志, 黄世奇, 王艺婷, 等. 高光谱遥感图像处理与应用[M]. 北京: 科学出版社, 2016.

[12] 林赟. 圆迹合成孔径雷达成像与应用[M]. 北京: 电子工业出版社, 2021.

[13] 石俊飞. 全极化合成孔径雷达图像处理模型及方法[M]. 北京: 电子工业出版社, 2022.

[14] 陈哲, 高红民, 申邵洪. 高建强高光谱遥感图像特征提取与分类[M]. 北京: 人民邮电出版社, 2019.

[15] 陈钱. 红外图像处理理论与技术[M]. 北京: 电子工业出版社, 2017.

[16] 李玲. 摄影测量与遥感基础[M]. 北京: 机械工业出版社, 2020.

[17] 赵英时. 遥感应用分析原理与方法[M]. 2 版. 北京: 科学出版社, 2013.

[18] 张良培. 高光谱遥感影像处理[M]. 北京: 科学出版社, 2014.

[19] 黄世奇. 合成孔径雷达成像及其图像处理[M]. 北京: 科学出版社, 2015.

[20] 曹峡. 基于深度对抗学习的农业遥感图像处理应用研究[D]. 成都: 成都大学, 2021.

[21] 容拓拓. 基于深度学习的遥感图像地物分类[D]. 西安: 西安电子科技大学, 2021.

[22] Lindeberg T. Scale-Space Theory in Computer Vision[M]. London: Kluwer, 1994.

[23] Witkin A P. Scale-space filtering: A new approach to multi-scale description[C]//IEEE International Conference on Acoustics, Speech & Signal Processing, Boston, 1983: 150-153.

[24] Koenderink J J. The structure of images[J]. Biological Cybemetics, 1984, 50(5): 363-370.

第2章　多尺度与多分辨率遥感图像处理

2.1　遥感成像类型与原理概述

遥感是指远离探测目标并用探测仪器从远处记录目标的电磁波特性，通过分析并揭示物体特性及其变化的综合性探测技术。探测器的核心部件是传感器，用来收集、测量和记录地物电磁波的辐射信息。因此，传感器的性能决定了整个探测系统的探测能力，这是因为系统对电磁波段的响应能力、地物空间的分辨率，以及获取地物信息量的大小和可靠程度等均依靠传感器来完成。按传感器记录电磁信息的方式来分，遥感可分为非成像遥感和成像遥感。非成像遥感能够探测到地物辐射强度，并用数字或者曲线图形来表示，如辐射计、雷达高度计、散射计和激光高度计等。成像遥感对获取地物辐射能量的强度采用图像的方式表示，如摄影机、光谱成像仪和成像雷达等。本书涉及的多尺度和多分辨率遥感图像有可见光图像、红外图像、高光谱图像和 SAR 图像。下面仅简要介绍红外成像遥感技术、可见光成像遥感技术、高光谱成像遥感技术和 SAR 成像遥感技术。

2.1.1　红外成像遥感技术

红外成像遥感技术是指传感器工作波段限于红外波段范围之内的遥感探测技术。其探测波段一般在 0.76～1000μm，是通过红外遥感器探测远距离植被等地物所反射或辐射红外特性差异的信息，确定地面物体性质、状态和变化规律的遥感技术。因为红外成像遥感在电磁波谱红外谱段进行，主要感受地面物体反射或自身辐射的红外线，所以不受黑夜的限制。

热红外成像遥感技术是利用电磁波谱中 8～14μm 热红外波段及其在大气中传输的物理特性的遥感技术的统称。所有的物质，只要温度超过绝对零度，就会不断发射红外能量。常温地面物体发射的红外能量主要在大于 3μm 的中远红外区，是热辐射，它不但与物质的表面状态有关，而且是物质内部组成和温度的函数。在大气传输过程中，它能通过 3～5μm 和 8～14μm 两个窗口。热红外成像遥感就是利用星载或机载传感器收集并记录地物的这种热红外信息，再利用这种热红外信息识别地物和反演地表参数，如温度、湿度和热惯量等。

目前，基于焦平面探测器的被动式红外成像系统是发展最迅速的红外成像系统，具有以下几方面的优点[1-3]。

(1) 隐蔽性能强。由于红外成像是被动成像，被动接收地物目标发射的红外辐射，无须借助外界光源，因此红外成像遥感技术具有较好的隐蔽性能，不容易被对方发现。

(2) 信息获取能力强。由于红外成像遥感技术工作在电磁波谱的红外谱段，波长较长，具有较强的穿透能力，即使透过很厚的大气层，也能拍摄到地面清晰的影像，同时，红外成像还不受烟雾的影响，因此具有很强的信息获取能力。

(3) 识别能力强。由于目标，特别是人造目标与背景之间通常存在较大的红外辐射差异，因此红外遥感具有较强的反伪装和探测活动目标的能力。

(4) 抗干扰能力强。目标自身辐射的红外线不受电磁波的干扰，因此其抗干扰能力比较强。

因此，红外成像遥感技术在军事、航天、工业、医学、安全、灾害和农业等领域得到广泛应用。红外成像系统主要由红外焦平面探测器、红外成像电子学组件和红外图像处理三部分组成[3]。红外焦平面探测器是红外成像遥感系统的核心器件，主要功能是接收外界的红外辐射并将其转化为相应的电信号。红外成像电子学组件一方面为红外焦平面探测器提供所需的数字信号和模拟信号，从而驱动红外焦平面探测器正常工作，输出目标的信号；另一方面为红外图像处理提供硬件实现平台。红外图像处理部分对红外焦平面探测器输出的信号进行处理，从而得到高质量的红外图像，即红外遥感图像，如图 2.1 所示。

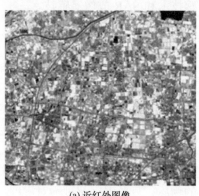

(a) 近红外图像   (b) 短波红外图像

图 2.1 红外遥感图像

2.1.2 可见光成像遥感技术

可见光/反射红外遥感主要指利用可见光(0.38～0.78μm)和近红外(0.78～3μm)波段的遥感技术的统称。前者是人眼可见的波段，后者是反射红外波段，人眼虽不能直接看见，但其信息能被遥感器接收。它们的共同特点是，辐射源是太阳；这两个波段上只反映地物对太阳辐射的反射；根据地物反射率的差异就可以获得有关目标物的信息；都可以用摄影方式和扫描方式成像。

摄影是通过成像设备获取物体图像的技术。传统摄影依靠光学镜头及放置在焦平面的感光胶片来记录物体影像。数字摄影则通过放置在焦平面的光敏元件，经光/电转换，通过数字信号来记录物体的影像。扫描成像是依靠探测元件和扫描镜对目标地物以瞬时视场为单位进行逐点和逐行取样，以得到目标地物电磁辐射特性信息，形成具有一定谱段的图像。图 2.2 为可见光遥感图像。

(a) 多光谱遥感图像   (b) 全色遥感图像

图 2.2 可见光遥感图像

2.1.3 高光谱成像遥感技术

高光谱成像遥感技术出现在 20 世纪 80 年代，是指具有高的光谱分辨率的遥感科学和技术，借助成像光谱仪能在紫外、可见光、近红外和中红外区域获取非常窄且光谱连续的图像数据，为每个像元提供数十至数百个窄波段(通常波段宽度小于 10nm)的光谱信息，能产生一条完整且连续的光谱曲线。图 2.3 为高光谱遥感图像与光谱曲线。每个像素点均能获得连续的光谱特性曲线，使宽波段遥感中不可探测的物质能够在高光谱图像中被探测到。

高光谱成像遥感技术是近年来迅速发展起来的一种全新遥感技术，是集探测器技术、精密光学机械、微弱信号检测、计算机技术、信息处理技术于一体的综合性技术。在成像过程中，它利用成像光谱仪以纳米级的光谱分辨率、几十或几百个波段同时对地物成像，能够获得地物的连续光谱信息，实现地物空间信息、辐射信息和光谱信息的同步获取，从而大大提高对地物属性的定量分析能力，广泛应用于矿物填图、环境监测、植被生态监测、海洋遥感、食品安全和军事伪装识别等领域[4]。

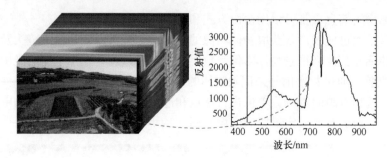

图 2.3　高光谱遥感图像与光谱曲线

高光谱遥感成像具有如下特点。

(1) 波段多且波段宽度窄。高光谱遥感图像数据可以为每个像元提供几十、数百、甚至上千波段的图像，而且波段的宽度小于 10nm。

(2) 波段连续，光谱分辨率高，空间分辨率低。有些传感器可以在 350～2500nm 的光谱范围内提供几乎连续的地物光谱特性曲线，光谱分辨率很高，但空间分辨率较低。

(3) 数据量大。一幅高光谱遥感图像是图像数据立方体，包含数十至数百个波段图像，数据量非常大，而且随着波段数的增加，数据量呈指数增加。

(4) 冗余信息量大。由于相邻波段高度相关，冗余信息量大，特别是在相邻通道间的图像，具有很大的数据冗余。

(5) 图谱合一。高光谱遥感图像数据在传统二维图像的基础上增加了一维光谱信息，形成一种独特的立方体图像数据，从而实现图谱合一。

高光谱遥感图像是用高光谱成像仪获取的。高光谱成像仪按成像手段可以分为线阵列探测器加光机扫描型、面阵列探测器加空间扫描型、光谱扫描型、光谱与空间交叉扫描型。目前，高光谱成像仪主要有两种成像方式，即线阵列探测器摆扫式扫描方式和面阵列探测器推扫式。线阵列探测器摆扫式的工作原理是，通过旋转平面镜沿垂直飞行方向来回摆动，将地面不同目标的辐射能量通过物镜传到色散元件，经过色散元件的分色产生不同波长的辐射能量。该能量再经过像镜汇聚，由线阵列探测器记录下来，形成高光谱数据。空间扫描由旋转平面镜沿垂直飞行方向来回摆动和沿轨道方向的飞行完成。它的优点是扫描视场角大、像元配准好；缺点是成像时间短，进一步提高光谱分辨率和辐射灵敏度比较困难。面阵列探测器推扫式的工作原理是，一次扫描同时收集垂直飞行方向的一行地面数据，经过物镜投射到色散元件上，通过分色产生不同波长的数据，再经过像镜汇聚，由面阵列探测器记录下来。面阵列探测器的一维用来记录光谱维数据，另一维用来记录与地面扫描线对应的线阵列数据。其特点是，线阵列一次扫描成像，因此地面每个目标的扫描时间较长，可以提高系统的灵敏度和空间分辨率；在可见光波段，光谱分辨率可达到 1～2nm，但是视场受到限制。

2.1.4　SAR 成像遥感技术

微波遥感技术是通过接收地物在微波波段(波长为 1mm～1m)的电磁辐射和散射能量来探测和识别远距离物体的技术。微波遥感技术具有全天候工作能力，能穿透云层，不易受气象条件和日照水平的影响。微波遥感按其工作原理可分为有发射源的主动微波遥感和无发射源的被动微波遥感。SAR 就属于一种高分辨率二维成像的主动微波遥感，也是目前微波成像遥感应用最广泛的技术。SAR 是利用雷达与目标的相对运动，把尺寸较小的真实天线孔径用数据处理的算法合成一个较大的等效天线孔径的雷达，从而提高方位向的分辨率，因此也称为综合孔径雷达。

SAR 成像遥感技术诞生于 20 世纪 50 年代初。1957 年 8 月，美国密歇根大学与美国军方合作研究的 SAR 实验系统成功获得第一幅全聚焦的 SAR 图像。1978 年 5 月，美国宇航局发射海洋一号卫星，首次搭载 SAR，并对地球表面 $1 \times 10^8 \mathrm{km}^2$ 的面积进行了测绘。此后 40 多年间，SAR 成像遥感技术凭借其所特有的全天时、全天候，以及对某些地物的穿透能力，广泛应用于全球变化、资源勘查、环境监测、灾害评估和城市规划等领域。同时，SAR 成像遥感技术也得到突飞猛进的发展。由真实孔径雷达的低分辨率成像到 SAR 高分辨率成像，由单极化成像到全极化成像，由单波段成像到多波段成像，由单站成像到双站(多站)成像，由单入射角和单模式成像到多入射角和多模式成像，再到逆合成孔径雷达成像、干涉合成孔径雷达成像、差分干涉合成孔径雷达成像、极化干涉合成孔径雷达成像、三维 SAR 成像[5]和视频 SAR 成像[6]，取得举世瞩目的成绩。因为 SAR 成像遥感技术能弥补光学遥感和红外遥感的不足，特别是在恶劣气候条件和人烟稀少的复杂环境下，SAR 已成为对地观测和对空观测不可缺少的技术手段。

SAR 成像与红外成像及光学成像有本质的区别，红外成像和光学成像是中心投影成像，而 SAR 成像是侧斜距成像。SAR 成像是利用时间延迟和多普勒历程来实现的，因此 SAR 图像的分辨率与距离目标的远近无关。SAR 传感器获取的原始数据不是图像数据，必须经过相应的成像算法处理才能成为图像。图 2.4(a)为某区域原始接收的 SAR 回波数据，图 2.4(b)是图 2.4(a)对应的 SAR 图像。与红外成像和光学成像相比，SAR 成像遥感的特点非常明显，主要体现在以下几方面。

(1) 具有全天候、全天时获取数据的能力。SAR 是一种主动微波成像雷达，因此不受天气和阳光照射条件的影响。

(a) SAR原始数据　　　　　　　　　　　(b) 对应的SAR图像

图 2.4　SAR 原始数据及其对应的 SAR 图像

(2) 对地物具有一定的穿透能力。SAR 发射的电磁波对植被、土壤和地表具有一定的穿透能力。这种穿透能力不但与电磁波的波长有关(波长越长,穿透能力越强),而且与植被和土壤的含水量有关(含水量越大,穿透能力越弱)。

(3) 图像的分辨率与成像距离无关。SAR 是高分辨率二维成像,图像的分辨率与距离目标的远近无关。

(4) 获取的 SAR 图像具有独特的辐射特性和几何特性。

(5) 具有多极化观测能力和干涉测量能力。

2.2　多源遥感图像的尺度空间特征

由前面的分析可知,多尺度遥感图像一般是由不同传感器获取的,它们实质上构成了不同尺度的多源遥感图像。现在的遥感已进入遥感大数据时代,多模态和多尺度的图像是常态形式,如何提取它们之间的信息或建立相应的关系模型是现代遥感图像处理的核心内容。下面以不同波段的 SAR 图像为例,来分析多源遥感图像的尺度空间特性。高斯特征是分析遥感图像的一种非常重要的特征,通过高斯核函数构造图像的尺度空间,根据实际需要选择相应的尺度获得相应的特征图。图 2.5 为不同尺度 SAR 图像的高斯特征图,其中,图 2.5(a1)和图 2.5(b1)是原始图像,图 2.5(a2)和图 2.5(b2)是尺度 $\sigma_1 = 16$ 的高斯特征图,图 2.5(a3)和图 2.5(b3)是尺度 $\sigma_2 = 512$ 的高斯特征图。图 2.5(a)为 RADARSAT-1 卫星获取的 C 波段 SAR 图像,空间分辨率为 12.5m,图 2.5(b)是由 TerraSAR-X 卫星获取的 X 波段 SAR 图像,空间分辨率为 3m。从图 2.5 中可以看出,随着尺度的增加,不同波段、不同尺度 SAR 图像中的细节信息得到抑制;不同波段 SAR 图像的差异主要体现为细节信息的不同。因此,随着尺度的增加,不同波段、不同分辨率 SAR 图像之间的相似程度越来越大,抽象特征或高层特征趋向统一。这就是深度卷积神经网络能够提取不同深度抽象特征的依据所在。由尺度空间理论可知,高斯特征图像的相似程度最大时并不一定是相同尺度的 SAR 图像,这与不同波段、不同分辨率多尺度的原始 SAR 图像(尺度为 0 时的图像)所包含的信息量和具体内容有关。图 2.5(a2)、图 2.5(a3)、图 2.5(b2)、图 2.5(b3)中的方框显示了不同波段不同尺度图像中目标特征的情况,当尺度较小时,不同波段图像的目标相似度不高但较清晰,当尺度较大时,目标相似度较高但不清晰。

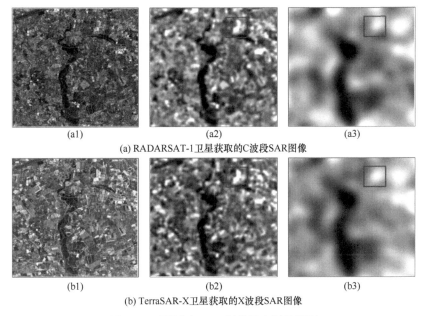

(a1)　　　　　　　(a2)　　　　　　　(a3)

(a) RADARSAT-1卫星获取的C波段SAR图像

(b1)　　　　　　　(b2)　　　　　　　(b3)

(b) TerraSAR-X卫星获取的X波段SAR图像

图 2.5　不同尺度 SAR 图像的高斯特征图

在图像尺度空间表示中,尺度参数 $\sigma \in [0, \infty)$,而在实际特征提取过程中,不可能提取到每一个尺度的图像,需要选取一定尺度间隔来提取尺度图像。例如,文献[7]取初始尺度为 1.5,尺度间隔 1.4 来构建尺度空间。图像的高斯差分(difference of Gaussian, DoG)尺度空间表达是一种近似尺度的归一化尺度空间表达,常用来提取图像的高斯特征图[8]。通过建立图像的 DoG 尺度空间,可以提取不同尺度 SAR 高斯特征,结果如图 2.6 所示。考虑不同波段 SAR 图像中相同目标的结构应该是一致的,因此不同波段 SAR 图像中相同目标在各自高斯特征图中的特征值应该是相近的。从图 2.6(a)和图 2.6(b)中可以看出,不同波段 SAR 图像的高斯特征图十分相似。

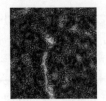   

(a) 图2.5(a1)的高斯特征图　(b) 图2.5(b1)的高斯特征图　(c) 高斯特征差值图　(d) 高斯特征阈值提取图

图 2.6　不同尺度 SAR 高斯特征提取结果

提取不同图像的高斯特征图，本质上是将图像中灰度值相近的相邻像素点视为一个结构，进而得到该结构的尺寸。将不同波段 SAR 图像的高斯特征图相减，可以通过设定不同的阈值选取不同波段 SAR 图像中的共有信息和差异信息，判断标准为

$$\begin{cases} 共有信息, & |P_a-P_b| \leqslant \tau \\ 差异信息, & |P_a-P_b| > \tau \end{cases} \tag{2.1}$$

式中，共有信息是不同波段 SAR 图像中的共有信息；差异信息体现的是不同波段间的差异信息；$|P_a-P_b|$ 表示两幅高斯特征图像中对应像素点差值的绝对值；τ 为选取的阈值。

如图 2.6 所示，实验中的阈值选取为 10，其中图 2.6(c)为高斯特征差值图，图 2.6(d)为高斯特征阈值提取图。

2.3　多尺度遥感图像的融合处理

遥感图像在获取过程中，若传感器不同，则会获取不同分辨率、不同模态和不同时间的遥感图像，它们构成多尺度多分辨率的多源图像。不同类型或不同模态的遥感图像之间既有相似之处，也存在差异，如何利用不同尺度图像的优势，达到提升图像利用价值的目的，是多源遥感图像处理的核心内容。图像融合是实现多尺度遥感图像提取共同特征的主要策略，而基于小波多尺度变换理论的算法又是多源遥感图像融合的重要技术手段，因此本节重点讨论基于小波变换的多尺度遥感图像的融合思路、算法和评价[9]。

随着遥感技术的高速发展，遥感探测和数据获取技术已达到一个新的高度，不但各种成像传感器种类繁多，而且平台多样化、实用化、小型化。多星组网已常态化，因此多平台、多传感器、多波段、多分辨率、多层次遥感图像的获取已不是问题，遥感数据的获取进入多类数据并存的大数据时代[10,11]。遥感图像继续向高空间分辨率、高时间分辨率、高辐射分辨率、高光谱分辨率和宽幅影像方向发展，应用继续向大众化方向发展。平台继续向微小型和组网方向发展。无人机平台遥感已成为一种非常重要的近地面遥感技术，显示出极大的社会经济效益和应用潜力。

遥感图像数据呈级数增长，因此遥感图像的获取已不是问题，关键还是图像的正确解译和应用，尤其是不同类型、不同传感器和不同分辨率遥感图像的处理与应用，即多尺度、多分辨率遥感图像的处理问题。例如，对于典型的红外图像、雷达图像、可见光图像和高光谱图像，单一传感器或单一遥感图像所获取的信息是有限的，或者图像的质量受到大气或其他因素的影响也是不同的，图像融合技术可以实现信息互补和冗余，起到加强特征和提取共同特征的作用，充分发挥遥感图像的内在价值。遥感图像的融合指的是将同一区域的两幅不同图像经过一定的处理过程，在尽可能保留原始图像信息的前提下，使两幅图像合成一幅新的图像，实现信息互补或特征增强，去除冗余。图像融合技术始于遥感图像的处理、分析及应用。1979 年，Daily 等[12]首先将 Landsat-MSS 卫星的多光谱图像与 SAR 图像进行融合处理，得到复合图像并在地质解释中获得应用，开创了遥感图像融合的先河。此后，图像融合技术得到快速发展，并广泛应用于红外、可见光、多光谱、高光谱和 SAR 图像处理[9,13-19]。

图像融合处理不是一般含义的图像增强，它通过适当的融合规则，可以把不同时间、不同分辨率、不同来源、不同类型的图像组成一幅视觉效果更好，目标信息更清晰的图像，使图像具有好的冗余性、高的互补性、强的重构性等。因此，图像融合技术是解决多源遥感图像目标提取和跟踪的重要算法，许多学者从 20世纪 80 年代初就开始研究遥感图像的融合与应用，并提出许多融合算法。早期的融合算法，如加权融合法，具有简单、容易实现、速度快等优点，但是加权平均会平滑掉原始图像中的一些细节信息。当灰度差异比较大时，这种模糊和拼接的痕迹会非常明显。PCA 算法也是一种常用的融合算法，以全局方差为信息显著性度量，因此得到的是一幅亮度方差最大的融合图像[20]。对于对比度较低的原始图像，用 PCA 算法能够获得较好的融合效果，但是在利用 PCA 算法处理多光谱图像时，光谱会发生畸变，从而产生光谱失真的问题。为了减少颜色的失真，保持原始图像的光谱信息，颜色空间变换算法也是一种常用的图像融合算法，如 HSI彩色变换法[21]。HSI 彩色变换法通过构建色调 H(hue)、饱和度 S(saturatio)和强度 I(intensity)模型来进行彩色变换，但是这种融合算法的应用范围非常有限。傅里叶变换和高通滤波算法也是有效的融合算法。

早期的图像融合算法基本是在空间域完成图像的融合，不对参加融合的原始图像进行分解变换，所以它们只是在一个层次上进行图像的融合处理，不符合多分辨率遥感图像的特点，也很难发挥诸如高通滤波算法等的优势。于是，有学者从 20 世纪 80 年代中期开始探讨和研究基于多尺度分解的图像融合技术。Burt[22]于 1984 年首次利用拉普拉斯金字塔多尺度变换技术实现了不同焦距图像的融合，并取得良好的融合效果。Toet[23]在 1989 年提出一种基于低通比率的金字塔变换图像融合算法。虽然金字塔变换图像融合算法开辟了多尺度图像融合的新思路，但是缺陷也很明显，因此 20 世纪 80 年代后期诞生的小波多尺度变换理论[24]迅速成为多尺度分析的重要理论，并得到广泛应用，促进了图像融合技术的发展。Ranchin 等[25]在 1993 年将 DWT 应用于遥感图像融合处理，从此小波变换系列理论在图像融合中占有非常重要的位置。因为小波变换是一种多尺度多方向变换，既适合非线性非平稳信号处理，又适合传统的线性平稳信号处理，既是一种非常好的时频分析算法，又是一种非常重要的现代信号处理算法。小波变换不足的地方是分解尺度的方向性有限，只能检测点奇异信号。为了弥补小波变换的不足，有学者提出多尺度几何分析理论[26]。它是一种非常灵活的局部特性和方向特性的多尺度(多分辨率)图像表示算法，能对图像的高维奇异性和稀疏性进行很好的描述。典型的多尺度几何分析理论包括梳状波(Brushlet)变换[27]、脊波(Ridgelet)变换[28]、曲线波(Curvelet)变换[29]、轮廓波(Contourlet)变换[30,31]、非下采样轮廓波变换(non-subsampled Contourlet transform, NSCT)[32]。自 Choi 等[33]在 2005 年把 Curvelet 变换应用于遥感图像融合之后，多尺度几何分析理论已成为遥感图像融合处理的重要分析工具[34-39]。多尺度几何分析理论用于遥感图像处理的基本思路与小波变换理论融合算法相似，因此本节以小波多尺度几何分析理论为例，详细阐述多尺度几何分析理论用于遥感图像处理的过程。针对目前遥感图像多尺度融合处理中存在的问题，提出改进的融合规则算法，用实际遥感图像进行验证实验，可以获得好的实验结果[9]。

2.3.1　基于多尺度分解的图像融合原理

多源遥感图像融合指的是对两幅或两幅以上多源图像进行整合处理，以获得融合后的新图像，使新图像更加准确、完整地描述和反映真实场景。多源遥感图像融合处理可以在不同的图像信息抽象层次上完成，因此根据图像信息抽象层次的不同，通常可以把图像融合分为像素级的图像融合、特征级的图像融合和决策级的图像融合。这里只讨论像素级的图像融合和特征级的图像融合问题，决策级的图像融合是在像素级的图像融合和特征级的图像融合的基础上完成的。图 2.7 为基于小波变换的像素级或特征级的图像融合原理框图。由图 2.7 可知，基于多尺度分解的多源遥感图像融合主要包括以下步骤。

(1) 对输入的图像进行预处理，如辐射校正、几何校正、归一化、滤波、配准等。

(2) 确定分解尺度，分别对图像进行多尺度分解，获取不同分解尺度上的系数图。

(3) 对高频部分和低频部分设置不同的融合规则。

(4) 进行融合处理，获得各分解尺度上融合后的系数图。

(5) 进行多尺度逆变换，获得重构后的图像。

(6) 输出融合后的结果。

(7) 对融合后的图像质量进行评价。

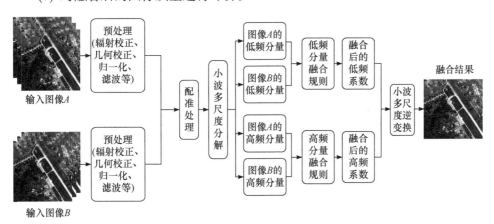

图 2.7　基于小波变换的像素级或特征级的图像融合原理框图

2.3.2　基于多尺度分解的图像融合规则

由图 2.7 可知，基于多尺度分解的图像融合中的一个关键步骤是融合规则的确定，这关系到融合图像的质量和效果。遥感图像经小波多尺度分解后，在每一个分解尺度上可以得到 1 个低频系数图和 3 个高频系数图。低频系数图包含的是图像的背景信息或趋势信息，即图像的主要能量成分，描述的是图像的基本轮廓，如图像的亮度和对比度等信息。高频系数图描述的是图像的边缘信息和几何细节信息。所以，不同的系数子图像需采用不同的融合规则，才能最有效地利用信息互补的优势实现图像高质量的融合。

实现多尺度分解的图像融合，其传统规则包括基于像素的融合规则和基于区域的融合规则。基于像素的融合规则主要有最大值法、绝对值取大法、最小值法、平均值法和加权平均值法等。平均值法、加权平均值法一般用于低频子带图像的融合，算法简单，容易实现，但不能有效保留聚焦区域内或高空间分辨率的图像信息。最大值法、绝对值取大法、最小值法一般适用于高频子带图像的融合，融合效果一般。设 $A(i,j)$ 和 $B(i,j)$ 分别表示两幅不同的遥感图像，$F(i,j)$ 表示融合后的图像，则加权融合的数学模型为

$$F(i,j) = W_A \cdot A(i,j) + W_B \cdot B(i,j) \tag{2.2}$$

式中，W_A 和 W_B 分别表示图像 $A(i,j)$ 和图像 $B(i,j)$ 的融合权值，即加权系数，而

且 $W_A + W_B = 1$ 。

若 $W_A = W_B = 0.5$ ，则这是权值相等的平均值法，即均值处理。利用加权系数可以很好地去除原始图像中的冗余信息，但是对于差异性比较大的地方，该算法处理的效果一般，因此适合原始图像中像素灰度值差异不大的地方。最大值法或最小值法通常用于高频系数子带图像的融合处理，其数学模型为

$$F(i,j) = \begin{cases} A(i,j), & A(i,j) \geqslant B(i,j) \\ B(i,j), & A(i,j) < B(i,j) \end{cases} \tag{2.3}$$

这种取最值的算法忽略了另一个原始图像的信息，融合效果一般。

上述规则基于像素的融合，只考虑相应的像素值，而没有考虑该像素与周围像素的关系，因此这类算法比较简单和片面，融合效果得不到保证。于是，后来发展出基于区域的融合规则，通过计算某像素点周围一定区域内所有像素点的值或特征来决定该像素点的值。该规则充分考虑了待融合图像对应像素点与周围其他像素点的关系，因此融合效果比较好，能够保留更丰富的细节信息和有用信息。基于区域融合规则的常用算法有局部方差法、局部平均梯度法和局部能量法[40]。这些算法的基本思路都相似。下面以局部方差法为例介绍其实现过程。设图像为 $I(i,j)$ ，某像素的空间位置为 (i,j) ，在其周围截取一个 $M \times N$ 窗口区域，计算局部方差，即

$$\mathrm{Var} = \frac{1}{M \times N} \sum_{i=1}^{M} \sum_{j=1}^{N} \left[I(i,j) - \mu \right]^2 \tag{2.4}$$

式中，μ 表示窗口区域内像素的均值；$M \times N$ 表示窗口区域的大小，通常为 3×3 或 5×5 。

在局部方差法融合规则中，可以选局部方差最大值或最小值。这里以局部方差最大值为准则阐述融合规则，其定义为

$$D_{F,l}^{d}(i,j) = \begin{cases} D_{A,l}^{d}(i,j), & \mathrm{Var}_{A,l}^{d}(i,j) \geqslant \mathrm{Var}_{B,l}^{d}(i,j) \\ D_{B,l}^{d}(i,j), & \mathrm{Var}_{A,l}^{d}(i,j) < \mathrm{Var}_{B,l}^{d}(i,j) \end{cases} \tag{2.5}$$

式中，$D_{F,l}^{d}(i,j)$ 、$D_{A,l}^{d}(i,j)$ 和 $D_{B,l}^{d}(i,j)$ 分别表示相应的小波分解系数子图像，其中下标 l 表示分解尺度，F 和 A 、B 分别表示融合后的图像和原始图像，上标 $d = \mathrm{H, V, D}$ ，分别表示分解尺度 l 上的水平(horizontal，H)方向、垂直(vertical，V)方向和对角(diagonal，D)方向的高频系数分量。

当局部方差比较大时，它能够较完整地保留图像的微小细节，但是当方差较小时，局部方差取较大值会使图像细节丢失，此时可以考虑方差加权平均法或其他算法，而式(2.6)就是方差加权平均法的数学表达式，即

$$D_{F,l}^d(i,j) = \alpha D_{A,l}^d(i,j) + \beta D_{B,l}^d(i,j) \tag{2.6}$$

式中，α 和 β 分别表示图像 A 和图像 B 的融合权值，它们的计算公式如下，即

$$\begin{cases} \alpha = \dfrac{\mathrm{Var}_{A,l}^d(i,j)}{\mathrm{Var}_{A,l}^d(i,j) + \mathrm{Var}_{B,l}^d(i,j)} \\[3mm] \beta = \dfrac{\mathrm{Var}_{B,l}^d(i,j)}{\mathrm{Var}_{A,l}^d(i,j) + \mathrm{Var}_{B,l}^d(i,j)} \end{cases} \tag{2.7}$$

对上述融合规则分析可知，不论是哪种融合规则，都有其局限性，都不能适应所有情况。同时，这些融合规则在处理多尺度分解层中的高频系数和低频系数时，是分开进行的，很少考虑低频系数和高频系数子图像之间的关系。基于上述情况，从输入图像的先验知识，考虑高频系数和低频系数之间的相关性，于是提出一种新的图像融合规则(算法)。新的图像融合规则原理框图如图 2.8 所示。图像融合的目的是尽可能保留高频部分有用的细节信息，或者是信息互补，获取尽可能多的信息。如果原始图像空间分辨率或者清晰度非常高，那么也应该保留相应像素点的低频信息。由于梯度能够很好地反映高频部分的细节信息和边缘信息，因此在新的图像融合规则中，本节以区域局部平均梯度为参数，介绍该规则的实现过程。

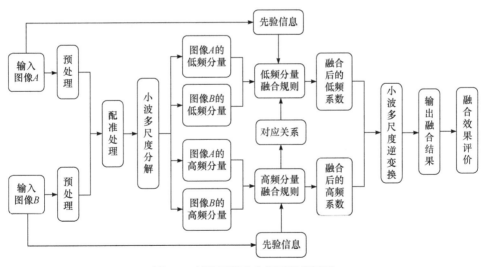

图 2.8　新的图像融合规则原理框图

对图 2.7 和图 2.8 进行比较可知，本节所提算法与传统算法的不同在于：一是考虑输入原始图像的先验信息情况；二是考虑高频部分和低频部分的关系。下面具体讨论高频部分和低频部分之间的关系，确定低频部分的最终融合规则。

局部平均梯度的定义为[41,42]

$$\bar{G}(i,j) = \sqrt{\left[\frac{\partial f(i,j)}{\partial x}\right]^2 + \left[\frac{\partial f(i,j)}{\partial y}\right]^2} \tag{2.8a}$$

$$\bar{G}_x(i,j) = \frac{\partial f(i,j)}{\partial x} \tag{2.8b}$$

$$\bar{G}_y(i,j) = \frac{\partial f(i,j)}{\partial y} \tag{2.8c}$$

式中，$\bar{G}(i,j)$ 表示平均梯度；$f(i,j)$ 表示某一像素点 (i,j) 的灰度值；$\bar{G}_x(i,j)$ 和 $\bar{G}_y(i,j)$ 分别表示该像素点在 x 轴方向和 y 轴方向的一阶梯度。

原始图像经小波多尺度分解后，在每个分解尺度上都可以得到 1 幅低频系数子图像和 3 幅高频系数子图像。3 幅高频系数子图像分别代表水平方向、垂直方向和对角方向的高频信息。水平梯度函数 $\bar{G}_y(i,j)$ 用来检测水平方向的边缘信息，垂直梯度函数 $\bar{G}_x(i,j)$ 用来检测垂直方向的边缘信息，平均梯度函数 $\bar{G}(i,j)$ 用来检测对角方向的边缘信息。设输入的原始图像分别为 A 和 B，经小波多尺度分解后，在某个尺度上可以得到 2 个低频系数子图像 $f_{A,l}$ 和 $f_{B,l}$，6 个高频系数子图像分别用 $f_{A,h}^H$、$f_{A,h}^V$、$f_{A,h}^D$、$f_{B,h}^H$、$f_{B,h}^V$、$f_{B,h}^D$ 表示。对于水平方向的高频部分和相应的低频部分按下列规则进行融合，即

$$F_h^H(i,j) = \begin{cases} f_{A,h}^H(i,j), & \bar{G}_{A,y}(i,j) \geqslant \bar{G}_{B,y}(i,j) \\ f_{B,h}^H(i,j), & \bar{G}_{A,y}(i,j) < \bar{G}_{B,y}(i,j) \end{cases} \tag{2.9}$$

$$F_l^H(i,j) = \begin{cases} f_{A,l}(i,j), & \bar{G}_{A,y}(i,j) \geqslant \bar{G}_{B,y}(i,j) \\ f_{B,l}(i,j), & \bar{G}_{A,y}(i,j) < \bar{G}_{B,y}(i,j) \end{cases} \tag{2.10}$$

式中，$F_h^H(i,j)$ 表示水平方向融合后的高频系数子图像；$\bar{G}_{A,y}(i,j)$ 和 $\bar{G}_{B,y}(i,j)$ 分别表示图像 A 和图像 B 的水平梯度；$F_l^H(i,j)$ 表示依水平方向高频系数融合结果确定的相应低频系数子图像。

同理，用式(2.11)和式(2.12)可以获取垂直方向高频系数融合结果及相应的低频系数融合结果，用式(2.13)和式(2.14)可得到对角方向的高频信息及相应低频信息，即

$$F_h^V(i,j) = \begin{cases} f_{A,h}^V(i,j), & \bar{G}_{A,x}(i,j) \geqslant \bar{G}_{B,x}(i,j) \\ f_{B,h}^V(i,j), & \bar{G}_{A,x}(i,j) < \bar{G}_{B,x}(i,j) \end{cases} \tag{2.11}$$

$$F_l^V(i,j) = \begin{cases} f_{A,l}(i,j), & \bar{G}_{A,x}(i,j) \geqslant \bar{G}_{B,x}(i,j) \\ f_{B,l}(i,j), & \bar{G}_{A,x}(i,j) < \bar{G}_{B,x}(i,j) \end{cases} \tag{2.12}$$

$$F_h^{\mathrm{D}}(i,j)=\begin{cases}f_{A,h}^{\mathrm{D}}(i,j)\,, & \overline{G}_A(i,j)\geqslant\overline{G}_B(i,j)\\[2mm]f_{B,h}^{\mathrm{D}}(i,j)\,, & \overline{G}_A(i,j)<\overline{G}_B(i,j)\end{cases} \tag{2.13}$$

$$F_l^{\mathrm{D}}(i,j)=\begin{cases}f_{A,l}(i,j)\,, & \overline{G}_A(i,j)\geqslant\overline{G}_B(i,j)\\[2mm]f_{B,l}(i,j)\,, & \overline{G}_A(i,j)<\overline{G}_B(i,j)\end{cases} \tag{2.14}$$

式中，$F_h^{\mathrm{V}}(i,j)$ 和 $F_h^{\mathrm{D}}(i,j)$ 分别表示垂直方向和对角方向融合后的高频系数子图像；$\overline{G}_{A,x}(i,j)$、$\overline{G}_{B,x}(i,j)$ 和 $\overline{G}_A(i,j)$、$\overline{G}_B(i,j)$ 分别表示图像 A、图像 B 的水平梯度和平均梯度；$F_l^{\mathrm{V}}(i,j)$ 和 $F_l^{\mathrm{D}}(i,j)$ 分别表示依据水平方向和对角方向高频系数融合结果确定的相应低频系数子图像。

通过式(2.10)、式(2.12)和式(2.14)可以获得 3 个低频系数子图像，对它们进行平均处理可以获得融合后的低频系数图像。

2.3.3　融合图像的质量评价

融合图像的质量评价有两种策略，一种是主观评价，另一种是客观评价。主观评价受人的视觉特性、心理状态、经验积累等多方面因素的影响，因此在实际应用中很难达到统一。客观评价主要采用一些评价因子对融合图像的质量进行评价，进一步对融合算法或融合规则的性能进行评价。下面讨论具体的客观评价算法。

1. 基于单幅图像的评价

计算融合后图像的统计特征，对图像的质量进行评价。评价指标有均值、标准差、信息熵和平均梯度等。均值反映地物的平均反射强度，即地物的平均反射率，其值越大，表明包含的信息越多。标准差描述的是像元值偏离程度，标准差越大，图像灰度级分布越分散，波动越大。信息熵是衡量图像信息量丰富程度的指标，熵值越大，表明图像包含的平均信息量越多，融合图像的质量越好。平均梯度反映图像中的微小细节和图像清晰度，其值越大，表明图像越清晰。

基于单幅图像统计特征的评价算法比较简单，只要比较融合后的图像与原始图像之间的统计特征，就可以判断不同算法的性能好坏和融合图像质量的高低。

2. 基于参考图像的评价

基于参考图像的评价指标通过比较参考图像与融合后图像之间的关系来判断融合图像的质量及融合效果。相关的参数指标有均方根误差(root mean square error, RMSE)、信噪比(signal-to-noise ratio, SNR)和峰值信噪比(peak SNR, PSNR)等。RMSE 用来评价融合图像与标准参考图像之间的差异程度，其定义为

$$\text{RMSE} = \sqrt{\frac{1}{M \times N} \sum_{i=1}^{M} \sum_{j=1}^{N} \left[I(i,j) - F(i,j) \right]^2} \qquad (2.15)$$

式中，$I(i,j)$ 和 $F(i,j)$ 分别表示参考图像和融合图像；$M \times N$ 表示图像的大小。

RMSE 越小，表明融合图像与参考图像之间的差异越小，说明越接近理想图像，融合效果和融合图像的质量越好。

SNR 和 PSNR 是反映图像质量的评价指标，其值越大，表明融合图像包含的噪声越少，图像中包含的有用信息越多。

3. 基于原始图像的评价

通过原始图像和融合图像之间的关系来评价融合图像的质量，常用的评价指标有交叉熵(cross entropy, CE)、联合熵(united entropy, UE)、互信息(mutual information, MI)、偏差指数(deviation index, DI)、相关系数(correlation coefficient, CC)和扭曲程度(degree of distortion, DD)等。下面重点介绍交叉熵、偏差指数和扭曲程度，其他指标与此相似。

交叉熵主要用来测定两幅图像灰度信息分布之间的差异。假设 A 和 B 分别表示参与融合的两幅原始图像，F 为融合图像，则原始图像与融合图像之间交叉熵的定义为

$$\begin{cases} \text{CE}_{A,F} = \sum_{i=0}^{L-1} P_{A,i} \log_2 \dfrac{P_{A,i}}{P_{F,i}} \\[2mm] \text{CE}_{B,F} = \sum_{i=0}^{L-1} P_{B,i} \log_2 \dfrac{P_{B,i}}{P_{F,i}} \end{cases} \qquad (2.16)$$

式中，$P_{A,i}$、$P_{B,i}$ 和 $P_{F,i}$ 表示各图像的灰度分布概率；L 表示图像的灰度级数。

交叉熵表示的是两幅图像对应像素的差异程度，其值越小，表明融合后的图像与原始图像之间的差异越小，融合效果越好，从原始图像中传递的信息量越多。

偏差指数反映融合后的图像与原始图像平均灰度值的相对差异程度，表示融合图像与原始图像之间的光谱信息匹配程度，以及原始图像细节信息传递给融合图像的能力，其计算公式为

$$\text{DI}_{F,A} = \frac{1}{M \times N} \sum_{i=1}^{M} \sum_{j=1}^{N} \frac{\left| F(i,j) - A(i,j) \right|}{A(i,j)} \qquad (2.17)$$

偏差指数越小，表明融合图像质量越好。同理，可以得到融合图像 F 和原始图像 B 之间的偏差指数。

扭曲程度反映融合图像相对于原始图像的光谱失真程度，其定义为

$$\text{DD}_{F,A} = \frac{1}{M \times N} \sum_{i=1}^{M} \sum_{j=1}^{N} \left| F(i,j) - A(i,j) \right| \qquad (2.18)$$

同理，可以获得原始图像 B 与融合图像 F 之间扭曲程度的参数值。扭曲程度指标值越小，说明融合图像对原始图像的光谱失真程度越小，融合图像的质量越好。

2.3.4　多源遥感图像融合的模式

本节讨论的是基于多尺度分解的多源遥感图像融合技术，因此这里的多源指的是不同的传感器，可以是同类传感器。随着遥感技术、电子信息技术和信号处理技术的高速发展，多平台、多模式、多分辨率和多波段成像遥感已成为常态，遥感图像数据不论是类型还是数量都越来越丰富。遥感图像的发展经历了全色图像、彩色图像、多光谱图像和高光谱图像等过程，实现了从低分辨率到高分辨率的目标，突破了从单极化成像到多极化(多偏振)成像的限制。从电磁波谱的角度划分，遥感可分为紫外线遥感、可见光遥感、红外遥感、多光谱遥感、高光谱遥感、毫米波遥感和微波遥感。常用的遥感图像包括可见光图像(多光谱图像和高光谱图像)、红外图像和 SAR 图像。目前，从遥感图像获取的角度划分，单波段图像一般是灰度图像(全色图像)，红外图像和 SAR 图像是灰度图像，可见光图像是彩色图像，多光谱图像通常合成彩色图像(不一定是真彩色图像)，高光谱图像的每个波段都是灰度图像。因此，根据图像类型和多尺度分解理论，多源遥感图像融合过程可以分成以下几类。

1. 灰度图像与灰度图像的融合

灰度图像与灰度图像的融合包括红外图像与 SAR 图像融合、SAR 图像与 SAR 图像融合、单波段图像融合，以及全色图像与其他灰度图像融合。灰度图像与灰度图像的融合比较简单，原理框图如图 2.9 所示。首先对输入的遥感图像进行预处理，然后进行多尺度分解，在变换域各分解层进行融合处理，最后进行多尺度逆变换和结果评价。图 2.10 和图 2.11 是灰度图像融合的实验结果，其中图 2.10 是红外图像和全色可见光图像融合后的结果，图 2.11 是高光谱图像数据立方体中第 6 波段图像和第 53 波段图像及其融合后的结果。由于灰度图像融合不涉及颜色，因此可以直接进行融合，关键是融合规则的确定。

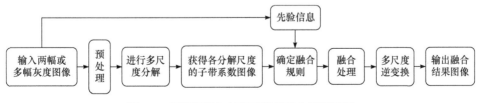

图 2.9　灰度图像与灰度图像的融合原理框图

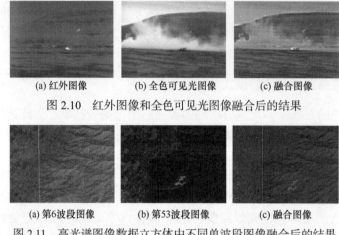

(a) 红外图像　　　　　(b) 全色可见光图像　　　　　(c) 融合图像

图 2.10　红外图像和全色可见光图像融合后的结果

(a) 第6波段图像　　　　　(b) 第53波段图像　　　　　(c) 融合图像

图 2.11　高光谱图像数据立方体中不同单波段图像融合后的结果

2. 灰度图像与彩色图像的融合

　　灰度图像与彩色图像的融合比较复杂，这是因为涉及彩色图像的色彩问题。在遥感图像中，通常是彩色光学图像与红外图像、单波段光学图像、SAR 图像的融合，其中彩色图像包含丰富的色调，但空间分辨率比较低，灰度图像具有较高的空间分辨率或者丰富的几何细节信息。对这类图像的融合有两种思路：一是颜色失真；二是颜色不失真。基于多尺度分解的灰度图像与彩色图像融合原理框图如图 2.12 所示。可以看出，如果不考虑彩色图像的颜色失真问题，为了使融合的信息更准确，需要把彩色图像的 3 个分量图像分别与灰度图像进行融合处理。如果考虑颜色失真问题，需先把 RGB 图像转换成 HSI 彩色空间图像，提取 I 分量图像与灰度图像进行多尺度融合处理，处理后再转换成 RGB 图像。图 2.13 为 SAR 图像与可见光图像融合结果。可见光图像中包含色彩信息；SAR 图像不包含色彩

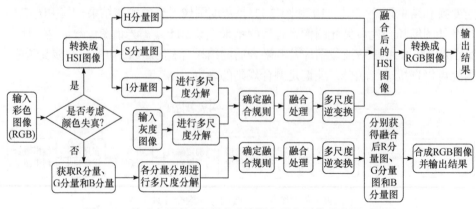

图 2.12　基于多尺度分解的灰度图像与彩色图像融合原理框图

信息，具有较好的空间信息；融合图像具有原来的色彩信息和较好的空间信息。典型的高分辨率全色图像和中低分辨率多光谱彩色图像的融合就属于这类。

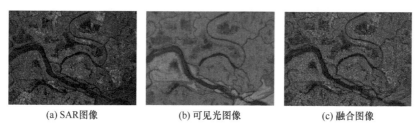

(a) SAR 图像　　　　　　(b) 可见光图像　　　　　　(c) 融合图像

图 2.13　SAR 图像和可见光图像的融合结果

3. 彩色图像与彩色图像的融合

彩色图像与彩色图像的融合要看具体应用的目的，如果不考虑颜色失真，则可直接按图 2.14 所示的原理框图进行融合处理。每幅彩色图像包含三个通道的分量图，需要进行相应的多尺度分解，然后对应部分的高频分量和低频分量按照各自的融合规则进行融合处理，最后把融合后的 R、G、B 分量合成，得到融合的彩色图像，如图 2.15 所示。

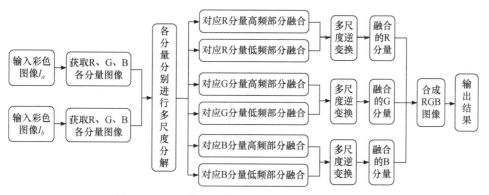

图 2.14　基于多尺度分解的彩色图像融合原理框图

(a) 彩色图像A　　　　　　(b) 彩色图像B　　　　　　(c) 融合的彩色图像

(d) 对应G分量图的融合　　　　　(e) 对应B分量图的融合　　　　　(f) 对应R分量图的融合

图 2.15　彩色图像融合结果

　　如果彩色图像的融合需要考虑颜色失真的问题,则通常是保持一幅图像的颜色,不考虑另一幅图像的颜色。保持颜色的图像先进行模型转换,即 RGB 模型转换成 HSI 模型,然后提取 I 分量,不保留颜色的图像直接转换成灰度图像,或者转换成 HSI 图像再提取 I 分量,然后按照图 2.12 所示原理进行融合处理。

　　多源遥感图像融合是遥感大数据处理的重要内容,具有非常重要的意义和应用价值。遥感图像的融合算法很多,分类类型也非常丰富。每种算法都有各自的优势和局限性,在普适性方面都不是很好。本节以小波多尺度变换为例讨论基于多尺度分解的多源遥感图像的融合问题,包括融合原理、融合规则、质量评价和融合模式,并就融合关键技术提出新的融合规则和融合算法,对遥感图像的融合及大数据处理都具有一定的借鉴和参考作用。

2.4　本章小结

　　本章首先简要介绍多模态遥感图像成像技术,接着讨论多尺度遥感图像的尺度空间特征提取,然后讨论多尺度图像的融合问题,即多源遥感图像的融合,同时以小波多尺度变换为例,讨论基于多尺度变换理论的多源遥感图像的融合原理、融合规则、融合结果评价,以及融合模式等。

参 考 文 献

[1] 钱佳. 红外图像增强技术研究[D]. 南京: 南京理工大学, 2015.

[2] 黄世奇, 刘代志, 陈亮, 等. 红外/SAR 成像双模复合制导应用技术研究[J]. 弹箭与制导学报, 2004, 24(3): 271-272.

[3] 刘程威. 红外成像系统架构及图像处理关键技术研究[D]. 南京: 南京理工大学, 2019.

[4] 刘代志, 黄世奇, 王艺婷, 等. 高光谱遥感图像处理与应用[M]. 北京: 科学出版社, 2016.

[5] 洪文, 王彦平, 林赟, 等. 新体制 SAR 三维成像技术研究进展[J]. 雷达学报, 2018, 7(6): 633-654.

[6] 丁金闪. 视频 SAR 成像与动目标阴影检测技术[J]. 雷达学报, 2020, 9(2): 321-334.

[7] 徐秋辉, 佘江峰, 宋晓群, 等. 利用 Harris-Laplace 和 SIFT 描述子进行低空遥感影像匹配[J]. 武汉大学学报(信息科学版), 2012, 37(12): 1443-1447.

[8] Lindeberg T. A scale selection principle for estimating image deformations[J]. Image and Vision Computer, 1998, 16(14): 961-977.

[9] 黄世奇, 段向阳, 刘代志, 等. 基于多尺度分解的多源遥感图像融合技术分析[C]//第十四届国家安全地球物理专题研讨会, 2018: 107-112.

[10] 李德仁, 张良培, 夏桂松. 遥感大数据自动分析与数据挖掘[J]. 测绘学报, 2014, 43(12): 1211-1216.

[11] 朱建章, 石强, 陈凤娥, 等. 遥感大数据研究现状与发展趋势[J]. 中国图象图形学报, 2016, 21(11): 1425-1439.

[12] Daily M I, Farr T, Elachi C. Geologic interpretation from composited radar and landsat imagery[J]. Photogrammetric Engineering and Remote Sensing, 1979, 45(8): 1109-1116.

[13] 丰明博, 刘学, 赵冬. 多/高光谱遥感图像的投影和小波融合算法[J]. 测绘学报, 2014, 43(2) :158-163.

[14] 石泉, 李景文, 杨威, 等. 基于小波变换的多方位角 SAR 图像融合方法[J]. 北京航空航天大学学报, 2017, 43 (10): 2135-2142.

[15] Abduljabbar H M. Satellite images fusion using mapped wavelet transform through PCA[J]. Ibn Al Haitham Journal for Pure and Applied Science, 2017, 29(3): 36-45.

[16] Gibril M B A, Bakar S A, Yao K, et al. Fusion of RADARSAT-2 and multispectral optical remote sensing data for LULC extraction in a tropical agricultural area[J]. Geocarto International, 2017, 32(7): 735-748.

[17] Zhao W, Lu H, Wang D. Multisensor image fusion and enhancement in spectral total variation domain[J]. IEEE Transactions on Multimedia, 2018, 20(4): 866-879.

[18] Ma J, Ma Y, Li C. Infrared and visible image fusion methods and applications: a survey[J]. Information Fusion, 2019, 45: 153-178.

[19] Kumar P S J, Huan T L, Yuan Y, et al. Multispectral and hyperspectral remote sensing image fusion in mapping bucolic and farming region for land use[C]//International Conference on Multispectral Remote Sensing Systems and Image Interpretation, 2018: 768-786.

[20] Vogt F, Tacke M. Fast principal component analysis of large data sets[J]. Chemometrics and Intelligent Laboratory Systems, 2001, 59(1):11-18.

[21] Ei-mezouar M, Taleb N, Kpalma K, et al. An HSI-based fusion for color distortion reduction and vegetation enhancement in IKONOS imagery[J]. IEEE Transactions on Geoscience and Remote Sensing, 2011, 49(5): 1590-1602.

[22] Burt P J. The pyramid as a structure for efficient computation[C]//Multiresolution Image Processing and Analysis, 1984: 6-35.

[23] Toet A. Image fusion by a ratio of low-pass pyramid[J]. Pattern Recognition Letters, 1989, 9(4): 245-253.

[24] Mallat S G. A theory for multiresolution signal decomposition:the wavelet representation[J]. IEEE Transactions on Pattern Analysis and Machine Intelligence, 1989, 11(7): 674-693.

[25] Ranchin T, Wald L. The wavelet transform for the analysis of remotely sensed images[J]. International Journal of Remote Sensing, 1993, 14(3): 615-619.

[26] Bart M, Romeny T H. Introduction to scale-space theory: multiscale geometric image analysis[C]//Fourth International Conference on Visualization in Biomedical Computing, 1996: 1-25.

[27] Meyer F G, Coifman R R. Brushlet: a tool for directional image analysis and image compression[J]. Applied and Computational Harmonic Analysis, 1997, 4(2): 147-187.

[28] Candès E J. Ridgelets: theory and applications[D]. Stanford: Stanford University, 1998.

[29] Candès E J, Donoho D L. Curvelets tech report[D]. Stanford: Deparment of Statitics Stanford University, 1999.

[30] Do M N, Vetterli M. Contourlets: a directional multiresolution image representation[C]// International Conference on Image Processing, 2002: 357-360.

[31] Do M N, Vetterli M. The contourlet transform: an efficient directional multiresolution image representation[J]. IEEE Transactions on Image Processing, 2005, 14(12): 2091-2106.

[32] Cunha A L, Zhou J, Do M N. The nonsubsampled contourlet transform: theory, design and applications[J]. IEEE Transaction on Image Processing, 2006, 15(10): 3089-3101.

[33] Choi M, Kim R Y, Nam M R, et al. Fusion of multispectral and panchromatic satellite images using the curvelet transform[J]. IEEE Geoscience and Reomte Sensing Letters, 2005, 2(2): 136-140.

[34] 李彦, 张德祥. Directionlet域的多波段遥感图像融合算法研究[J]. 安徽建筑大学学报, 2016, 24(3): 92-96.

[35] 杨风暴, 董安冉, 张雷, 等. DWT, NSCT 和改进 PCA 协同组合红外偏振图像融合[J]. 红外技术, 2017, 39(3): 201-208.

[36] Ji X X, Zhang G. Image fusion method of SAR and infrared image based on curvelet transform with adaptive weighting[J]. Multimedia Tools and Applications, 2017, 76(17): 17633-17649.

[37] Cai J, Cheng Q, Peng M, et al. Fusion of infrared and visible images based on nonsubsampled contourlet transform and sparse K-SVD dictionary learning[J]. Infrared Physics & Technology, 2017, 82: 85-95.

[38] He K, Zhou D, Zhang X, et al. Infrared and visible image fusion based on target extraction in the nonsubsampled contourlet transform domain[J]. Journal of Applied Remote Sensing, 2017, 11(1): 015011.

[39] Mosavi M R, Bisjerdi M H, Rezai-Rad G. Optimal target-oriented fusion of passive millimeter wave images with visible images based on contourlet transform[J]. Wireless Personal Communications, 2017, 95(4): 4643-4666.

[40] Li S T, Yang B, Hu J W. Performance comparison of different multi-resolution transforms for image fusion[J]. Information Fusion, 2011, 22(12): 74-84.

[41] 管飚. 基于小波变换的多聚焦图像融合方法[J]. 吉林大学学报(理学版), 2017, 55(4): 915-920.

[42] Zhang B H, Lu X Q, Pei H Q, et al. A fusion algorithm for infrared and visible images based on saliency analysis and non-subsampled shearlet transform[J]. Infrared Physics and Technology, 2015, (73): 286-297.

第3章　基于小波多尺度变换的遥感图像处理

3.1　引　　言

SAR 成像是一个非常复杂的过程。当 SAR 随着载体向前做近匀速运动时，不断地以固定重复频率向目标区域发射电磁波。电磁波到达目标并与其表面发生复杂的相互作用，然后向各个方向散射。其中，有部分后向散射的能量被 SAR 天线接收，经过复杂的成像算法处理，可以获得不同形式的 SAR 图像，如幅度图像、功率图像、对数图像、指数图像、实部图像、虚部图像和相位图像等。雷达信号是典型的非平稳信号和非线性信号，所以 SAR 回波信号也是非平稳信号及非线性信号。显然，经典的傅里叶变换理论已经无法满足雷达信号处理的需求，因此能处理非平稳信号的小波变换理论诞生。小波变换理论诞生于 20 世纪 80 年代，是信号处理技术的一次重大革新。小波变换属于线性时频分析范畴，适合处理自然界的非平稳信号。它在时域和频域都具有良好的局部化特性，还具有多尺度分析的优点，因此它是一种非常重要的信号处理理论，在许多领域得到广泛应用，如信号分析、模式识别、图像处理、计算机视觉、数据压缩、地震勘探、分形力学等[1-8]。

小波变换作为一种信号处理工具，具有其他算法无法比拟的优势，如多尺度分析特性、去相关性、多方向性和小波基的多样性。当然，具体到每个小波的特点是有区别的。例如，离散二维小波变换的典型缺点是缺乏平移不变性、方向选择性弱，以及没有相空间信息等。因此，针对这些缺陷，学者提出多种改良的算法和理论。例如，Kingsbury[9]于 1999 年提出二维双树复小波变换(dual tree-complex wavelet transform, DT-CWT)，具有平移不变性，不仅可以提供 6 个方向的信息，还具有精确的相空间信息。Selesnick[10]于 2004 年提出二维双密度双树小波变换(double density dual tree-wavelet transform, DDDT-WT)，同时具有双密度小波变换(dual density wavelet transform, DDWT)和双树小波变换的优点，在图像处理方面有较好的优势，如图像去噪、图像增强和图像分割等。Selesnick 等[11]于 2005 年进一步提出二维双密度双树复小波变换(double density dual tree-complex wavelet transform, DDDT-CWT)，可以在每一分解层提供 16 个不同方向的信息，比二维双树复小波变换多了 10 个方向。因此，利用二维双密度双树复小波变换对图像几何特征有更好的表达能力，能更有效地提取原始图像的边缘和几何细节特征，能为目标区域的变化检测提供更详细的信息。

　　SAR 成像机理的本质是目标散射特征空间到影像空间的映射。提取地物目标散射特征的 SAR 回波信号是一种非平稳信号，也是一种各向异性的信号。二维小波系列变换能够有效提取不同多尺度和不同方向的特征信息，非常适合 SAR 成像回波信号处理。所以，本章提出基于二维小波系列变换的多尺度多方向性 (multi-scale multi-direction, MSMD) 的 SAR 图像变化检测算法[12-15]与 SAR 图像分割算法，以及基于小波变换的高光谱图像条带噪声的去除算法。

3.2　多尺度多方向性的 SAR 图像变化检测算法

3.2.1　算法原理概述

　　自然灾害往往会给人类的生命财产带来较大损失，并且很多自然灾害是无法预测的。但是，自然灾害发生后，在时间和空间上提高对自然灾害环境的监测能力可以减轻自然灾害带来的损失。遥感技术是应对自然灾害监测和抗灾的重要技术手段。SAR 成像技术是一种主动微波遥感成像雷达技术，可在任何天气条件下获取地物目标区域的遥感数据，因此在自然灾害的救援、监视和评估等方面具有其独特的优势[16-20]。自然灾害，如火灾、海啸、地震、冰冻、飓风、洪灾、泥石流、沙尘暴等，一般都伴随恶劣的天气，此时传统的光学遥感无法发挥正常的功能。因此，SAR 成像技术已成为对地观测系统和天基侦察监视系统不可缺少的探测技术。

　　利用遥感图像对各种自然灾害进行监测的核心技术是变化检测技术。变化检测技术是指对目标区域获得的不同时间的遥感图像进行处理，通过一系列的变换和运算获得目标区域的变化信息。这些信息主要包括目标区域的几何特征信息、辐射信息、统计信息、空间信息、纹理信息等。遥感图像变化检测技术主要包括三大类。第一类是基于空间域的处理算法，即不同时间的遥感图像之间直接进行处理或运算，如图像灰度差值法、图像灰度比值法、图像纹理特征差值法、相关系数法、图像回归法和典型相关法等。第二类是基于特征域的变化检测算法，首先提取目标特征，然后对不同时期的特征进行比较和运算，获得目标的变化信息，如分类算法、统计算法等。第三类是基于变换的变化检测算法。这类算法首先对不同时间的图像进行变换，然后提取变化信息，如传统的傅里叶变换、小波变换、分形变换、主成分变换等。

　　SAR 成像是一种相干成像，固有的斑点噪声必然影响其解译和应用，同时还受地物物理参数和雷达成像系统参数的影响，因此方向敏感性和散射异向性是其成像的一个重要特点。地物目标对电磁波的散射是各向异性的，因此 SAR 图像包含的辐射信息也是各向异性的。如果从不同方向获取目标信息，那么比单方向获得的信息更准确。因此，本节从多方向角度提出一种新的 SAR 图像自然灾害变化检测算法，即多尺度多方向性的 SAR 图像自然灾害变化检测算法。该算法基于双密度双树复小波变换，在每个尺度上能从 16 个不同方向提取目标信息，更符合 SAR 成像机理，获得的信息更准确。更重要的是，双密度双树复小波变换通过设计希尔伯特的滤波器，能对 SAR 图像的斑点噪声起到一定的抑制作用。MSMD 算法的原理框图如图 3.1 所示。具体的实现步骤如下[15]。

(1) 获得不同时间的 SAR 图像。SAR 具有全天候、全天时获取遥感数据的能力，因此在各种自然灾害发生前、发生中、发生后，SAR 都能全程监视，并获得目标区域一系列时间序列的 SAR 图像。

(2) SAR 图像预处理。在获得 SAR 图像的过程中，一段时间内每次获得的 SAR 图像都不一定来自同一传感器。即使是同一传感器，其成像系统参数也会有所变化，如入射角和方位角。因此，不同时期的 SAR 图像对必须进行相应的预处理。这里的预处理主要包括辐射校正、几何校正和配准等操作。

(3) 进行多尺度分解。用 DDDT-CWT 理论对预处理后的 SAR 图像对进行多尺度分解。在每个分解尺度上可以获得 16 个不同方向的子图像(即 16 个不同方向上的信息)。在此步骤，确定多尺度分解层的数量并执行分解操作是关键。文献[21]对分解尺度数目的确定进行了详细阐述。

(4) 获得差值图像。在每个分解尺度上，对同方向不同时间 SAR 图像对的子图像进行差值运算，获得各个方向的差值子图像。选择两幅分别来自不同时间的原始 SAR 图像分解后的子图像，它们必须来自相同的方向和相同的分解尺度。然后，使用这两个子图像直接进行差值运算，以获得差值子图像。对所有对应的子图像执行减法运算，就可以获得所有分解尺度上所有不同方向的差值子图像。每个分解尺度上有 16 个差值子图像，表示来自 16 个不同方向的信息。

(5) 获得变化检测阈值。用数学期望最大(expectation maximization, EM)算法获得变化检测阈值 T。EM 算法是一种常用的对不完整数据问题进行最大似然估计的算法[22]，它不需要任何外来数据和先验知识，从观测数据本身就可以获得参数的估计值。算法包括求期望值和求最大值两个阶段，两个阶段重复进行，直到收敛。

假设 X_1 和 X_2 表示不同时间同一区域的 SAR 图像，它们之间的差值图像用 X_D 表示，图像的大小为 $M \times N$，则 $X_1 = \{X_1(i,j), 1 \leqslant i \leqslant M, 1 \leqslant j \leqslant N\}$，$X_2 = \{X_2(i,j), 1 \leqslant i \leqslant M, 1 \leqslant j \leqslant N\}$。它们经过几何校正、辐射校正和配准等预处理。用 x 表示差值图像中任意像素点的灰度值，即 $x = X_D(i,j)$ 表示像素点 (i,j) 的灰度值，$X_D = \{X_D(i,j), 1 \leqslant i \leqslant M, 1 \leqslant j \leqslant N\}$，$X_D(i,j) = X_2(i,j) - X_1(i,j)$。

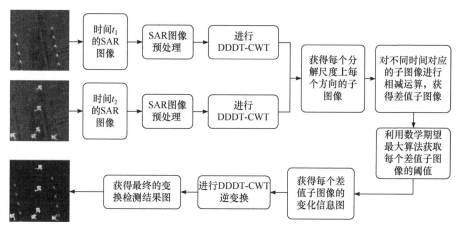

图 3.1　MSMD 算法的原理框图

假设差值图像 X_D 由两类，即变化类和未变化类组成。设 ω_u 和 ω_c 分别表示未变化类和变化类，它们各自分布的先验概率分别为 $P(\omega_u)$ 和 $P(\omega_c)$，灰度值 x 在 ω_u 和 ω_c 中的条件概率分别为 $P(x|\omega_u)$、$P(x|\omega_c)$。X_D 的直方图 $H(X)$ 可以近似认为是 x 概率分布函数 $P(x)$ 的估计，则其表达式为

$$P(x) = P(x|\omega_u)P(\omega_u) + P(x|\omega_c)P(\omega_c) \tag{3.1}$$

利用贝叶斯公式，可得 x 的后验概率，即

$$P(\omega_k|x) = [P(x|\omega_k)P(\omega_k)]/P(x), \quad k \in \{u,c\} \tag{3.2}$$

贝叶斯公式的实质是通过观测值 x，把状态的先验概率 $P(\omega_k)$ 转化为状态的后验概率 $P(\omega_k|x)$。这样，基于最小错误率的贝叶斯决策规则为：若 $P(\omega_u|x) > P(\omega_c|x)$，则把 x 归类为未变化类；若 $P(\omega_u|x) < P(\omega_c|x)$，若把 x 归类为变化类。当阈值 T 满足式 (3.3) 时，认为是最佳阈值，即

$$P(\omega_u)P(T|\omega_u) = P(\omega_c)P(T|\omega_c) \tag{3.3}$$

假设差值图像 X_D 服从高斯分布，则 $P(x|\omega_u)$ 和 $P(x|\omega_c)$ 服从高斯密度函数分布，其表达式为

$$p(x|\omega_k) = \frac{1}{\sqrt{2\pi\sigma_k^2}}\exp\left[-\frac{(x-\mu_k)^2}{2\sigma_k^2}\right], \quad k \in \{u,c\} \tag{3.4}$$

式中，μ_u、μ_c 和 σ_u^2、σ_c^2 分别表示未变化像元类 ω_u、变化像元类 ω_c 的均值和方差。

把式 (3.4) 代入式 (3.3)，简化可得

$$(\sigma_u^2 - \sigma_c^2)T^2 + 2(\mu_u\sigma_c^2 - \mu_c\sigma_u^2)T + \mu_c^2\sigma_u^2 - \mu_u^2\sigma_c^2 + 2\sigma_u^2\sigma_c^2\ln\left[\frac{\sigma_c p(\omega_u)}{\sigma_u p(\omega_c)}\right] = 0 \tag{3.5}$$

采用 EM 算法估计统计分布参数，计算公式为

$$p^{t+1}(\omega_k) = \frac{\displaystyle\sum_{X(i,j)\in X_D} \frac{p^t(\omega_k)p^t(X(i,j)\,|\,\omega_k)}{p^t(X(i,j))}}{M \times N} \tag{3.6}$$

$$\mu^{t+1}(\omega_k) = \frac{\displaystyle\sum_{X(i,j)\in X_D} \frac{p^t(\omega_k)p^t(X(i,j)\,|\,\omega_k)}{p^t(X(i,j))} X(i,j)}{\displaystyle\sum_{X(i,j)\in X_D} \frac{p^t(\omega_k)p^t(X(i,j)\,|\,\omega_k)}{p^t(X(i,j))}} \tag{3.7}$$

$$(\sigma^2)^{t+1}(\omega_k) = \frac{\displaystyle\sum_{X(i,j)\in X_D} \frac{p^t(\omega_k)p^t(X(i,j)\,|\,\omega_k)}{p^t(X(i,j))}\left[X(i,j) - \mu_k^t\right]^2}{\displaystyle\sum_{X(i,j)\in X_D} \frac{p^t(\omega_k)p^t(X(i,j)\,|\,\omega_k)}{p^t(X(i,j))}} \tag{3.8}$$

式(3.6)、式(3.7)和式(3.8)分别用来估计先验概率、均值和方差。其中，$k \in \{u,c\}$，上标 t 和 $t+1$ 分别表示当前迭代和下一次迭代所用的参数值。在 EM 算法中，图像幅度的分布类型是非常关键的先验知识。

对于单幅 SAR 图像，像素幅度的分布类型主要有对数正态(log-normal)分布、瑞利(Rayleigh)分布、韦布尔(Weibull)分布、K 分布、伽马(Gamma)分布和皮尔逊(Pearson)分布等。地杂波通常属于韦布尔分布，海杂波属于 K 分布。为了方便计算，经常将 SAR 图像的分布模型简化成高斯分布。事实上，一些 SAR 图像经过数学处理后，混合图像的幅度分布近似于高斯分布[23-25]。

(6) 获得各尺度各方向子图像的变化信息。利用步骤(5)获得的阈值对各方向的差值或比值图像进行运算，获得变化信息。

(7) 进行 DDDT-CWT 逆变换。由于双密度双树复小波变换的每个尺度是以分隔点进行采样的，即进行下采样需进行逆变换，插入分隔点才能恢复原始图像。

(8) 获得变化检测结果图。

3.2.2　复杂环境的洪水灾害检测

为了验证 MSMD 算法的有效性和可靠性，用实际的 SAR 图像数据进行对比实验。MSMD 算法是基于 DDDT-CWT 完成的，因此在后面的实验中，为了便于比较分析，直接使用 DDDT-CWT 代替 MSMD 算法。当然，MSMD 算法实现的思想也可用于其他小波变换理论。其他实验算法还有 DWT、平稳小波变换(stationary wavelet transform, SWT)、DT-CWT、DDWT，以及 DDDT-WT。DWT 和 SWT 只从三个方向(水平方向、垂直方向、对角线方向)获取信息，但是 SWT

优于 DWT,因为 SWT 可以避免下采样。在 SWT 分解过程中,每个分解尺度下子图像的大小与原始图像相同,这有助于在每个分解尺度下对信息进行重建和恢复。在实验过程中,无论是 SWT 还是双密度双树复小波变换,分解尺度均是 3。因为它们的基础是小波,进行多尺度分解时,尺度越高,各个分解层的信息越少,计算量越大;如果尺度太小,也不能充分提供各尺度信息。实验表明,基于小波基系列的信号处理与应用,其分解尺度为 3 比较合适。在每个尺度分解层,不同时间、相同方向的子图像之间采用的是差值运算。实验使用的编程软件为 MATLAB2016b,小波基函数为 sym4。

实验内容是复杂场景洪水淹没区域的变化检测。实验用的 SAR 图像数据来源于 RADARSAT-1,大小为 256×256,空间分辨率为 30m,HH 极化方式,成像区域为安徽省蚌埠市某地区。图 3.2(a)和图 3.2(b)是原始 SAR 图像,获取时间分别是 2001 年

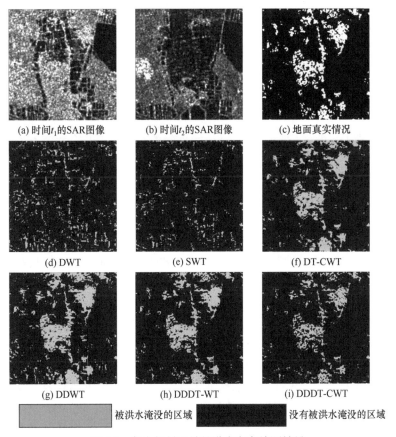

(a) 时间 t_1 的SAR图像 (b) 时间 t_2 的SAR图像 (c) 地面真实情况

(d) DWT (e) SWT (f) DT-CWT

(g) DDWT (h) DDDT-WT (i) DDDT-CWT

被洪水淹没的区域　　　　　没有被洪水淹没的区域

图 3.2　复杂场景区域的洪水灾害检测结果

和 2005 年的夏季。假设图 3.2(a)为变化前的 SAR 图像，即时间 t_1 的 SAR 图像；图 3.2(b)为变化后的 SAR 图像，即时间 t_2 的 SAR 图像。图 3.2(a)为洪水发生前的图像，没有被洪水淹没，图像色泽比较亮。图 3.2(b)为洪水发生后的图像，被洪水淹没的区域较多，图像色泽比较暗。图 3.2(c)为洪水淹没后的地面真实情况。在图 3.2(d)~图 3.2(i)中，灰色部分表示被洪水淹没的区域，黑色部分表示没有被洪水淹没的区域。

由图 3.2 可以看出，由于不同的小波变换具有不同的方向，因此它们获得的结果是不同的。分解的方向越多，获得的信息越丰富，最后的效果越好，反之效果越差。图 3.2(d)和图 3.2(e)显示的是普通二维小波变换的结果，因为它们只能获得 3 个方向的信息，所以获得的目标信息很不理想。DT-CWT 能提供 6 个方向的信息，最重要的是能区分正负频率，比二维小波变换获得的信息准确得多，如图 3.2(f)所示。图 3.2(g)是 DDWT 获得的结果，与图 3.2(f)相比，获得了较多的信息，因为其能提供 8 个方向的信息。图 3.2(h)和图 3.2(i)分别是由 DDDT-WT 和 DDDT-CWT 获得的变化检测结果，它们能提供 16 个方向的信息，因此获得的边缘信息和细节几何信息更加准确。但是，DDDT-CWT 使用两个小波函数来描述每个方向，而 DDDT-WT 只使用一个小波函数来描述每个方向。因此，DDDT-CWT 能够更准确地描述复杂情况的详细信息。随着方向信息的增多，获得目标的几何信息和边缘细节信息逐渐精确。同时，这也充分表明，本节所提基于小波系列的 MSMD 算法可用于不同时间的 SAR 图像，并能获得较准确的变化信息，说明这是一种可行且有效的算法。

3.2.3　简单场景的洪水灾害检测

图 3.2 所示图像的场景比较复杂，这里用比较简单的场景图像进行比较实验。实验数据和实验结果如图 3.3 所示。图 3.3(a)和图 3.3(b)显示的图像基本信息与图 3.2(a)和图 3.2(b)一样，获取时间和成像区域相同。同样，设图 3.3(a)为变化前的 SAR 图像，即时间 t_1 的 SAR 图像，也就是洪水灾害发生前的情况。由于没有发生洪水灾害，因此图像大部分呈现一片光亮。图 3.3(b)为变化后的 SAR 图像，即时间 t_2 的 SAR 图像，也就是发生洪水灾害后的图像。由于发生了洪水灾害，大片区域被洪水淹没，此时 SAR 图像色彩较暗。图 3.3(c)为洪水淹没区域的地面真实情况。在图 3.3 中，灰色部分表示被洪水淹没的区域，黑色部分表示没有被洪水淹没的区域或者本来就是水域的区域。

由于这个实验的场景比前一个实验简单，所以所用算法均可以对洪水淹没区域进行检测处理，如图 3.3(d)~图 3.3(i)所示。这表明，对于比较简单的场景，所

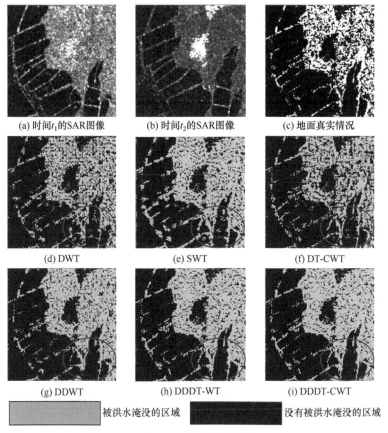

(a) 时间t_1的SAR图像   (b) 时间t_2的SAR图像   (c) 地面真实情况

(d) DWT   (e) SWT   (f) DT-CWT

(g) DDWT   (h) DDDT-WT   (i) DDDT-CWT

       被洪水淹没的区域   没有被洪水淹没的区域

图 3.3 简单场景区域的洪水灾害检测结果

用算法都能获得比较好的结果，都是有效的。上述实验表明，对于简单场景，如图 3.3(a)和图 3.3(b)所示，DWT 和 SWT 能够有效地检测到变化信息，然而对于复杂场景，如图 3.2(a)和图 3.2(b)所示，DWT 和 SWT 都没有检测到有效的变化信息。从图 3.3(d)～图 3.3(i)的视觉效果来看，使用的算法在检测简单场景中的变化信息方面几乎与 DDDT-CWT 一样。换句话说，在捕捉相对简单场景的变化信息方面，小波系列变换算法之间几乎没有什么差别。此外，DDDT-CWT 的准确度或细节信息方面几乎与 DDDT-WT 相同，如图 3.3(i)和图 3.3(h)所示，但是它们的细节效果优于其他算法。例如，在图 3.3(d)～图 3.3(i)中的圆圈区域中，DDDT-CWT 和 DDDT-WT 利用多时间 SAR 图像捕捉到更准确和更详细的变化信息。这些实验结果表明，对于简单场景，所有选用的算法都能够捕获变化信息，但是 DDDT-CWT 和 DDDT-WT 的多方向优势明显，仍然能获得较丰富的细节信息。

3.2.4 变化区域明显但轮廓复杂场景的洪水灾害检测

上述两组实验中的变化区域并不明显,但是本组实验中的变化区域非常明显,而且轮廓无序,即边缘非常复杂。洪水淹没的区域非常明显,如图 3.4(a)和图 3.4(b)所示。实验数据来自 ERS-2,场景显示了 1999 年瑞士伯尔尼市的洪水灾害情况,如图 3.4(a)～(c)所示,图像的大小为 256×256。图 3.4(a)和图 3.4(b)所示的 SAR图像分别代表洪水灾害发生前后的图像,分别于 1999 年 4 月和 5 月获得。图 3.4(c)是被洪水淹没的地面真实情况。图 3.4(d)～图 3.4(i)是在同等条件下分别由 DWT、SWT、DT-CWT、DDWT、DDDT-WT 和 DDDT-CWT 获得的变化检测结果,即被洪水淹没的地面区域。灰色和黑色分别代表被洪水淹没的区域和没有被洪水淹没的区域。由图 3.4 可以看到,DWT 以外的其他算法都能检测到被洪水淹没的变化区域,尽管它们的精度各不相同。SWT 虚检测信息比较多,随着小波系列变换方向数量的增加,虚检测信息逐渐减少。可以看到,针对此类地形的变化检测问

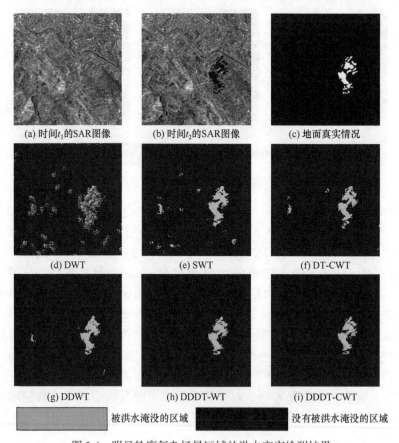

(a) 时间 t_1 的 SAR 图像   (b) 时间 t_2 的 SAR 图像   (c) 地面真实情况

(d) DWT   (e) SWT   (f) DT-CWT

(g) DDWT   (h) DDDT-WT   (i) DDDT-CWT

被洪水淹没的区域   没有被洪水淹没的区域

图 3.4 明显轮廓复杂场景区域的洪水灾害检测结果

题，DDDT-CWT 和 DDDT-WT 的性能和准确度几乎相同，而且优于其他检测算法。在 3.2.5 节和 3.2.6 将对这些算法的性能进行详细分析和评价。与 3.2.2 节对复杂场景的实验类似，此处的实验结果表明，即使变化区域非常明显，很容易看到，但当其具有复杂的边缘时，多方向分析算法的优势比较突出，并且获得的变化信息被证明比单方向或多方向获得的信息更准确。

3.2.5　基于 ROC 曲线的检测算法性能评价

前面的实验结果已经很直观地表明 MSMD 算法不但有效，而且很适合洪水灾害检测。为了对 MSMD 算法的性能进行进一步评价，本节和 3.2.6 节将讨论指标的具体评估情况。影响变化检测准确度的因素很多，如图像质量、检测算法、背景的复杂性，以及研究人员的处理技术和经验等。因此，没有一个统一的标准或参数指标能够对变化检测结果进行准确的分析和评估。经常使用的评估参数指标有变化像素的正确检测率、漏检测率、虚检测率、错误检测率、Kappa 系数等[26]。通过对变化检测数据进行描述和分析，可以使用像素分类误差矩阵，即混淆矩阵，进行量化分析，作为评估变化检测准确性的指标。对于基于像素级的遥感图像多时相变化检测，变化信息的获取基本上是通过像素的分类实现的。因此，图像的像素分类误差矩阵可以转换为变化检测误差矩阵，作为一种定量评估的算法。表 3.1 为一个简单的像素变化检测误差矩阵。

表 3.1　像素变化检测误差矩阵

参数	算法检测到发生变化的像素个数	算法检测到未发生变化的像素个数	合计
发生变化像素	N_{CC}	N_{CU}	$TN_C = N_{CC} + N_{CU}$
未发生变化像素	N_{UC}	N_{UU}	$TN_U = N_{UC} + N_{UU}$
合计	$TN_{DC} = N_{CC} + N_{UC}$	$TN_{DU} = N_{CU} + N_{UU}$	TN

在表 3.1 中，N_{CC} 表示实际发生变化的像素个数，而且这些像素用某种算法检测到发生了变化。N_{UC} 表示实际未发生变化的像素个数，但是用某种算法检测到未发生变化的像素。TN_{DC} 表示某算法检测到全部发生变化像素的个数，即检测到发生变化像素的个数。N_{CU} 表示算法未检测到而实际发生变化的像素个数。N_{UU} 表示没有发生变化的像素，同时算法也检测到未发生变化的像素个数。TN_{DU} 表示用算法检测到未发生变化的像素个数。TN_C 表示实际发生变化的像素个数，包括被检测到和没有被检测到的变化像素个数。TN_U 表示实际未发生变化的像素个数，包括被检测到和没有被检测到的未发生变化像素个数。TN 表示图像的全部像素，如果一幅图像的大小为 $M \times N$，那么 $TN = M \times N$。使用表 3.1 所示的像

素变化检测误差矩阵提供的每个定义，就可以确定对某个变化检测算法性能进行定量分析的一些参数，如正确检测率、错误检测率、虚检测率和 Kappa 系数等。这里，只讨论正确检测率和虚检测率，因为这两个参数将用于绘制不同算法的性能曲线，即受试者工作特征(receive operating characteristic, ROC)曲线。3.2.6 节将讨论用 Kappa 系数评价变化检测算法的准确度。

正确检测率(P_{td})是指检测发生变化像素的个数相对于真实发生变化像素的个数的一种度量，其定义为

$$P_{td} = \frac{N_{CC}}{TN_C} \times 100\% \tag{3.9}$$

虚检测率(P_{fd})是指未发生变化而被检测发生变化像素的个数与未发生变化像素的个数的比值，其定义为

$$P_{fd} = \frac{N_{UC}}{TN_U} \times 100\% \tag{3.10}$$

图 3.5、图 3.6 和图 3.7 分别表示的是不同阈值下的 ROC 曲线。在这些 ROC 曲线图中，横坐标是虚检测率(P_{fd})，纵坐标是正确检测率(P_{td})。图 3.5 显示的是图 3.2 所示图像的 ROC 曲线。从图 3.5 中可以看到，DDDT-CWT 的 ROC 曲线优于其他算法，表明其性能最佳。DWT 和 SWT 的 ROC 曲线最差，说明它们的检测效果并不理想，分别如图 3.2(d)和图 3.2(e)所示。DT-CWT、DDWT 和 DDDT-WT 的 ROC 曲线非常相似，表明这些算法从复杂场景中获取变化信息的能力也很相似。尽管实验图像的场景比较复杂，但是 DDDT-CWT 仍然表现出良好的性能，而且能够捕获更准确和更详细的变化信息。这是因为 DDDT-CWT 在每个分解尺度上均能从 16 个方向获得信息，并且在每个方向上均使用两个小波函数来描述每

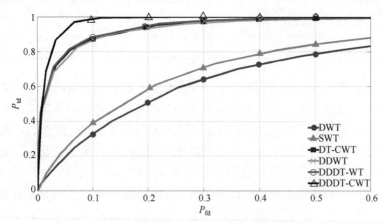

图 3.5　图 3.2 所示图像的 ROC 曲线图

个方向的信息。DDDT-WT 只使用一个小波函数描述每个方向的信息，因此性能略低于 DDDT-CWT。

　　图 3.6 中绘制的 ROC 曲线来源于图 3.3 所示的图像。从图 3.6 中可以看到，所有的 ROC 曲线差异不大，并且呈现出相同的趋势。事实上，最好的 ROC 曲线仍然是 DDDT-CWT，但是 SWT 的 ROC 曲线也非常相似。这表明，对于简单场景，DDDT-CWT 的性能与 SWT 相同。紧接这两种算法后，其他算法性能的好坏依次为 DDDT-WT、DDWT、DT-CWT 和 DWT。图 3.6 所示的结果进一步表明，对于简单场景，多方向的优势并不明显。

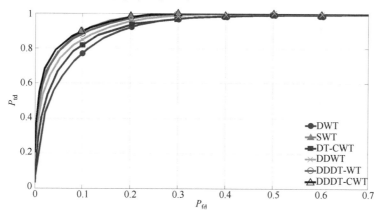

图 3.6　图 3.3 所示图像的 ROC 曲线图

　　图 3.7 所示的 ROC 曲线是基于图 3.4 所示的实验结果图像。从图 3.7 中可以看到，DWT 与其他算法存在明显差异，即 DWT 的 ROC 曲线的有效性最差。事实上，从图 3.4 中也可以看出，DWT 的检测效果最不理想，其他算法的收敛

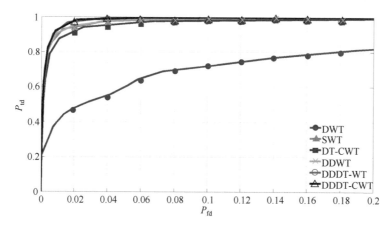

图 3.7　图 3.4 所示图像的 ROC 曲线图

速度、稳定性和鲁棒性等方面的差异不大。DDDT-CWT 和 DDDT-WT 是最好的算法，它们之间几乎没有差异。接下来表现较好的是 SWT 和 DDWT，它们提供了类似的结果。在这组实验中，与其他四种算法相比，DT-CWT 的性能要稍微差一点。实验结果表明，对于轮廓复杂且具有清晰变化区域的场景，DDDT-CWT 和 DDDT-WT 具有优越的性能，这表明此时多方向性算法具有明显的优势。

3.2.6　基于 Kappa 系数的准确度分析

Kappa 系数是一种描述和计算分类精度的算法。根据表 3.1，可以得到 Kappa 系数定义的数学表达式，即

$$Kappa = \frac{TN \times (N_{CC} + N_{UU}) - (TN_C \times TN_{DC} + TN_U \times TN_{DU})}{TN^2 - (TN_C \times TN_{DC} + TN_U \times TN_{DU})} \tag{3.11}$$

表 3.2 描述了 Kappa 系数与准确度的关系。Kappa 系数描述了检测结果的内部一致性。与总的准确度相比，Kappa 系数更能客观地反映检测结果的准确度，Kappa 系数值越高，准确度越高。

表 3.2　Kappa 系数与准确度的关系

Kappa 系数	准确度
小于 0	非常差
0～0.2	差
0.2～0.4	一般
0.4～0.6	好
0.6～0.8	很好
0.8～1.0	极好

表 3.3 显示了从图 3.2～图 3.4 中所示图像获得的 Kappa 系数。在图 3.2 中，图 3.2(i)和图 3.2(h)的 Kappa 系数值最高，分别为 0.6967 和 0.6966，它们依次由 DDDT-CWT 和 DDDT-WT 处理得到。接着是 DT-CWT，由它处理的图像获得的 Kappa 系数值为 0.6889，对应的图像是图 3.2(f)。DDWT 的 Kappa 系数值为 0.6175。最低的 Kappa 系数值分别来自 DWT 和 SWT。这组实验表明，DDDT-CWT 和 DDDT-WT 在提取变化信息方面具有较高的准确度，因为它们可以提供来自 16 个方向的信息，从而获得更详细的信息。

表 3.3　不同算法和不同实验的 Kappa 系数值

参数	DWT			SWT			DTCWT		
Kappa 系数值	图 3.2(d)	图 3.3(d)	图 3.4(d)	图 3.2(e)	图 3.3(e)	图 3.4(e)	图 3.2(f)	图 3.3(f)	图 3.4(f)
	0.2273	0.5560	0.2334	0.2616	0.5712	0.3198	0.6889	0.6004	0.4313
参数	DDWT			DDDT-WT			DDDT-CWT		
Kappa 系数值	图 3.2(g)	图 3.3(g)	图 3.4(g)	图 3.2(h)	图 3.3(h)	图 3.4(h)	图 3.2(i)	图 3.3(i)	图 3.4(i)
	0.6175	0.6039	0.5216	0.6966	0.6007	0.5605	0.6967	0.6081	0.5771

由图 3.3 获得的 Kappa 系数值差别不大，尤其是对于 DT-CWT、DDWT、DDDT-WT 和 DDDT-CWT，分别为 0.6004、0.6039、0.6007 和 0.6081，对应的图像分别为图 3.3(f)~图 3.3(i)。在这组实验中，上述算法在变化检测方面具有较高的准确度，但 DDWT 略优于 DDDT-WT。然而，DWT 和 SWT 获取变化信息的准确度相对较低。实验结果表明，对简单场景而言，这些算法在准确度方面没有很大的差异。

由图 3.4 获得的 Kappa 系数值与图 3.2 中反映的趋势相同。DDDT-CWT 的值为 0.5771，是本组实验中的最高值，表明其具有良好的准确度。第二高值为 0.5605，由 DDDT-WT 获得。这两种算法获得的 Kappa 系数值差别不大。第三高值为 0.5216，由 DDWT 获得。最小的两个值是由 SWT 和 DWT 获得的，它们的值分别为 0.3198 和 0.2334。在具有明显变化区域和复杂轮廓的场景中，使用具有较少方向的 DWT 和 SWT 来获取变化信息的准确度较差，但在这种情况下，如果使用多尺度多方向性的 DDDT-CWT 和 DDDT-WT，那么效果会更好。

依据表 3.3 绘制了 Kappa 系数直方图，如图 3.8 所示。其中，横坐标表示所用的处理算法，括号中的数字表示该算法分解时每个尺度上的方向数，纵坐标表

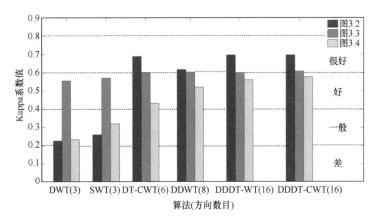

图 3.8　Kappa 系数直方图

示 Kappa 系数值。黑色、灰色和浅灰色分别表示图 3.2、图 3.3 和图 3.4 获取的 Kappa 系数值。Kappa 系数随不同算法和场景条件的改变而变化。

基于对前面与洪水灾害相关的三组实验的对比和分析，可以得出以下结论：对于一个简单场景，无论方向性能如何，所有算法都能够获得相应的变化信息，如图 3.3 所示。然而，其性能和准确度并不完全一致，会表现出一些细微差异，如图 3.5、图 3.8 和表 3.3 所示。对于复杂场景，DWT 和 SWT 无法有效提取到相应的变化信息，其性能和准确度也不理想，如图 3.5、图 3.7、图 3.8 和表 3.3 所示。在这两种情况下，DDDT-CWT 的性能曲线和精度都很好，与 DDDT-WT 非常相似。

3.3　小波变换和恒虚警率结合的 SAR 图像分割算法

SAR 成像的典型特点是具有全天候、全天时获取数据的能力，但其相干性成像机理使得 SAR 图像包含大量斑点噪声，给 SAR 图像目标的检测和分割带来极大的困难。因此，本节通过研究 SAR 成像机理，在恒虚警率(constant false alarm rate, CFAR)检测理论和小波多尺度分解原理的基础上，提出一种新的 SAR 图像目标和阴影区域的分割算法，即基于小波分解和 CFAR 检测器相结合的 SAR 图像分割算法[27]，简称 WD-CFAR 算法。该算法对 SAR 图像的斑点噪声不敏感，可同时对目标区域和阴影区域进行分割，也可对低信杂比的 SAR 图像进行分割，而且具有较强的普适性。

图像分割是图像分析、图像理解、图像模式识别，以及人工智能处理等领域的基础知识，同时也是图像处理的重要内容。因此，图像分割已在许多领域得到广泛的应用，如生物医学、遥感测绘、视频通信和公共安全等方面。随着图像分割理论和算法的不断发展完善，其在实际中的应用也更加广阔和深入。虽然一幅图像提供了大量有用的信息，但是实际上人们往往只对图像中的某部分区域感兴趣。感兴趣区域通常称为目标区域，它们具有相同或相似的特征，如灰度特征和纹理特征等；剩下的区域统称为背景区域，把感兴趣目标区域从背景区域中提取或分离出来的过程就是图像分割。因此，图像分割就是按照一定的准则把一幅图像划分成若干个在物理上有意义的区域的集合。这些集合互不相交，相同的集合具有相同或者相似的特性，不同的集合具有不同的特性。

图像分割的理论和算法非常多，目前的图像分割算法已有一千多种，而且新的图像分割算法还在不断被提出[28-33]。虽然图像分割算法种类繁多，但是每种算法通常针对不同的应用背景而提出，所以目前还没有一种对所有图像均能进行有效分割的算法，即尚未有一个普适的分割框架适用于所有图像。同时，分割结果评判也没有一个统一的标准，在很大程度上还依靠视觉判断。图像分割算法大体上可分为以下四类[34]，即基于阈值的图像分割、基于边缘检测的图像分割、基于区域生长的图像分割和基于特定理论的图像分割。基于阈值的图像分割通过对图像灰度值设置某阈值来实现图像的分割，包含单阈值分割和多阈值分割两类。基于阈值的图像分割的优点是简单、易实现，缺点是适合目标区域与背景区域具有较强对比度的图像。基于边缘检测的图像分割是通过先检测边缘点，然后连接边缘点，形成闭合的子图像边界，从而实现图像的分割。因此，根据边缘检测方式的不同，可分为串行边缘检测分割和并行边缘检测分割。基于区域生长的图像分割通常根据图像的灰度、纹理、颜色等统计特征，充分考虑图像的空间信息，然后把图像划分成不同的子区域来实现图像的分割，典型的算法有区域生长法、分裂合并法和分水岭法等。随着科学技术的发展，各种特定的理论和新兴技术与图像分割理论结合起来，产生了许多新的图像分割理论和算法[35,36]。

　　SAR 相干性成像机理造成 SAR 图像中包含大量不可避免的斑点噪声，这对 SAR 图像的分割和应用产生了极大挑战和困难。因此，一般的图像分割算法直接应用于 SAR 图像，通常很难取得理想的分割效果，于是有学者根据 SAR 图像的特点和应用背景提出众多 SAR 图像分割算法[37-39]。这些算法如果按 SAR 图像分割的目的进行划分，可分为两大类：一类是针对感兴趣目标区域提取的图像分割；另一类是针对地面物体分类的图像分割。如果按减小 SAR 图像斑点噪声对图像分割的影响来划分，可分为直接分割和先滤波后分割两类。在直接进行 SAR 图像分割时，一般是通过对 SAR 图像数据进行统计建模，并在分割模型中考虑斑点噪声的消除。典型的算法有基于 CFAR 检测的图像分割算法、基于马尔可夫随机场(Markov random field, MRF)的图像分割算法和基于边缘检测的图像分割算法。基于 CFAR 检测的图像分割算法是通过对图像的统计特性进行估计得到一个阈值，然后将图像中每个像素的灰度值与该阈值进行比较，从而完成图像的分割。基于 CFAR 检测的图像分割算法的优点是分割速度快，缺点是仅考虑图像的灰度信息，而不考虑空间信息，因此分割结果中往往包含斑点噪声，不能满足实际需求。虽然基于 MRF 的图像分割算法考虑每个像素的空间邻域结构，但是缺陷也很明显，即处理的数据量大、算法收敛速度慢、需要调节多个参数、很难实现优化。基于边缘检测的图像分割算法受到 SAR 图像中斑点噪声的影响较大，例如，在斑点噪声较多的情形中，边缘检测算子往往难以获得比较好的边缘图，导致难以对边缘像素的位置进行准确定位。

　　本节提出的 WD-CFAR 算法可以充分考虑 SAR 图像的特点，具有 CFAR 检测器和多尺度小波分解的优势，非常适合 SAR 图像目标的检测与分割。该算法首先通过对 SAR 图像进行小波分解，选择一定的高频系数子图像进行 CFAR 检测，再进行小波逆变换，去除均值，进行第二次 CFAR 检测实现 SAR 图像目标区域的分割。WD-CFAR 算法具有如下优点。

(1) 对斑点噪声不敏感，即降低斑点噪声对 SAR 图像分割的影响。

(2) 克服单个 CFAR 检测器要求目标区域与背景区域有较大对比度的缺陷。

(3) 能同时检测到目标区域和阴影区域。

(4) 能有效分割 SAR 图像中的弱散射目标，如机场、公路等。

(5) 具有强的适应性，可以用于不同传感器的 SAR 图像分割，尤其是中低分辨率的 SAR 图像。

3.3.1 恒虚警率检测器和小波分解理论

恒虚警率检测器是利用检测单元周围的背景单元来估计阈值的一种常用雷达目标检测算法。由于其计算简单，通过设置恒虚警率和自适应阈值就能快速从复杂的背景中检测出目标，所以 CFAR 在 SAR 图像目标检测和分割中得到广泛研究和应用[40-42]。在 SAR 图像中，目标往往处于复杂的背景环境中，特别是一些小目标、弱散射目标和隐藏目标。如果仅用固定阈值来检测目标，那么很难获得较理想的效果。因此，对不同的 SAR 图像目标检测需要一种自适应的阈值检测器。CFAR 检测器恰好是一种基于像素级的自动阈值检测器，其对自适应阈值的选取和确定，与目标所处背景区域的统计分布模型，以及预先设置的虚警率有关。在给定某虚警率的条件下，它通过分析 SAR 图像的统计分布特性来确定检测阈值，实现目标的检测与分割。CFAR 检测器通常要求目标区域和背景区域之间具有较强的对比度，才能获得较好的检测效果。WD-CFAR 算法通过设计双重 CFAR 检测器，结合小波多尺度分解理论，能够很好地克服 CFAR 检测器的不足。

基于 CFAR 的 SAR 目标检测的关键技术是阈值的确定，实质上是在背景确定的情况下，对阈值的一种自适应调整技术，通过保持恒定的虚警率来检测目标。阈值 T 的确定与 SAR 图像的背景杂波分布模型有紧密的关系。假设 SAR 图像的背景和目标的概率密度函数分别为 $p_B(x)$ 和 $p_T(x)$，那么虚警率 P_f 和检测率 P_d 的定义分别如式(3.12)和式(3.13)所示[43]，即

$$P_f = \int_T^\infty p_B(x)\mathrm{d}x \tag{3.12}$$

$$P_d = \int_T^\infty p_T(x)\mathrm{d}x \tag{3.13}$$

阈值 T 可以通过式(3.14)来求解，即

$$1 - P_f = \int_0^T p_B(x)\mathrm{d}x \tag{3.14}$$

式中，P_f 为虚警率，不同的 P_f 可以得到不同的 T。

SAR 图像背景杂波分布主要有对数正态分布、瑞利分布、韦布尔分布和 K 分布等[44]。

在获得阈值后，用像素的灰度值与阈值进行比较，就可以实现目标区域的检测和分割，具体的判别准则为

$$I(i,j) = \begin{cases} 1, & I(i,j) \geqslant T \\ 0, & I(i,j) < T \end{cases} \tag{3.15}$$

式中，$I(i,j)$ 表示像素点 (i,j) 的灰度值。

利用小波多尺度分解理论对图像进行处理，能获得塔式结构的分解系数。当利用二维 DWT 对图像进行分解时，每次分解尺度将产生 1 个低频系数子图像 LL 和 3 个高频系数子图像，即水平子图像 LH、垂直子图像 HL 和对角子图像 HH。下一级小波分解是在前一级小波分解获得的低频系数子图像 LL 的基础上进行的，同样可以获得一个低频系数子图像和 3 个高频系数子图像，依次重复，直到完成图像全部尺度 N 的小波分解。低尺度上的子图像反映的是高频信息，高尺度上的子图像反映的是低频信息。高尺度包含 95% 以上的能量和信息。二维图像小波分解过程示意图如图 3.9 所示。

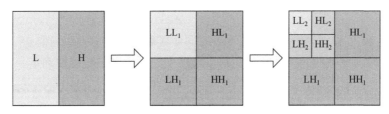

图 3.9　二维图像小波分解过程示意图

图 3.9 表示的是分解尺度为 2 的分解过程。从图 3.9 可知，经 N 级分解后，能获得 $3N+1$ 个子图像，并且分解尺度每增加 1，子图像的大小就变成上层尺度图像的 1/2，即二维 DWT 进行的是下采样过程。WD-CFAR 算法采用的是二维 SWT，与二维 DWT 的区别是不进行下采样，因此经二维平稳小波分解后获得的子图像的大小与原始图像的大小一样。

二维平稳小波分解中最关键的环节是小波分解尺度 N 的确定。分解尺度过低，不能充分利用小波分解的优势；分解尺度过高，全都变成低频信息，没有必要。本书把这个合适的分解尺度称为最佳分解尺度，简称最佳尺度。最佳尺度的选择可通过考虑像素在不同尺度下属于边缘还是同质区域来判断。值得注意的是，在低分辨率水平下，用像素判别属于边缘还是同质区域并不可靠，因为在这些分解尺度层上的细节信息和边缘信息在分解过程中被移开了。对一个像素来说，如果它既不是边缘信息又不是几何细节信息，那么像素所在的尺度就是稳定的尺度，也是最佳尺度。

在一个给定的尺度 n 上，一个像素属于边缘还是同质区域，可以采用多尺度局部变异系数(local coefficient of variation, LCV)来判断。方差系数是用来描述

SAR 图像局部不均匀程度的一个指标，也可以作为反映斑点噪声大小的一个理论值。LCV_n 的定义为

$$\text{LCV}_n(i,j) = \frac{\sigma_n(i,j)}{I_n(i,j)} \tag{3.16}$$

式中，$\sigma_n(i,j)$ 和 $I_n(i,j)$ 分别表示局部标准方差和均值。

用式(3.16)计算空间位置 (i,j) 在分解尺度为 n $(n=0,1,2,\cdots,N-1)$ 上的局部方差系数。为了提高精度，一般采用一个滑动窗进行计算。滑动窗的大小由用户决定。如果滑动窗太小，将降低局部统计参数的可靠性；如果滑动窗太大，将降低几何细节的敏感性。因此，滑动窗大小的选择应该在这两个属性之间权衡。变异系数是场景异质的估量，低值对应同质区域，高值对应异质区域(如边缘区域和点目标)。要区分同质区域和异质区域，必须定义一个阈值。在分解尺度 n 上，同质区域的同质程度能用全局变异系数(global coefficient of variation, GCV)来表示，其定义为

$$\text{GCV}_n = \frac{\sigma_n}{I_n} \tag{3.17}$$

式中，σ_n 和 I_n 分别表示分解尺度为 n 时同质区域的标准方差和均值。

当它们满足下面的条件时，在每个尺度上，同质区域就能被确定。

对一个像素来说，如果在所有的分解尺度 $t(t=0,1,2,\cdots,r)$ 上都满足式(3.18)，就认为分解尺度 $r(r=0,1,\cdots,N-1)$ 是最佳尺度，即

$$\text{LCV}_n(i,j) \leqslant \text{GCV}_n \tag{3.18}$$

3.3.2 算法原理概述

SAR 成像是地物目标特征空间到影像空间的映射过程。在该过程中，除了斑点噪声影响 SAR 图像分割，雷达成像系统参数(入射角、极化、频率)和地物表面参数(粗糙度、介电常数)都会影响 SAR 图像分割。因此，不同的目标在 SAR 图像反映的信息是不同的。例如，机场跑道和静止水面在 SAR 图像中比较暗，而人造目标(车辆、房子)在 SAR 图像中较亮。这些因素给 SAR 图像目标区域及背景区域的分割带来了极大困难。尤其是小的目标、弱散射的目标和隐藏的目标，包含它们的 SAR 图像通常是信杂比较低的图像，一般的算法很难将它们完整分割出来。本节提出的 WD-CFAR 算法，通过设计双重 CFAR 检测，以及均值去除步骤可以达到提高分割效果的目的，实现克服 CFAR 检测要求目标区域与背景区域有较大对比度的苛刻条件。同时，与小波多尺度分解相结合还可以降低斑点噪声的敏感性和影响，能对不同反射强度的目标及其阴影区域进行有效分割。WD-CFAR 算法原理框图如图 3.10 所示。

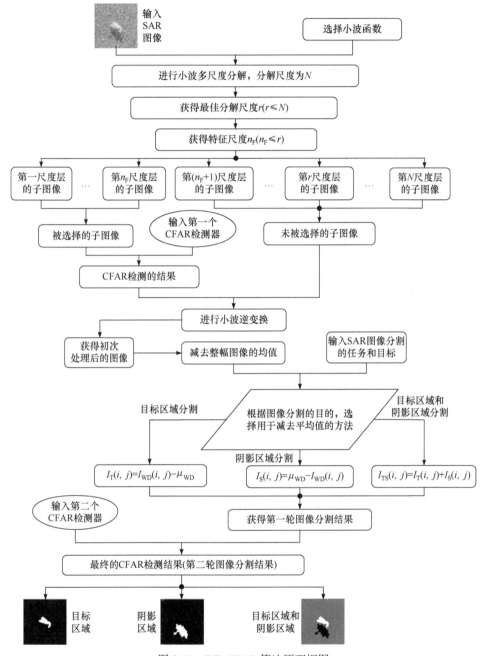

图 3.10　WD-CFAR 算法原理框图

　　(1) 输入 SAR 图像。输入需要进行分割的原始 SAR 图像，这里讨论的 SAR 图像分割指的是对感兴趣的目标区域进行分割，如果目标有阴影，那么还包括阴影区域的分割，而不是 SAR 图像地物分类的分割。因此，在 SAR 图像中，感兴趣的目标区域或阴影区域只占整个 SAR 图像的一小部分。

(2) 选择小波函数。小波函数的种类非常多。根据不同的小波函数会获得不同的结果，这是因为小波函数的结构不一样。Daubechies 小波族具有紧支集、正交性和正则性等特点，而且正则性随着序号 M 的增加而增加[45]。db4 小波具有较好的去噪性，其分解和重建滤波器系数也比较简单，所以本节算法选择 db4 小波进行分解。

(3) 进行小波多尺度分解。用小波对输入的 SAR 图像进行多尺度分解，可以获得不同尺度上的子图像。最关键的一步是分解尺度的确定，按 3.3.1 节算法确定最佳分解尺度 r。实验表明，在小波分解中，最佳尺度 r 一般小于等于 4，即 $r \leqslant 4 \leqslant N$，其中 N 为分解尺度数。同时，选择二维平稳小波对 SAR 图像进行分解。

(4) 选择进行第一次 CFAR 检测的高频系数子图像。在 SAR 图像被小波分解后，如果分解尺度为 N，那么可以获得 $3N+1$ 幅子图像。在进行第一次 CFAR 检测时，需要选择部分子图像进行检测。随着分解尺度的增加，子图像中包含的高频成分越来越少，而噪声和目标信息主要集中在低尺度子图像中；在高尺度子图像中，子图像反映的主要是背景杂波信息。因此，选择部分低尺度子图像进行 CFAR 检测及分割。选择的特征尺度用 n_F 表示，$n_F \leqslant r$。在 WD-CFAR 算法中，$n_F = 2$，也就是选取第一尺度和第二尺度的系数子图像进行 CFAR 检测。具体的选择原理将在 3.3.3 节实验部分进行详细介绍。

(5) 输入第一个 CFAR 检测器。这一步的关键技术是恒虚警率的设置，因为不同的恒虚警率会影响 SAR 图像分割的结果。同时，不同的 SAR 图像，其恒虚警率也会有所不同。

(6) 对选择的子图像进行 CFAR 检测。利用预置的虚警率，对选择的特定子图像进行 CFAR 检测与分割，并获得第一轮分割结果。

(7) 进行小波逆变换。对所有分解后的小波系数子图像进行重构，它们包含经过 CFAR 检测的子图像和没有检测的子图像。进行小波逆变换后，获得的结果就是第一次 CFAR 检测后的 SAR 图像。它是一幅新的 SAR 图像，包含的内容不同于原始输入 SAR 图像。

(8) 输入 SAR 图像分割的任务和目标。针对 SAR 图像中人造目标分割的目的，通常包含三种选择：一是目标区域的分割；二是阴影区域的分割；三是目标区域及阴影区域的分割。

(9) 去除第一轮处理获得的 SAR 图像的均值。对 CFAR 检测后的 SAR 图像进行均值去除处理。在前面的操作过程中，对 SAR 图像中的低频成分未做任何处理，而这些低频成分恰好是背景杂波信息，不是需要分割的目标。去除均值处理实质上是去除背景杂波成分，这有利于第二次的 CFAR 检测与分割，同时去除了大量的斑点噪声。这也是 WD-CFAR 算法的一个重要贡献。

根据分割目的的不同，去除均值的顺序也不同，最终会产生不同的分割结果。如果要提取或分割的部分是目标区域，则利用式(3.19)处理均值，即

$$I_T(i,j) = I_{WD}(i,j) - \mu_{WD} \qquad (3.19)$$

式中，$I_{WD}(i,j)$ 表示小波变换处理后的 SAR 图像；μ_{WD} 表示该图像的平均值；$I_T(i,j)$ 表示去除均值后目标区域部分的图像。

如果需要分割的部分是目标阴影区域，则利用式(3.20)处理均值，即

$$I_S(i,j) = \mu_{WD} - I_{WD}(i,j) \qquad (3.20)$$

式中，$I_S(i,j)$ 表示被提取的是目标的阴影区域。

如果需要同时提取目标区域及其阴影区域，则用式(3.21)进行计算，即

$$I_{TS}(i,j) = I_T(i,j) + I_S(i,j) \qquad (3.21)$$

式中，$I_{TS}(i,j)$ 表示同时获得的目标区域及其阴影区域。

注意，式(3.21)中的 $I_T(i,j)$ 和 $I_S(i,j)$ 必须单独计算，也就是说式(3.21)不能直接由式(3.19)和式(3.20)相加来获得相应的结果。

(10) 获得第一次分割后的图像 $\hat{I}_{seg}(i,j)$。经过一系列处理后，此时的图像主要包含目标(阴影)区域、部分背景信息，因此需做进一步的检测处理。

(11) 输入第二个 CFAR 检测器。与第一个 CFAR 检测器一样，关键技术是恒虚警率的设置。在进行第二次检测时，恒虚警率要小于第一次设置的值。

(12) 进行第二次 CFAR 检测分割处理，并获得最终 SAR 图像分割结果 $I_{seg}(i,j)$，输出分割结果图像。

3.3.3　不同 SAR 图像和不同算法的分割实验

1. 不同 SAR 图像的 WD-CFAR 分割实验

为了充分说明和验证 WD-CFAR 算法的可行性，本节进行不同的比较实验。第一个实验是利用 WD-CFAR 算法对不同 SAR 图像进行分割，实验结果如图 3.11 所示。图 3.11(a)是原始 SAR 图像，其中图 3.11(a1)～图 3.11(a4)分别表示不同的 SAR 图像。图 3.11(a1)和图 3.11(a2)所示的 SAR 图像数据来源于公开的 MSTAR(moving and stationary target acquisition and recognition)数据库，图像中的目标区域是坦克，图像大小为128×128。图 3.11(a3)和图 3.11(a4)表示的 SAR 图像数据来源于美国 Sandia 国家实验室公开的图像数据，图 3.11(a3)中包含多种军事车辆和坦克等目标，其大小为512×400，图 3.11(a4)是机场跑道目标，大小为400×400。这些 SAR 图像有以下共同特点：一是机载 SAR 图像；二是低信杂比

或低信噪比 SAR 图像。在图 3.11(a4)中，要分割的目标是机场跑道和机场建筑，而机场跑道是弱散射目标区域。

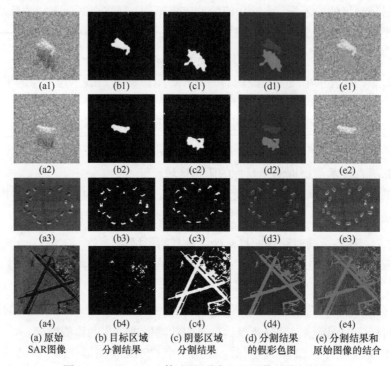

(a1)　　　(b1)　　　(c1)　　　(d1)　　　(e1)

(a2)　　　(b2)　　　(c2)　　　(d2)　　　(e2)

(a3)　　　(b3)　　　(c3)　　　(d3)　　　(e3)

(a4)　　　　(b4)　　　　(c4)　　　　(d4)　　　　(e4)

(a) 原始　　(b) 目标区域　(c) 阴影区域　(d) 分割结果　(e) 分割结果和
SAR图像　　分割结果　　　分割结果　　的假彩色图　原始图像的结合

图 3.11　WD-CFAR 算法对不同 SAR 图像的分割结果

图像 SNR 是图像信号功率与噪声功率的比值。图像信号功率的直接计算比较困难，因此通常将图像中信号的方差与噪声的方差的比值近似地认为是图像的 SNR。计算图像中所有像素的局部方差，然后把最大局部方差作为信号方差，最小局部方差作为噪声方差。取最大局部方差与最小局部方差之比作为 SNR，然后将其转换为以 dB 为单位的值。计算 SNR 的近似数学模型，即

$$\text{SNR} = 10 \lg \frac{\sigma_{\max}^2}{\sigma_{\min}^2} \tag{3.22}$$

式中，$\sigma_{\max}^2$ 和 $\sigma_{\min}^2$ 分别表示方差的最大值和最小值。

为了计算局部方差，必须建立滑动窗口，滑动窗口的大小对 SNR 的影响不大。因此，在 WD-CFAR 算法中，用于计算 SNR 的滑动窗口的大小设置为 100×100。如果 $\text{SNR} \geqslant 100$，则把该图像视为高信噪比图像；如果 $\text{SNR} < 100$，则把该图像视为低信噪比图像。图 3.11(a1)、图 3.11(a3)和图 3.11(a4)的 SNR 如表 3.4 所示。它们都是低信噪比图像，不利于目标的检测和分割。因为图 3.11(a2)和图 3.11(a1)

是同类图像，显示的特性相同，所以没有列出其 SNR。

图 3.11(b)显示了目标区域分割的结果。分割结果表明，WD-CFAR 算法能有效地从低信噪比 SAR 图像中分割出目标区域。在图 3.11(a4)所示的 SAR 图像中，机场跑道被当作阴影处理。图 3.11(c)显示的是阴影区域分割结果，分割效果非常好。这表明，WD-CFAR 算法在低信噪比的情况下也能有效地对目标的阴影区域进行分割和提取。分割结果的假彩色图表示如图 3.11(d)和图 3.11(e)所示，其中黑色表示目标区域，灰色表示背景区域。实验结果表明，利用 WD-CFAR 算法对 SAR 图像进行分割是可行的，而且分割效果不错。另外，上述实验使用的所有参数如表 3.4 所示。

表 3.4　图 3.11 所示实验图像的参数

图像	图像大小	SNR	计算尺度 r 的窗口大小	n_F	P_f	
					第一轮	第二轮
图 3.11(a1)	128×128	57.269	3×3	2	10^{-5}	10^{-5}
图 3.11(a3)	512×400	73.387	7×7	2	10^{-5}	10^{-10}
图 3.11(a4)	400×400	81.798	7×7	2	10^{-3}	10^{-5}

2. WD-CFAR 算法与其他算法的比较分割实验

为了进一步验证 WD-CFAR 算法的可行性、有效性和普适性，本节使用不同的分割算法进行对比实验。实验的算法包括 CFAR 算法、小波变换算法和 MRF 分割算法。小波变换算法和 WD-CFAR 算法的主要区别在于：小波变换算法对所有子图像进行检测和分割，然后应用小波逆变换，而 WD-CFAR 算法仅对某些选定系数的子图像进行检测和处理，然后对所有子图像(包括选定和未选定处理的系数图像)进行小波逆变换，对未选定的其他子图像不做任何处理。此外，CFAR 算法和小波变换算法都不执行去除图像均值运算的步骤。去除图像均值运算的步骤是 WD-CFAR 算法的关键技术。

其他算法的分割结果如图 3.12 所示。其中，图 3.12(a)为原始 SAR 图像，图 3.12(b)是通过两轮直接用 CFAR 算法获得的目标区域分割结果，图 3.12(c)是该算法对阴影区域进行分割的结果。非常明显，CFAR 算法的检测效果不如 WD-CFAR 算法，尤其是对于图 3.12(a3)中目标区域的检测。对于阴影区域的分割，CFAR 算法无法胜任此任务。如图 3.12(c)所示，算法没有检测到任何阴影区域的信息。用小波变换算法对 SAR 图像进行分割，结果如图 3.12(d)和图 3.12(e)所示，它们分别表示对目标区域和阴影区域分割的结果。当单独使用多尺度小波分解理论对 SAR 图像目标进行分割时，很难达到理想的分割效果，尤其是在低信噪比图像中。WD-CFAR 算法并不是 CFAR 算法和多尺度小波分解理论的简单结合。WD-CFAR 算法依据 SAR 图像特点和 SAR 成像机理，充分利用 CFAR 原理和多尺度小波分解的优点，克服了它们的缺点，可以实现对目标区域的有效分割。例如，简单的 CFAR 检测器仅适用于高对比度图像，而在小波变换算法中，所有分解系数子图像都被盲目地用于检测，因此无法消除背景杂波的影响。使用 MRF 算法获得的分割结果分别如图 3.12(f)和图 3.12(g)所示，前者是目标区域的分割，后者是阴影区域的分割。尽管 MRF 算法可以检测和提取目标区域和阴影区域，但它会受到背景杂波的影响，如图 3.12(f1)所示。因此，与 WD-CFAR 算法相比，MRF 算法的性能较差。

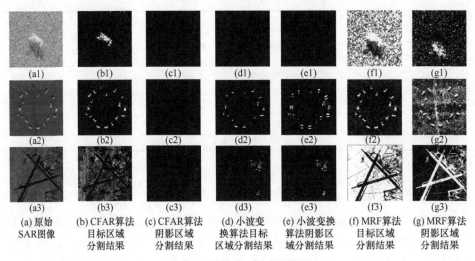

(a1)	(b1)	(c1)	(d1)	(e1)	(f1)	(g1)
(a2)	(b2)	(c2)	(d2)	(e2)	(f2)	(g2)
(a3)	(b3)	(c3)	(d3)	(e3)	(f3)	(g3)
(a) 原始 SAR图像	(b) CFAR算法 目标区域 分割结果	(c) CFAR算法 阴影区域 分割结果	(d) 小波变 换算法目标 区域分割结果	(e) 小波变换 算法阴影区 域分割结果	(f) MRF算法 目标区域 分割结果	(g) MRF算法 阴影区域 分割结果

图 3.12　其他算法的分割结果

3. 只有目标区域没有阴影区域的 SAR 图像分割实验

本实验与前两个实验不同,目的是利用三种算法分别对 SAR 图像中无目标阴影(无明显阴影)的目标区域进行分割。实验结果如图 3.13 所示。图 3.13(a)是原始 SAR 图像,其中图 3.13(a1)是机载 SAR 图像数据,来源于美国 Sandia 国家实验室,包含多个坦克群目标,图像大小为 256×256。这幅图像的特点是目标区域的阴影不太明显,阴影与背景杂波差不多。图 3.13(a2)和图 3.13(a3)是星载 SAR 图像数据,均来源于 ERS-2,大小均为 400×400。其中,图 3.13(a2)包含多只舰船目标,图 3.13(a3)包含单只舰船目标,而且这些目标都无阴影区域,属于典型的低分辨率 SAR 图像。图 3.13(a1)和图 3.13(a2)是高信杂比图像,图 3.13(a3)是低信杂比图像。图 3.13(b)是 WD-CFAR 算法分割结果,分割效果很好,能把目标区域有效地分割出来。图 3.13(c)是 CFAR 算法分割结果,即 CFAR 原理进行两次分割的结果,虚警率的设置与 WD-CFAR 算法一样。从图 3.13(c)可知，CFAR 算法用于 SAR 图像分割并不十分理想。同样，将小波变换算法用于 SAR 图像分割，如果不加以选择，而是对每个分解子图像均进行检测分割，然后进行小波逆变换处理，也得不到理想的效果。对小波分解后的各子图像进行分割检测处理时，同样要求有较高的对比度，否则很难获得较好的分割效果。

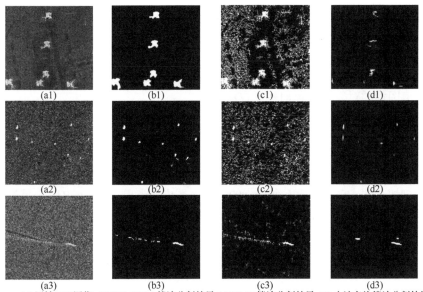

(a) 原始SAR图像　(b) WD-CFAR算法分割结果 (c) CFAR算法分割结果 (d) 小波变换算法分割结果

图 3.13　对没有阴影背景的 SAR 图像进行分割的结果

3.3.4　算法性能的定量分析

上述实验均是从视觉的角度对 WD-CFAR 算法、CFAR 算法和小波变换算法进行比较分析的实验，即从定性的角度进行分析。下面运用评价因子对其性能做进一步定量分析。采用的评价参数包括比值图像的对数归一化似然比和均值、目标区域分割率和算法运算时间。这些参数分别从不同的角度对上述三种不同算法进行描述和分析，即对算法进行全面评价。

比值图像是指分割后的目标区域图像和原始图像的比值，它的对数归一化似然比通常用来描述图像中不同区域的异质性[46]。对于地物目标分割图像，其值越小，表明比值图像中残余的目标结构越小，也就是对目标的分割提取越准确。比值图像的均值反映图像中包含信息的多少，均值越大，分割后图像中包含的目标区域信息越多。

假设原始图像和分割后的图像分别用 $I_{\mathrm{org}}(i,j)$ 和 $I_{\mathrm{seg}}(i,j)$ 表示, 则比值图像的定义为

$$\mathrm{RI}(i,j) = \frac{I_{\mathrm{seg}}(i,j)}{I_{\mathrm{org}}(i,j)} \tag{3.23}$$

式中, $\mathrm{RI}(i,j)$ 表示比值图像。

如果比值图像的大小为 $M \times N$, 则比值图像的均值为

$$\mu_{\mathrm{RI}} = \frac{1}{M \times N} \sum_{i=1}^{M} \sum_{j=1}^{N} \mathrm{RI}(i,j) \tag{3.24}$$

比值图像的对数归一化似然比 $|D|$ 为

$$|D| = \sum_{k=1}^{m} \frac{n_k}{N_0} \overline{\ln \mathrm{RI}_k} \tag{3.25}$$

式中, m 表示图像被分割成不同集合类型的个数, 即 m 个互相分离的均匀同质区域的分割切片图; n_k 表示第 k 个分割的均匀区域内像素的个数; $\overline{\ln \mathrm{RI}_k}$ 表示第 k 个分割的均匀区域对应比值图像对数的平均值; N_0 表示总的像素的个数, 即 $N_0 = M \times N$。

目标分割率包括目标区域正确分割率和目标区域错误分割率两种。目标区域正确分割率是指目标区域像素被正确分割的概率, 即像素本身属于目标区域, 同时又被算法分割的像素的个数与全部目标区域像素的比值, 即

$$P_{\mathrm{ts}} = \frac{N_{\mathrm{ts}}}{N_{\mathrm{t}}} \times 100\% \tag{3.26}$$

式中, N_{ts} 表示属于目标区域且被算法检测到属于目标区域的像素个数; N_{t} 表示目标区域的全部像素个数。

目标区域错误分割率, 又称为伪分割率, 是指那些不属于目标区域却被算法检测分割为目标区域像素的概率。其定义为背景杂波像素被分割为目标区域像素的个数与所有被检测为目标区域像素的个数之比, 即

$$P_{\mathrm{fs}} = \frac{N_{\mathrm{fs}}}{N_{\mathrm{s}}} \times 100\% \tag{3.27}$$

式中, N_{fs} 表示属于背景区域却被分割为目标区域的像素的个数; N_{s} 表示用算法检测分割为目标区域的全部像素个数, 即 $N_{\mathrm{s}} = N_{\mathrm{ts}} + N_{\mathrm{fs}}$。

运算时间参数 t 是衡量一个算法复杂程度的重要指标。理论的复杂性往往会导致算法的复杂性, 当然运算时间也会增加。

　　实验结果如图 3.14 和表 3.5 所示。在图 3.14 中，图 3.14(a1)和图 3.14(a2)是原始 SAR 图像，其中，图 3.14(a1)的参数说明与图 3.11(a2)一样。图 3.14(a2)表示海洋区域的 SAR 图像数据，来源于 ERS-2，大小为 1024×1024。图 3.14(a2)所示图像中较暗的区域为油污带。图 3.14(a1)和图 3.14(a2)均是低信杂比 SAR 图像。图 3.14(b)是用 CFAR 算法获得的分割结果，很明显对于油污带的检测分割，CFAR 算法检测不到油污迹象。图 3.14(c)是用 SWT 算法对所有分解子图像参与的分割结果，虽然能检测到目标区域的轮廓，但是效果非常不理想。图 3.14(d)是 WD-CFAR 算法获得的分割结果，基本上能把目标区域全部检测分割出来。图 3.14(e)是人工绘制的真实目标区域。图 3.14 进一步表明 WD-CFAR 算法能对海洋油污带暗散射目标区域进行有效检测。

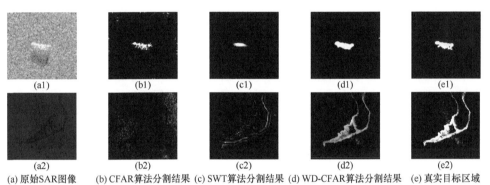

<table>
<tr><td>(a1)</td><td>(b1)</td><td>(c1)</td><td>(d1)</td><td>(e1)</td></tr>
<tr><td>(a2)</td><td>(b2)</td><td>(c2)</td><td>(d2)</td><td>(e2)</td></tr>
<tr><td>(a) 原始SAR图像</td><td>(b) CFAR算法分割结果</td><td>(c) SWT算法分割结果</td><td>(d) WD-CFAR算法分割结果</td><td>(e) 真实目标区域</td></tr>
</table>

图 3.14　定量分析实验结果

　　表 3.5 为不同算法性能参数比较。用于定量评价算法优劣程度的指标因子有 $|D|$、P_{ts}、P_{fs}、μ_{RI} 和 t 五个参数。从表 3.5 可以看出，不论是对图 3.14(a2)还是图 3.14(a1)进行分割处理，WD-CFAR 算法的 $|D|$ 最小，表明对目标区域的分割效果最好，算法性能也最优。在两幅 SAR 图像中，WD-CFAR 算法的目标区域正确分割率 P_{ts} 最高，说明对目标区域的有效分割效果最好。同时，WD-CFAR 算法对目标区域的错误分割率 P_{fs} 较低，图 3.14(a2)中最低，为 17.036，图 3.14(a1)中次低，为 29.837，这表明对目标区域的错误分割率或伪分割率较低。由 WD-CFAR 算法获得的目标区域分割图像的均值 μ_{RI} 最高，表明该算法能获得更多的目标信息。对于算法的运算时间，CFAR 算法所用时间最少，但是分割效果不太理想，有些目标还没有检测到，如图 3.12～图 3.14 所示。相对于 SWT 算法，WD-CFAR 算法的运算时间要短得多。所以，综合各个指标因子，WD-CFAR 算法的性能要优于 CFAR 算法和 SWT 算法。

表 3.5　不同算法性能参数比较

图像	图 3.14(a1)			图 3.14(a2)		
大小	128×128			1024×1024		
信杂比	57.3186			64.6911		
图像	图 3.14(b1)	图 3.14(c1)	图 3.14(d1)	图 3.14(b2)	图 3.14(c2)	图 3.14(d2)
算法	CFAR	SWT	WD-CFAR	CFAR	SWT	WD-CFAR
$|D|$	0.189	0.047	0.014	0.273	0.301	0.124
P_{ts}	70.925	48.871	79.672	0.493	36.441	81.725
P_{fs}	32.238	25.625	29.837	99.471	56.373	17.036
μ_{RI}	0.022	0.009	0.022	0.137	0.151	0.595
t/s	0.335	0.984	0.549	1.881	20.225	10.525
r	—	3	3	—	4	4
n_F	—	—	2	—	—	2
P_f	第一轮 10^{-5}			第一轮 10^{-1}		
	第二轮 10^{-5}			第二轮 10^{-2}		

3.3.5　滑动窗口选择和最佳尺度确定

3.3.1 节介绍小波分解理论时提到，小波分解的关键步骤是最佳分解尺度 r 的确定。利用式(3.16)计算局部方差系数 LCV_n 时，必须定义一个合适的滑动窗口进行计算，以获得更准确的信息。滑动窗口大小的选择通常会影响最佳分解尺度的计算。实验的目的是研究滑动窗口大小对最佳分解尺度的影响和选择。这里实验使用的 SAR 图像如图 3.15 所示，相关的参数在前面的实验中已经进行了介绍。图 3.15(a)～图 3.15(c)显示的 SAR 图像的大小分别为128×128 、256×256 和1024×1024 。不同滑动窗口大小对应的最佳分解尺度如表 3.6 所示。

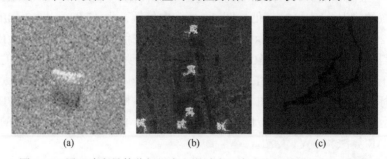

图 3.15　用于确定最佳分解尺度和滑动窗口大小之间关系的 SAR 图像

表 3.6　不同滑动窗口大小对应的最佳分解尺度

图像	滑动窗口大小						
	3×3	5×5	7×7	9×9	11×11	13×13	15×15
图 3.15(a)	3	3	3	4	4	4	4
图 3.15(b)	2	3	3	4	4	5	5
图 3.15(c)	3	4	4	4	5	5	5
图像	滑动窗口大小						
	17×17	19×19	25×25	35×35	45×45	65×65	105×105
图 3.15(a)	5	5	5	5	5	5	5
图 3.15(b)	5	5	6	6	7	7	7
图 3.15(c)	5	6	6	6	7	7	7

从表 3.6 可以看到，对于每幅 SAR 图像，随着滑动窗口大小的增加，小波变换的最佳分解尺度 r 也缓慢增加。然而，最佳分解尺度 r 在一定范围内保持相对稳定。例如，对于图 3.15(a)，当最佳分解尺度 $r=3$ 时，对应的滑动窗口分别为 3×3、5×5 和 7×7。类似地，当 $r=4$ 时，对应的滑动窗口为 9×9、11×11、13×13 和 15×15。但是，当滑动窗口大于 15×15 时，最佳分解尺度不再改变，此时 $r=5$，即最佳分解尺度。图 3.15(b) 和图 3.15(c) 中显示的 SAR 图像也表现出类似的规律。实验表明，滑动窗口的大小对确定小波变换最佳分解尺度的选择影响不大。从表 3.6 可发现另外一个有趣的问题，即当滑动窗口为 9×9 或 17×17 时，对于全部三幅 SAR 图像，小波变换的最佳分解尺度是相同的。然而，在实际应用中，滑动窗口通常设为 5×5 或 7×7。在 WD-CFAR 算法中，当最佳分解尺度 r 被确定时，对应滑动窗口的大小设为 7×7。

3.3.6　特征尺度的选择

在 3.3.2 节介绍 WD-CFAR 算法原理和实现的过程中，涉及选择部分小波分解系数子图像进行 CFAR 处理。下面讨论如何选择这些相关的系数子图像。如前所述，小波多尺度变换算法和 WD-CFAR 算法之间的根本区别在于，WD-CFAR 算法选择特定的部分子图像执行分割处理，小波多尺度变换算法没有选择部分系数子图像进行处理的步骤，而是对所有子图像进行检测和分割处理。SAR 是相干成像雷达，不可避免地会产生大量的斑点噪声。这些斑点噪声给 SAR 图像的处理和解释带来严重的影响。当利用小波多尺度变换算法对 SAR 图像进行分解时，随着分解尺度的增大，产生的子图像中包含的高频信息逐渐减少，背景杂波分量的比例反而增大。当分割的任务目标是 SAR 图像中目标区域分割时，目标的信息主要集中在低尺度子图像中，尤其是第一尺度和第二尺度。高尺度子图像主要包含大量背景杂波信息。如果将它们用于目标区域的检测和分割，不但不会产生好的分割结果，而且会影响目标区域的分割。本实验的目的是验证选择不同子图像时带来的不同效果。实验结果如图 3.16 和表 3.7 所示。

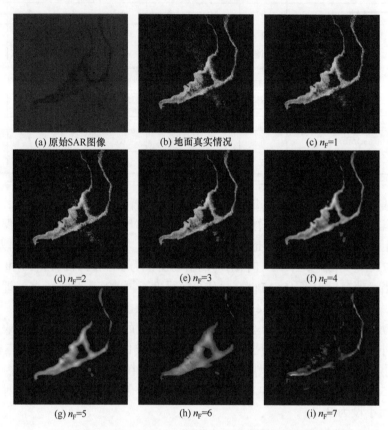

图 3.16　不同特征尺度 n_F 下目标区域分割结果

　　图 3.16(a)为原始 SAR 图像，参数与图 3.14(a2)一样。分割的目的是提取油污区域，即 SAR 图像中较暗的区域。图 3.16(b)是真实的油污区域分割图。在本实验中，用小波多尺度分解理论对图 3.16(a)所示的 SAR 图像进行分割，预设的特征尺度是 7，而最佳特征尺度是 4。为了充分验证不同特征尺度对 WD-CFAR 算法的影响，设置的特征尺度 7 大于最佳特征尺度 4。图 3.16(c)~图 3.16(i)分别表示特征尺度为 1~7 时获得的目标区域分割结果。当选定某一特征尺度时，该特征尺度及其以下特征尺度的所有分解子图像都进行目标分割，而大于该特征尺度的分解子图像直接进行小波逆变换运算。例如，假设选定的特征尺度为 4，那么特征尺度 1~4 获得的子图像都进行 CFAR 检测运算，特征尺度 5 及以上所有特征尺度的子图像不参与 CFAR 检测运算。从图 3.16 可以看出，当特征尺度大于某个

值时，如果特征尺度继续增大，获得的分割结果越差，产生的误差也越大。这个尺度就是小波分解的最佳尺度 r，所以图 3.16 所示的最佳分解尺度是 4。在计算过程中，滑动窗口的大小选择为 7×7。

　　表 3.7 表示的是不同特征尺度下，WD-CFAR 算法获得的分割图像的正确分割率和错误分割率。从表 3.7 可知，特征尺度选择 1 或选择 2，区别不是很大，而且它们的正确分割率比较高且接近。为了尽可能包含更多的目标信息，在 WD-CFAR 算法中，特征尺度 n_F 一般设为 2。当特征尺度大于 4 时，错误分割率开始增大，这也进一步表明本实验的最佳特征尺度为 4，与图 3.16 反映的规律一致。从表 3.7 和图 3.16 可知，随着特征尺度的增大，正确分割率逐渐下降，错误分割率先降后升。

表 3.7　不同特征尺度下的分割率

特征尺度(n_F)	1	2	3	4	5	6	7
正确分割率(P_{ts})	82.68	81.72	76.59	73.72	70.73	67.87	41.36
错误分割率(P_{fs})	18.76	17.04	13.18	12.00	12.69	19.32	18.69

　　上述实验充分表明，WD-CFAR 算法是一种可行的 SAR 图像目标区域和阴影区域的分割算法。该算法不但克服了 CFAR 算法和小波变换算法需要较强对比度的不足，而且通过设计双重 CFAR 算法，并结合小波多尺度分解系数的选择和 SAR 图像的特点，能有效降低斑点噪声的影响，获得好的分割效果。WD-CFAR 算法适合不同的 SAR 图像，主要针对中低分辨率的图像，即适应性比较强。在有效分割目标区域的同时，能对阴影区域进行分割，尤其像机场跑道和海洋油污等这样的弱散射目标。

3.4　小波变换和局部插值结合的高光谱遥感图像条带噪声消除算法

　　高光谱成像遥感具有高的光谱分辨率，能提供反映地物材质特性的连续光谱特性曲线，而且每种物质的光谱曲线不同，使许多在全色图像和多光谱图像中无法解决的问题变得非常容易，如目标的辨识、地物的分类与识别等。所以，高光谱成像遥感是一种非常重要的对地探测手段和遥感数据来源。高光谱遥感成像通过一系列的线阵列或面阵列电荷耦合器件(charge coupled device, CCD)传感器来实现的。每种高光谱成像仪配备的 CCD 探测单元数目是不一样的，而且由于工艺技术和工作状态的差异，它们的响应函数之间存在个体差异，即响应函数的非一致性导致高光谱遥感图像中包含大量条带噪声。条带噪声不仅严重影响高光谱遥感图像的质量，而且给高光谱遥感图像的处理和应用带来较大困难。

条带噪声普遍存在于高光谱遥感图像中，因此寻找一种既能有效去除条带噪声，又能尽量保持图像空间细节信息的理论或算法，是高光谱遥感图像预处理的一项重要内容。高光谱遥感图像中条带噪声的消除有两种思路，即硬件消除和软件消除。如果从硬件的角度进行消除，则需要改变现有传感器栅格阵列的成像机理，从根源消除条带噪声，但是技术难度大，短时间内无法完成，而且成本高。最实用且简单的办法是从图像数据的角度进行处理，即软件消除。针对数据获取后处理条带噪声的策略，一些学者提出许多处理思路和算法。这些算法大概可以归纳成四类。第一类是传统的统计匹配算法，如直方图匹配法[47]和矩匹配法[48]。这类算法容易实现，也不复杂，运算时间短，但对高光谱遥感图像的要求比较高，往往要求地物分布比较均匀，否则效果不佳。对于地物分布差异大的高光谱遥感图像，这两种传统算法已很难获得满意的效果，因此在它们的基础上人们提出许多改进算法[49-51]。第二类是空间域滤波算法[52]。该类算法比较简单，容易实现，但是单个空间域滤波算法去除条带噪声的效果不太理想，残留噪声比较多，已经很少单独使用。第三类是基于变换域的滤波算法，典型的算法是傅里叶变换法[53,54]和小波变换算法[55,56]。由于傅里叶变换法和其他低通滤波法往往把条带噪声当作周期信号处理，因此很难找到一个合适的频率将条带噪声和信号完全分离。这类算法不但不能彻底去除条带噪声，而且计算复杂，性能不稳定，还会造成信号损失，使图像细节模糊。小波变换算法用于图像滤波处理主要有两种方式，即软阈值滤波和硬阈值滤波。这两种方式对于条带噪声的滤除效果不太好，因此文献[56]提出小波分解系数归零法，但效果不是特别理想，尤其是对噪声带比较宽的情况。第四类是基于一些新的理论和算法[57-62]，如变分理论、相位一致性(phase congruency, PC)和正规化低秩表示等。每种算法通常都有其针对性，在一定范围内能去除条带噪声，但是它们的普适性和通用性比较差。这是因为不同的高光谱图像具有不同的条带噪声特征，如亮条带、灰色条带、暗条带、细条带、宽条带和超宽条带等，而且出现的位置也不是固定的。因此，要想有效消除噪声的影响，必须先对高光谱遥感图像中条带噪声的产生机理和分布特征进行分析和研究，否则滤波效果很难达到预期的目标。

对现有算法进行分析可知，虽然它们能去除高光谱遥感图像中的条带噪声，但是图像的清晰度不是很高，去除效果也不理想；同时，也会损失图像中的一些细节信息。例如，小波变换算法用于条带噪声的去除，不论是传统的阈值法还是小波分解系数归零法，都会模糊图像的一些几何细节信息，从而达到去除条带噪声的目的。本节以有效去除条带噪声的同时尽量保持较多细节信息为目的，在深入研究高光谱遥感成像机理和条带噪声产生原理，以及条带噪声分布特点的基础上，结合现有算法的优缺点，提出一种新的基于小波变换和局部插值(wavelet transform and local interpolation, WTLI)融合的高光谱遥感图像条带噪声消除算法，简称 WTLI 算法[63]。该算法首先充分利用小波变换的特点和优势，即小波变换的多尺度和方向性，对条带噪声进行处理。其次，单条条带噪声在图像中占有的像素较少，属于局部区域，因此对局部区域进行插值处理去除条带噪声，不影响其他区域的细节信息。最后，把两者的结果按某种融合规则进行融合，达到既消除条带噪声又保持细节信息的目的。WTLI 算法的贡献主要包含以下几点。

(1) 提出高光谱遥感图像质量检测的算法和数学模型。高光谱遥感图像数据立方体中包含数十甚至上百个波段的图像数据，其中有些波段的图像数据可能受到破坏，没有必要进行处理，因此提出利用导数梯度平方和的乘积进行判断的思路。

(2) 提出对条带噪声类型进行转换的策略。为便于后续的小波变换能有效去除条带噪声，可以把亮条带转换为暗条带。因为小波变换后，在每个分解尺度能获得三个高频系数子图像和一个低频系数子图像，高频系数子图像中既包含细节信息又包含噪声信息，所以噪声信息和细节信息往往很难完全分离开。随着分解尺度的增加，高频细节信息成分减少，低频细节信息成分增加，所以把亮条带转换为暗条带，有利于去除条带噪声的同时保留细节信息。

(3) 提出二维平稳小波多尺度分解处理的思路。选择二维平稳小波对图像进行分解，各个分解系数子图像大小和原始图像一样，有利于对分解系数进行处理。

(4) 提出用列平均梯度确定条带噪声位置的思路。因为是局部插值，所以确定条带噪声位置非常关键，可以用统计梯度峰值和波谷来确定条带噪声位置。

(5) 提出融合小波变换的整体去噪效果和局部插值的细节信息保持算法。

3.4.1 算法原理概述

高光谱遥感图像中的条带噪声有一个明显的共同特征，即方向性。小波变换也有明显的方向性，因此可以有效提取条带噪声。不论是哪种形式的小波变换滤波处理，都会或多或少地损失部分细节信息。为了弥补小波变换损失的细节信息，可以用局部插值来保留细节信息。将两者获得的结果进行融合，最终可获得既消除条带噪声又保持细节信息的图像。这就是 WTLI 算法实现的总体思路。其原理实现流程如图 3.17 所示。WTLI 算法实现的主要步骤如下。

(1) 输入高光谱遥感图像数据立方体。这里输入的不是原始的高光谱遥感图像数据，而是经过预处理的二级产品数据。

(2) 对高光谱遥感图像数据进行判断。高光谱遥感图像数据在获取过程中会受到各种因素的干扰，使部分波段数据的质量受到损坏。这样的波段图像无须继

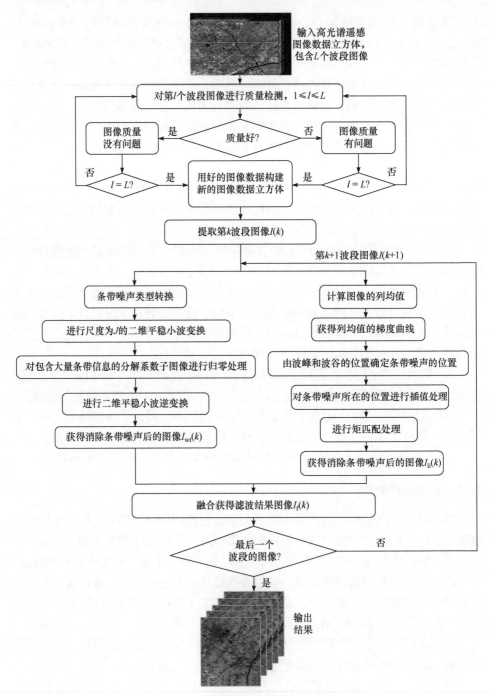

图 3.17　WTLI 算法原理实现流程

续进行处理。在 WTLI 算法中，采用列均值的导数(derivative of column mean, DCM)(用 $D(k)$ 表示)和列均值的梯度(gradient of column mean, GCM)(用 $G(k)$ 表示)的乘积 $\delta(k)$ 进行判断，即

$$\delta(k) = D(k) \times G(k) \tag{3.28}$$

式中，$\delta(k)$ 表示高光谱图像质量的评价指标；k 表示第 k 波段；$D(k)$、$G(k)$ 分别表示第 k 波段图像列均值的导数和梯度，其中

$$\begin{cases} D(k) = \sum_{i=1}^{N-1} \left[\mu_{i+1}(k) - \mu_i(k) \right]^2 \\ G(k) = \sum_{i=1}^{N-1} \nabla \left[\mu_i(k) \right]^2 \end{cases} \tag{3.29}$$

式中，$\mu_i(k)$ 和 $\nabla[\mu_i(k)]$ 分别表示第 k 波段图像第 i 列探测单元的平均值和梯度值；N 表示列的个数。

虽然 $D(k)$ 和 $G(k)$ 能够单独用来判断某个波段图像的质量，但是有时它们会产生一些虚警的错误判断。它们两者结合会降低错误判断率，提高正确判断率。

(3) 读取第 k 波段的图像。

(4) 进行二维 SWT 系数归零处理的条带噪声消除。

① 条带噪声类型转换。由于处理的图像是二级产品数据,已经过一系列处理,如随机噪声滤波、辐射校正和几何校正等，因此也对细条带进行了处理，但是条带噪声仍然存在，特别是一些宽又粗的条带噪声和超宽条带。这里选择的是二维 SWT，有利于条带噪声的去除。在小波分解中，亮条带噪声和几何细节信息很难区分提取，它们通常存在于高频系数子图像中。为了尽可能地消除条带噪声，需要先把亮条带转换成暗条带。这样在小波分解后，条带噪声就主要存在于高尺度分解层，几何细节信息主要存在于低尺度分解层。

② 设小波分解系数为 $J = 5$，选择小波基函数 Daubechies(db1)，对选择的第 k 波段图像进行分解。

③ 对小波分解后各尺度的分解系数进行处理。首先判断分解系数子图像是否还包含大量条带噪声，如果条带噪声较多，则转至步骤②，继续分解。当某个分解系数子图像几乎是条带噪声时，首先进行赋零处理，然后逐级进行逆变换，最终得到各个分解系数。

④ 对处理后的小波系数进行小波逆变换处理,获得用小波逆变换处理去条带噪声后的图像。

(5) 局部插值处理的条带噪声消除。

① 计算图像的列均值，并获得列均值曲线图。

② 计算列均值的梯度，并获得列均值的梯度曲线图。

③ 通过梯度曲线图获得波峰和波谷所在的位置，即条带噪声所在的位置。

④ 对条带噪声所在的列进行消除，然后进行插值处理得到局部插值的图像。因为只对局部区域进行处理，所以保留了绝大部分的几何细节信息。

⑤ 进行矩匹配处理。

矩匹配算法虽然是一种经典的条带噪声消除算法，但是单独使用时，要求地物类型分布均匀，因此当地物分布不均匀时，滤波效果不太理想。要取得好的滤波效果，并拓宽矩匹配算法的应用范围，就需要对不同的算法进行组合。式(3.30)是矩匹配算法的数学模型，即

$$Y_k(i,j) = \frac{\sigma_{kr}}{\sigma_{kj}} X_k(i,j) + \mu_{kr} - \mu_{kj}\frac{\sigma_{kr}}{\sigma_{kj}} \tag{3.30}$$

式中，k 表示高光谱遥感图像中第 k 波段图像；$X_k(i,j)$ 和 $Y_k(i,j)$ 分别表示第 k 波段图像单个像素灰度值调整前和调整后的值；μ_{kr} 和 σ_{kr} 分别表示整幅图像的均值和标准差；μ_{kj} 和 σ_{kj} 分别表示第 j 列的均值和标准差。

(6) 对两种不同思路的处理结果进行融合，融合规则为

$$I_f(k) = a \times I_{wt}(k) + b \times I_{li}(k) \tag{3.31}$$

式中，k 表示第 k 波段；$I_f(k)$ 表示融合后的图像；$I_{wt}(k)$ 表示小波变换去条带噪声后的图像；$I_{li}(k)$ 表示局部区域插值去条带噪声后的图像；参数 a 和 b 分别表示各自的权系数，它们的取值范围为 $[0,1]$，并且 $a+b=1$。

(7) 判断处理的 k 波段是否为最后的波段，若是最后波段，则结束；否则，转入步骤(3)，即读取下一波段的图像。

3.4.2　高光谱遥感图像数据质量检测判断

实验数据来源于天宫一号的二级产品数据。由于该数据已经进行了一系列处理，所以数据中的条带噪声属于宽条带噪声或超宽条带噪声。数据成像区域均为西安近郊某地，获取时间为 2014 年 10 月，图像截取大小为 512×486，空间分辨率为 20m，光谱分辨率为 20nm，成像波长范围为 1000～2500nm。

高光谱成像过程受到诸多因素的影响，因此有些波段图像的质量特别差，甚至严重损坏。对于这些损坏的图像，不做进一步处理。采用式(3.28)判断哪些波段的图像质量最好，可用于哪类处理和应用。检测结果如图 3.18 所示。

虽然 $D(k)$ 和 $G(k)$ 可以单独用来判断高光谱图像的质量问题，但是从图 3.18(b)和图 3.18(c)可知，波段 1～4、19～22、38～42、67～75 的数据有问题。在波段 43～67 时，很难判断，因为曲线的波动性很大。在图 3.18(b)中可能判断

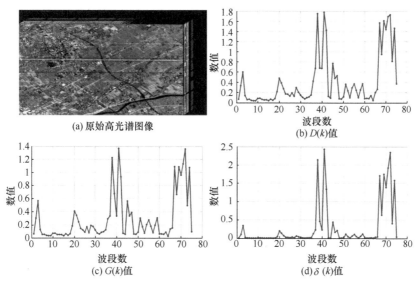

(a) 原始高光谱图像

(b) $D(k)$ 值

(c) $G(k)$ 值

(d) $\delta(k)$ 值

图 3.18　高光谱图像数据质量的检测结果

波段 27 有问题，但是实际上没问题。利用 $\delta(k)$ 可以较准确地判断哪些波段的数据有问题(波动性越大，数据越有问题)，对于这些有问题的数据，没有必要进行下一步的处理。为了便于比较分析，实验选择波段 6、23、27 和 52 的数据，分别如图 3.19 所示。原因有两个，一是图像数据没有受到损坏；二是图像包含不同类型的宽条带噪声。在图 3.19 中，为了便于条带噪声的消除和视觉效果的检测，对原始图像进行转置保存，即把水平方向条带噪声转置成垂直方向条带噪声。

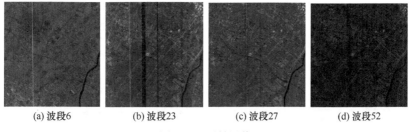

(a) 波段6　　　　(b) 波段23　　　　(c) 波段27　　　　(d) 波段52

图 3.19　原始图像

3.4.3　实验结果与分析

为验证 WTLI 算法的可行性，本节进行一系列比较实验。比较实验的算法包括小波变换算法、局部插值(local interpolation，LI)算法、矩匹配(moment matching，MM)算法和 WTLI 算法。实验数据如图 3.19 所示。

1. 小波变换算法去除条带噪声

小波变换算法是一种时频分析的信号处理理论，适用于非线性信号和非平稳信号的处理，同时也是一种多尺度多方向性的处理算法。在 WTLI 算法中，主要是利用小波变换的方向性和条带噪声的方向性，便于对条带噪声进行提取。小波变换算法有两种去噪处理算法：一是通过设置阈值进行处理，很难完全去除噪声；二是直接把包含噪声的分解系数去除，彻底去除噪声。第一种方式通常用于随机噪声或高斯噪声的去除。WTLI 算法选择第二种方式去除条带噪声。具体思路如下：图像经小波分解后，在每个分解尺度上可以获得三个高频系数子图像和一个低频系数子图像。三个高频系数子图像包含水平方向、垂直方向和对角方向的信息。对于包含垂直方向条带噪声的图像，条带噪声主要包含在垂直方向子图像和低频系数子图像中。对这两个子图像进行判断，若所有的信息几乎都是条带噪声，则零系数值为零；若除了条带噪声，还有其他细节信息，则对该子图像继续进行小波分解，直到某个子图像的信息几乎都是条带噪声。经过处理，各个分解尺度逐步进行小波逆变换，最后得到去除条带噪声后的图像。

二维 SWT 对图像进行分解后，各个分解系数子图像的大小与原始图像的大小一样，即进行了非下采样的分解。二维 DWT 进行的是下采样的分解，每个分解尺度的系数子图像的大小是上一层子图像的 1/2，不便于后续处理。因此，WTLI 算法选择二维 SWT。图 3.20 就是利用二维 SWT 对高光谱图像去除条带噪声后的结果。图 3.20(a)～图 3.20(d)对应图 3.19(a)～图 3.19(d)。从图 3.20 可以看出，对于亮条带噪声和灰度条带噪声，小波变换能对其进行有效去除，但是对于暗条带噪声，小波变换不易对其进行去除。因为暗条带噪声与图像的背景信息类似，去除暗条带噪声的同时也就去除了背景信息。

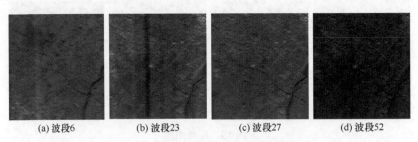

(a) 波段6　　　(b) 波段23　　　(c) 波段27　　　(d) 波段52

图 3.20　小波变换算法去除条带噪声结果

2. 局部插值算法去除条带噪声

局部插值算法是在图像中找到条带噪声所在的位置，把条带噪声消除，然后在该位置实施插值处理。由于只对条带噪声所在的局部区域进行插值处理，所以称为局部插值算法。局部插值算法的关键是找到条带噪声所在的位置。本节采用列均值的梯度值来寻找条带噪声的位置。梯度值的异常区域，即梯度曲线的波峰或波谷，都是条带噪声所在的位置。以图 3.19(b)为例，结果如图 3.21 所示。该图中有 5 条明显的条带噪声，而且条带噪声的宽度都超过一个像素。

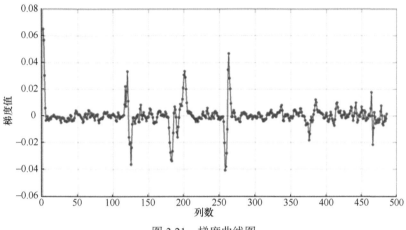

图 3.21　梯度曲线图

从图 3.21 可以清楚地看到条带噪声所在的位置，产生波峰的位置就是条带噪声的位置。找到条带噪声的位置后，接着是去除条带噪声和插值运算，实验结果如图 3.22(a)所示，效果不是很好。对于窄条带噪声，局部插值算法较好，特别是对于单个像素的条带噪声，效果尤佳。随着条带噪声宽度的增加，局部插值算法去噪能力逐渐减弱，如图 3.22(a)所示。在插值运算的基础上再进行矩匹配处理，可以得到较明显的改善，把超宽条带噪声消除，如图 3.22(b)所示。虽然效果还不是十分理想，但是可以接受。因此，局部插值算法包括寻找噪声位置并进行插值和矩匹配处理。图 3.23 为局部插值算法去除条带噪声结果。图 3.23(a)～图 3.23(d)分别对应图 3.19(a)～图 3.19(d)的处理结果。从图 3.23 可以看到，局部插值算法基本上能去除较宽的条带噪声。由于是局部插值，所以细节信息也保护得比较好。

(a) 直接插值　　　　　　　　　　(b) 矩匹配插值

图 3.22　局部插值算法处理过程中的中间结果

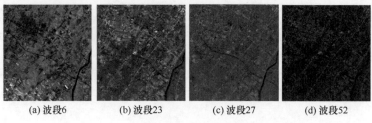

(a) 波段6　　　　(b) 波段23　　　　(c) 波段27　　　　(d) 波段52

图 3.23　局部插值算法去除条带噪声结果

3. 矩匹配算法去除条带噪声

矩匹配算法仍然是高光谱图像中去除条带噪声常用的一种算法。由于 WTLI 算法也包含矩匹配算法，所以矩匹配算法也用作比较算法。其原理如式(3.30)所示，实验结果如图 3.24 所示。从图 3.24 可知，直接的矩匹配算法去除条带噪声不彻底，留下的痕迹比较多。由于矩匹配算法的假设前提是地物分布类型相对均匀，对于分布不均匀的地物，其去噪效果不太好，所以矩匹配算法很少单独使用。矩匹配算法的改进算法比较常用，而且能获得较好的效果，如局部插值算法。

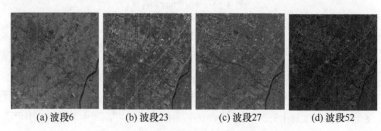

(a) 波段6　　　　(b) 波段23　　　　(c) 波段27　　　　(d) 波段52

图 3.24　矩匹配算法去除条带噪声结果

4. WTLI 算法去除条带噪声

前面已对 WTLI 算法原理和实现过程进行了详细的介绍，提出 WTLI 算法的目的是既要能去除条带噪声又要能保护好细节信息。因此，WTLI 算法主要包括两部分：一是彻底去除条带噪声的小波变换；二是保护细节信息的局部插值处理。WTLI 算法的最后一个步骤是按式(3.31)进行融合处理。在本实验中，融合权系数取为 0.5，即 $a = b = 0.5$。WTLI 算法去除条带噪声结果如图 3.25 所示。

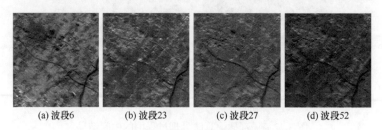

(a) 波段6　　　　(b) 波段23　　　　(c) 波段27　　　　(d) 波段52

图 3.25　WTLI 算法去除条带噪声结果

从图 3.20、图 3.23、图 3.24 和图 3.25 可知，WTLI 算法的效果最好，可以达到预期的目的。它不仅能有效去除条带噪声，还能保留更多的细节信息。其他的单个算法在去除高光谱遥感图像的条带噪声方面，都存在这样或那样的不足，一种算法很难把高光谱遥感图像中不同类型的宽条带噪声或超宽条带噪声消除干净。

3.4.4 算法性能分析

前面主要从视觉角度进行了分析和讨论，下面通过参数指标对 WTLI 算法的性能进行进一步验证。这里采用的评价指标包括 PSNR 和辐射质量改善因子 (improvement factors of radiometric quality, IFRQ)[64]。

参数 PSNR 反映图像中信号与噪声的情况，其值越大，说明图像质量越好，包含的噪声越少，去噪性能越强。PSNR 定义的数学表达式为

$$\text{PSNR} = 10\lg\left\{\frac{I_{\max}^2}{\dfrac{1}{M \times N}\displaystyle\sum_{i=1}^{M}\sum_{j=1}^{N}\left[I(i,j) - \hat{I}(i,j)\right]^2}\right\} \tag{3.32}$$

式中，$I(i,j)$ 表示原始图像中像素为 (i,j) 的灰度值；$\hat{I}(i,j)$ 表示去噪后图像像素的灰度值；$M \times N$ 表示图像的大小；$I_{\max}$ 表示图像灰度值的最大值，在实际应用中可以用 255 来代替。

参数 IFRQ 反映条带噪声被消除前后其在条带分布方向的变化情况。其值越大，表明条带噪声消除的效果越好，算法的去噪能力越强，反之，对条带噪声的消除能力越弱。其数学定义表达式为

$$\text{IFRQ} = 10\lg\left\{\frac{\displaystyle\sum_{i=1}^{M}\left[m_{\text{IR}}(i) - m_{\text{IR}}(i-1)\right]^2}{\displaystyle\sum_{i=1}^{M}\left[m_{\text{IE}}(i) - m_{\text{IE}}(i-1)\right]^2}\right\} \tag{3.33}$$

式中，$m_{\text{IR}}(i)$ 和 $m_{\text{IE}}(i)$ 分别表示条带噪声消除前后两幅图像第 i 行的均值；M 表示图像的行数。

实验的原始图像如图 3.19 所示。用小波变换算法、局部插值算法、矩匹配算法和 WTLI 算法获得的实验结果分别如图 3.20、图 3.23、图 3.24 和图 3.25 所示。利用这些结果和原始图像数据计算评价参数 PSNR 和 IFRQ 的值。从表 3.8 可知，WTLI 算法的 PSNR 值和 IFRQ 值都是最大的。这表明，WTLI 算法不但能有效去除条带噪声，而且去除条带噪声的能力最强，性能稳定。在其他三种单独算法中，相互之间的优势并不明显。在图 3.19(a)中，局部插值算法最差；在图 3.19(b)中，WT 算法最差；在图 3.19(c)中，矩匹配算法最差；在图 3.19(d)中，WT 算法最差。在不同图像中，它们的值不确定，说明它们的普适性比较差，而且性能不太稳定。

表 3.8 不同算法性能比较的参数表

参数	图 3.19(a)		图 3.19(b)		图 3.19(c)		图 3.19(d)	
	PSNR	IFRQ	PSNR	IFRQ	PSNR	IFRQ	PSNR	IFRQ
WT 算法	36.2	18.4	33.4	11.7	34.9	20.3	35.4	17.1
LI 算法	29.2	15.2	28.9	18.0	34.9	19.8	34.9	19.2
MM 算法	36.8	21.2	30.7	18.8	36.5	17.2	37.2	18.2
WTLI 算法	37.2	23.5	37.1	23.5	40.0	26.7	39.0	26.7

经过前面的比较实验和分析，可知 WTLI 算法不仅能有效去除亮、灰和暗等宽条带噪声，还能较好地保持图像中的细节信息，另外对不同的图像也有一定的稳定性和普适性。实验结果表明，该算法有效，可以获得良好的滤波效果，去噪性能比较稳定。

3.5　小波变换和最小序列值结合的高光谱遥感图像条带噪声消除算法

短波红外波段的高光谱遥感图像是地物检测和识别的重要数据源，但是目前该波段的数据存在大量的随机噪声和条带噪声，特别是宽条带噪声和超宽条带噪声。这些噪声会严重降低高光谱遥感图像的质量，影响高光谱遥感图像中地物光谱特征的提取与分析，进而影响地物识别精度和目标探测性能。因此，对噪声进行消除处理是高光谱遥感图像预处理的重要内容。

目前，对于高光谱遥感图像中条带噪声的去除，仍然以矩匹配算法为主。但是，单独的某个算法都有其优势和局限性，它们都是在条带噪声消除和细节信息保存之间进行折中，或根据实际应用的需求采取某些特殊的处理，因此不同算法的组合或融合是高光谱遥感图像条带噪声消除理论发展的趋势和方向。本节通过深入分析高光谱成像原理和条带噪声产生机理，以及高光谱遥感图像和条带噪声的特点，提出一种基于最小序列值滤波和小波变换系数归零滤波相结合的矩匹配算法，简称 OWM(order, wavelet and matching)算法[65]。该算法主要包括以下几个过程，即图像灰度对比度调整、最小序列值滤波处理、小波变换系数归零处理和矩匹配处理。其创新在于，根据条带噪声的特点提出三步去除条带噪声的思想，可以取得良好的滤波效果。具体包括以下几个方面。

(1) 把亮条带噪声变成暗条带噪声。根据条带噪声的特点和小波变换的机理，对高光谱遥感图像进行最小序列值滤波处理，达到降低亮条带噪声和高斯噪声的目的。

(2) 利用条带噪声的方向性和小波分解的方向性消除条带噪声。根据小波变换原理，在每个分解尺度上可以获得三个不同方向的高频系数信息。条带噪声被小波分解后，主要分布于水平分解系数或垂直分解系数中，把相应系数进行归零处理，能有效消除条带噪声。

(3) 选择二维 SWT。二维 SWT 分解的子图像大小和原始图像一样，没有进行下采样处理，有利于对分解系数子图像的分析和归零处理，可以提高处理效率。

(4) 融合了小波变换算法和矩匹配算法的优势。利用实际的高光谱遥感图像数据进行实验验证，结果表明 OWM 算法可行，能达到去除条带噪声的目的。

3.5.1 条带噪声产生机理和分布特点

高光谱遥感图像与一般的全色或多光谱遥感图像之间有一个显著的不同点，即高光谱遥感图像中除了高斯分布的点状噪声，还包含一种特殊的条带噪声，特别是在短波红外波段的高光谱遥感图像中非常明显。条带噪声普遍存在于现有的星载、机载和地面光谱仪成像中。例如，在 TM、MSS、NOAA-AVHARR、MOS-B、MODIS 和 OMIS 等多光谱或高光谱遥感图像中均发现条带噪声，甚至有些高光谱成像光谱仪 50%以上波段的图像都受到不同程度的条带噪声干扰。在高光谱遥感图像被噪声污染后，处理的图像就不再是原始图像，而是受到噪声污染质量下降的图像。这必将影响高光谱遥感图像的后续处理，如图像编码、分割、分类、目标检测与识别等。去除条带噪声是高光谱遥感图像处理的一个重要内容，有效去除高光谱遥感图像中条带噪声的前提是深入了解高光谱遥感图像和条带噪声的特点及其产生机理和分布特性。

高光谱成像光谱仪通过焦平面上按线阵列或面阵列排列的 CCD 接收辐射信息实现对地物的成像。由于 CCD 是一种半导体器件，所以通常称为图像传感器或 CCD 传感器，它能够把光的辐射信息转换为电信号。不论线阵列 CCD 传感器还是面阵列 CCD 传感器，在成像光谱仪中往往排列着数十至上百个 CCD 探测元件。多种原因使这些 CCD 探测元件对相同波段的光谱辐射产生了不同的响应。这种响应的不一致性直接导致扫描得到的高光谱遥感图像中包含大量条带噪声，尤其在短波红外波段，如图 3.26 所示。

图 3.26　包含大量条带噪声的高光谱遥感图像

从图 3.26 中可以看出，高光谱遥感图像中的条带噪声具有如下几个特点。

(1) 具有明显的方向性。由于条带噪声产生于 CCD 探测元件之间响应的不一致性，所以条带噪声与扫描方向基本相同，即条带噪声是沿着扫描方向按行或按列分布的。

(2) 表现形式为条带式。因为其在高光谱遥感图像中是以条带形式出现的，所以称为条带噪声，并且贯穿于整幅图像。

(3) 具有一定的宽度。条带噪声的宽度可以是 1 个或多个像素，并且有可能同时存在多种不同宽度的条带噪声，如细条带噪声、宽条带噪声和超宽条带噪声。

(4) 具有一定的明暗度但没有固定的周期。条带可能表现为亮条带、暗条带、灰度条带，但它们的出现没有周期性。

3.5.2 算法原理概述

图 3.26 是原始的短波红外高光谱遥感图像，没有进行任何处理，因此在图 3.26 中可以看到除了许多小明暗相间的细条带噪声，还有一条比较亮的宽条带噪声。本节研究的高光谱遥感图像是经过一定预处理后的图像，如辐射和几何校正，即二级产品数据，因此图像中的条带不是细条带，而是宽条带或超宽条带，并且条带并不一定贯穿整幅图像，出现的位置在不同的波段中也有所不同。此时，单独的去条带噪声算法很难获得理想的效果，给高光谱遥感图像的处理和应用带来了极大的挑战。因此，本节在深入研究高光谱遥感图像与条带噪声的基础上，提出一种新的 OWM 算法，基本上能消除高光谱遥感图像中不同类型的条带噪声。OWM 算法原理流程如图 3.27 所示。具体实现步骤如下。

(1) 输入高光谱遥感图像。输入的不是原始的高光谱遥感图像，而是经过处理的二级产品数据，如图 3.19 所示。

(2) 调整图像灰度对比度。调整图像灰度对比度的目的是调整图像灰度值的动态范围，提高图像的辐射分辨率，同时使亮条带更亮一些，暗条带更暗一些，以便后续步骤对条带噪声的去除。

(3) 最小序列值滤波处理。高光谱遥感图像中的条带噪声可能是明亮的条带，也可能是暗淡的条带，还可能两者兼有，特别是当明暗条带都存在时，比较难去除。为便于后续小波变换对条带噪声的去除，统一条带噪声的类型。这是算法的一个重要创新思想。在 OWM 算法中，选择最小序列值滤波，把亮条带转变成较暗条带。如果把暗条带转变成较亮条带，那么在小波变换处理中，这些条带噪声将和地物细节信息混合出现在低尺度的三个高频分解系数中，这不利于条带噪声的去除；如果转变成暗条带，，那么在被小波分解后，它们主要包含在每个分解尺度中的近似低频分解系数中。因此，OWM 算法利用最小值滤波原理把亮条带转变成暗条带。

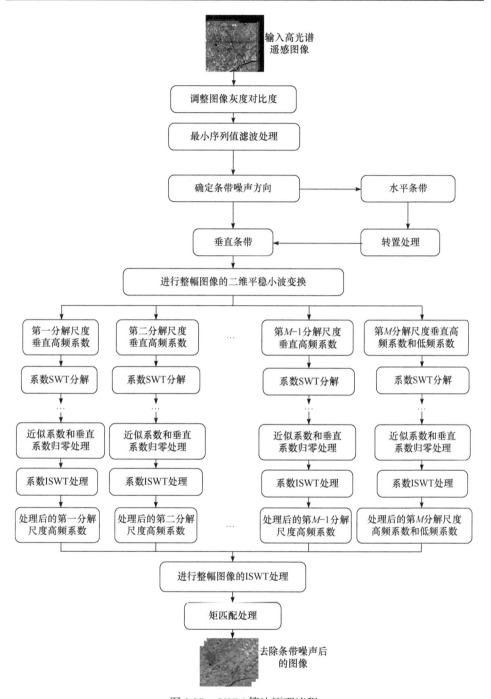

图 3.27　OWM 算法原理流程

以图像中某点 (m,n) 为中心，设滑动窗口大小为 $K \times L$，对滑动窗口内的所有

像素值 $I(k,l)$ 与中心值 $I(m,n)$ 进行比较。若该值比中心像素值小，则进行替换。这里设置滑动窗口参数 $K=L=3$。

(4) 确定条带噪声的方向性。若条带是垂直条带，则进入步骤(6)；若条带是水平条带，则进入步骤(5)。

(5) 进行转置处理。转置处理的结果是把水平条带转变成垂直条带，有利于提高视觉效果和处理。完成所有的步骤后，还需进行一次反转置处理。

(6) 进行小波分解，去除条带噪声。

① 确定小波分解方式。选择二维 SWT 对图像进行分解，而不是二维 DWT。因为 SWT 是非下采样，分解后的所有系数子图像的大小与原始图像的大小一样，这样有利于对分解系数进行处理。DWT 是下采样的，每次采样后系数子图像的大小是上一分解尺度的 1/2，随着分解尺度的增加，系数子图像越来越小，不便于对子图像进行处理。

② 确定小波基函数和分解尺度 M。常用的小波基函数都可以，如 Daubechies(db$N$)小波、Symlet(sym$N$)和 Haar 小波等。OWM 算法选择 Daubechies(db$N$)小波。实验研究表明，小波分解的尺度一般不超过 5，即 $M \leqslant 5$ 比较合适。本算法为了尽量适应不同高光谱遥感图像，分解尺度设为 5，但在实际应用过程中，需要根据条带噪声的出现情况设置相应的分解尺度。

③ 确定需进行处理的系数子图像。通过小波变换对图像分解，每个分解尺度上可以获得四个系数子图像，包含一个近似低频系数子图像和三个高频系数子图像。这三个高频系数子图像分别表示水平方向、垂直方向和对角方向的信息。由于处理的是垂直条带噪声，所以条带噪声信息主要存在于垂直系数子图像和近似系数子图像中，只要对这两个系数子图像进行处理即可。

(7) 对系数子图像进行 SWT 分解。当对系数子图像进行分解时，分解的尺度设为 1 或 2 即可，然后选择垂直系数子图像。

(8) 对系数子图像进行归零处理。把步骤(7)中获得的近似子图像和垂直系数子图像进行归零处理，即把该系数子图像的所有像素值设为零。

(9) 对处理过的系数子图像进行 SWT 逆变换。这里只对进行了 SWT 和处理的系数子图像做 SWT 逆变换，恢复成相应的系数子图像，而其他没有进行处理的系数子图像保持不变。

(10) 全部分解系数进行逆平稳小波变换(inverse stationary wavelet transform, ISWT)，获得的结果是经过小波变换域处理后的图像。

(11) 矩匹配处理。矩匹配算法是高光谱遥感图像中普遍采用的一种去除条带噪声的算法，虽然有其局限性，但在很多情况下均能获得较好的去噪效果。作为去条带噪声的一个环节，其简要原理如下。

条带噪声出现的主要原因是各 CCD 传感器响应函数不一致。因此，矩匹配算法的思想是假设各 CCD 探测元件的响应函数是具有移不变性质的线性函数。令 C_i 为第 i 个 CCD 探测元件，则 C_i 的光谱响应函数可以用式(3.34)表示，即

$$Y_i = k_i X + b_i + e_i(X) \tag{3.34}$$

式中，Y_i 表示输出值，也就是图像中像素的灰度值；X 表示 CCD 传感器记录的辐射值；k_i 表示响应函数的增益；b_i 表示偏移；e_i 表示随机噪声。

如果图像的 SNR 较高，那么随机噪声可以忽略，式(3.34)可以写为

$$Y_i = k_i X + b_i \tag{3.35}$$

从式(3.35)可以看出，即使是同一辐射强度 X，如果增益 k_i 和偏移 b_i 的取值不同，则会得到不同的结果，因此产生了条带噪声。根据条带噪声的产生原理，若把不同的值归一化，则可以有效消除条带噪声。以某波段图像中的某 CCD 列为参考列，将其他各列的值校正到该参考 CCD 的辐射率上，就可以实现条带噪声的消除。归一化匹配的数学模型如式(3.36)所示，即

$$Y_i = \frac{\sigma_r}{\sigma_i} X_i + \mu_r - \mu_i \frac{\sigma_r}{\sigma_i} \tag{3.36}$$

式中，X_i 和 Y_i 分别表示某波段图像的第 i 列像素校正前和校正后的灰度值；μ_r 和 σ_r 分别表示参考 CCD 列的均值和标准差；μ_i 和 σ_i 分别表示第 i 列的均值和标准差。

参考值通常用整幅图像的均值和标准差代替参考列的均值和标准差。

(12) 输出消除条带噪声的图像。

3.5.3　实验结果与分析

为验证 OWM 算法的有效性和可行性，本节进行一系列比较实验，用于实验的图像如图 3.19 所示。实验选择巴特沃斯低通滤波(Butterworth low-pass filter, BLPF)算法、矩匹配滤波(moment matching filter, MMF)算法、小波变换归零滤波(wavelet transform zero filter, WTZF)算法和 OWM 算法。BLPF 算法是从频率域的角度对高光谱遥感图像中的条带噪声进行消除处理。MMF 算法是从条带噪声产生的机理上提出来的，尽管该算法有其局限性，但应用比较广泛。多种算法都是在其基础上发展出来的，同样它也是 OWM 算法的一个重要处理步骤。WTZF 算法是基于变换处理的典型代表，它没有对图像进行任何处理，只是进行了分解系数归零处理。实验结果如图 3.28～图 3.31 所示。

图 3.28 是图 3.19(a)所示图像的处理结果。从图 3.19(a)可知，该图像主要包含一条较亮的条带噪声，而且相对比较窄。BLPF 算法去条带噪声效果不明显，虽然降低频率可以加强条带噪声的消除，但是会造成图像显著模糊。MMF 算法和WTZF 算法均能对条带噪声有所消除，但消除非常不彻底。由于在小波变换域中，去除条带噪声的同时也会丢失一些细节信息，所以图像会有所模糊。从图 3.28(d)中可以看到，OWM 算法能够很好地消除较亮的条带噪声。

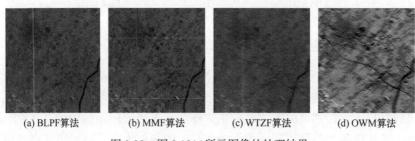

(a) BLPF算法　　(b) MMF算法　　(c) WTZF算法　　(d) OWM算法

图 3.28　图 3.19(a)所示图像的处理结果

从图 3.19(b)可知，该图像包含多条宽条带噪声，而且条带噪声的类型比较丰富，既有较亮的条带噪声，又有较暗的条带噪声，并且较暗条带噪声的宽度比较宽，属于超宽条带噪声。用不同的算法对图像中的条带噪声进行处理，实验结果如图 3.29 所示。可以看到，BLPF 算法和 WTZF 算法消除条带噪声的效果不太理想，如图 3.29(a)和图 3.29(c)所示。图 3.29(b)和图 3.29(d)表明，MMF 算法和 OWM算法对条带噪声的消除有比较好的效果，但还不是十分满意，特别是 MMF 算法的痕迹比较明显。

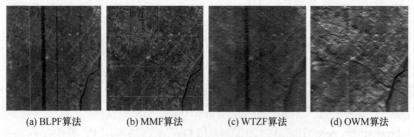

(a) BLPF算法　　(b) MMF算法　　(c) WTZF算法　　(d) OWM算法

图 3.29　图 3.19(b)所示图像的处理结果

图 3.19(c)是该高光谱图像数据波段 27 的图像，包含一条较亮的条带噪声和一条较暗的条带噪声，而且条带噪声的灰度值与地物的辐射值差不多，即它们之间的差别不大。对于这类条带噪声，除了 BLPF 算法，其他三类算法均能在一定程度降低条带噪声的影响，结果如图 3.30 所示。OWM 算法在某种程度上还能增强图像的亮度，如图 3.30(d)所示。

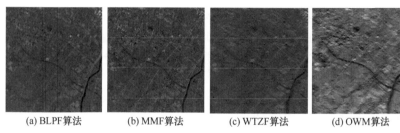

(a) BLPF算法　　　(b) MMF算法　　　(c) WTZF算法　　　(d) OWM算法

图 3.30　图 3.19(c)所示图像的处理结果

图 3.19(d)包含多个条带噪声，而且整个图像地物的辐射值都比较低。条带噪声主要属于暗条带噪声。实验结果如图 3.31 所示。较满意的结果仍然是由 MMF 算法和 OWM 算法获得的，如图 3.31(b)和图 3.31(d)所示。BLPF 算法和 WTZF 算法获得的结果不能令人满意，条带噪声还是比较明显的存在，因此没有达到去除条带噪声的目的。

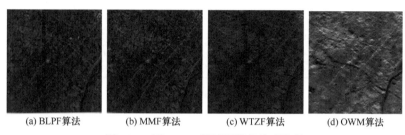

(a) BLPF算法　　　(b) MMF算法　　　(c) WTZF算法　　　(d) OWM算法

图 3.31　图 3.19(d)所示图像的处理结果

通过对以上实验进行分析，可以得出以下结论。

(1) 不论是哪类条带噪声，OWM 算法均能对其进行有效消除，说明 OWM 算法有较好的普适性和推广性。但是，小波变换域进行了归零处理，丢弃了部分细节信息，所以获得的图像清晰度有所下降，需进一步提高图像的可分辨性。

(2) MMF 算法对暗条带噪声的消除能获得较好的效果，对于亮条带噪声和超宽条带噪声，其消除效果不理想，往往会留下条纹痕迹。

(3) WTZF 算法对灰度条带噪声的去除效果比较好，对亮条带噪声、暗条带噪声，以及宽条带噪声，去除效果都不理想，同时因图像细节信息的丢失使图像变得模糊。

(4) 对于 BLPF 算法，不论哪种图像，其消除条带噪声的效果都不太理想，关键原因是条带噪声是非周期性的，条带噪声的频率一般很难确定。

实际上，条带噪声的消除和图像细节信息的保护是相互矛盾的，很难两全其美，只是根据实际需求进行折中处理。

通过上面的实验分析可知，OWM 算法能有效去除高光谱遥感图像中的条带噪声，下面用具体的评价指标对滤波性能进行定量分析。经常采用的评价指标有

SNR、PSNR、MSE。由于它们反映的物理含义是一样的，所以这里选择 PSNR 衡量去噪的效果。PSNR 数值越大，说明图像质量越高，去噪效果越好，算法的性能越强。PSNR 的计算公式如式(3.32)所示，另一个评价参数为 IFRQ，其数学表达式如式(3.33)所示。

如表 3.9 所示，不论是哪一幅图像，OWM 算法的 PNSR 和 IFRQ 都是最高的，说明 OWM 算法不但有较强的消除条带噪声的能力，而且能获得较好的去噪效果，但是图像稍微有点变模糊。BLPF 算法两个评价参数指标的数值都是最小的，表明该算法去除条带噪声的能力比较差，一般很少利用。MMF 算法和 WTZF 算法处于中间，但是 MMF 算法处理图像获得的参数值比 WTZF 算法的大，表明 MMF 算法消除条带噪声的能力比 WTZF 算法的强一些。

表 3.9　不同算法性能评价参数

参数	图 3.19(a)		图 3.19(b)		图 3.19(c)		图 3.19(d)	
	PNSR	IFRQ	PNSR	IFRQ	PNSR	IFRQ	PNSR	IFRQ
BLPF	36.2	4.6	34.1	2.8	34.8	6.6	35.6	6.9
MMF	36.8	21.2	30.7	18.8	36.5	17.2	37.2	18.2
WTZF	36.2	18.4	33.4	11.7	34.9	20.3	35.4	17.1
OWM	38.9	28.1	38.2	27.5	38.7	27.2	45	26.7

3.6　短波红外高光谱遥感图像宽条带噪声消除算法

在短波红外高光谱遥感图像中存在大量的条带噪声，特别是宽条带噪声，给高光谱遥感图像的解译和应用带来极大的挑战。为了尽量消除条带噪声并降低其影响，在深入研究条带噪声产生机理及其分布特点的基础上，本节提出两种基于统计局部处理和矩匹配的宽条带噪声消除算法，即梯度均值矩匹配(gradient mean moment matching, GMMM)算法和梯度插值矩匹配(gradient interpolation moment matching, GIMM)算法[66]。用实际的短波红外高光谱遥感图像数据进行验证实验，获得了较好的实验结果。实验表明，这两种算法均能降低宽条带噪声的影响，而且 GIMM 算法的效果和应用范围要优于 GMMM 算法。

3.6.1　梯度均值矩匹配算法原理

GMMM算法融合了均值滤波和MMF。这里的均值不是对所有像素进行操作，只对条带噪声的像素以一个滑动窗口进行滤波处理。GMMM 算法原理框图如图 3.32 所示。

从图 3.32 可知，GMMM 算法的主要步骤如下。

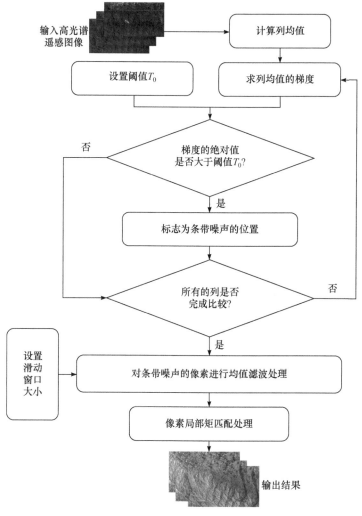

图 3.32 GMMM 算法原理框图

(1) 对输入的高光谱遥感图像进行列均值计算。这里假设宽条带噪声是垂直分布的。

(2) 对获得的列均值的梯度进行计算。由于列均值不便于条带噪声位置的寻找，如果把列均值的梯度求出，就能较容易地找到条带列的位置，所以选择梯度而不是均值。

(3) 设置阈值 T_0，并与所有的梯度进行比较。若梯度值大于阈值 T_0，则为波峰，所在的位置就是亮条带噪声的位置。同理，若梯度值小于负阈值 $-T_0$，则为波谷，其位置就是暗条带噪声的位置。

(4) 以条带噪声列位置的像素为中心像素，在其周围进行滑动窗口大小为

$K \times L$ 的均值处理，用滑动窗口平均值代替中心像素值。

(5) 对均值处理后的像素进行局部矩匹配处理，获得去除条带噪声的高光谱遥感图像。

图 3.33 为 GMMM 算法的实验结果。其中，图 3.33(a)为某高光谱遥感图像的波段 6 图像，大小为 942×526；图 3.33(b)为列均值图；图 3.33(c)为列均值的梯度图；图 3.33(d)为均值处理后的图；图 3.33(e)为矩匹配后的图。从图 3.33 可知，利用梯度更容易找到条带噪声所在的位置，对局部进行均值处理，不影响其他区域，以减小整体图像的失真。

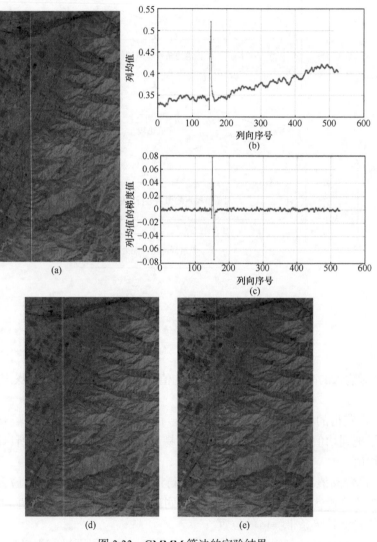

图 3.33　GMMM 算法的实验结果

3.6.2 梯度插值矩匹配算法原理

GIMM 算法也是一种综合算法。首先利用列均值的梯度求得条带噪声的位置，把这些条带噪声去除，再进行三次样条差值，最后进行像素局部矩匹配处理，即可获得去除条带噪声后的高光谱遥感图像。图 3.34 为 GIMM 算法原理框图。

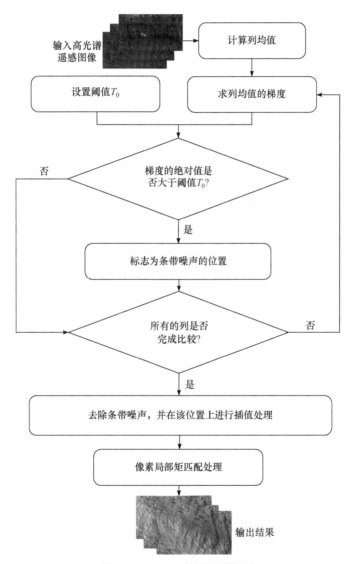

图 3.34 GIMM 算法原理框图

从图 3.32 和图 3.34 可以看出,GIMM 算法和 GMMM 算法的区别在于前者进行的是局部插值处理,而后者进行的是局部均值处理。对于超宽条带噪声的处理,GIMM 算法要优于 GMMM 算法。这两种算法的优势是对细节信息的保护度高,因为处理的是条带噪声所在的局部区域。

3.6.3　实验结果与分析

为验证 GIMM 算法和 GMMM 算法的可行性,本节利用实际的高光谱遥感图像数据进行一系列比较实验。实验数据来源于天宫一号,数据获取时间为 2015 年 8 月,成像区域均为西安近郊某地,图像截取大小为 512×512 ,空间分辨率为 20m,光谱分辨率为 20nm,成像波长范围为 $1000 \sim 2500$nm,属于短波红外的高光谱遥感图像。实验算法有 GIMM 算法、GMMM 算法、矩匹配算法和小波变换系数归零处理算法。实验结果如图 3.35 所示。在图 3.35 中,(a1)~(e1)、(a2)~(e2)、(a3)~(e3)、(a4)~(e4)表示高光谱遥感图像数据立体中的波段 5、波段 23、波段 34、波段 57 图像。这四幅图像分别包含不同类型的宽条带噪声。条带噪声按灰度值的大小可分为暗条带、灰条带、亮条带,按占有像素数目的多少可分为细条带(单像素条带)、宽条带、超宽条带。由于实验数据是二级产品数据,所以条带都是宽条带或超宽条带。在图 3.35 中,(a)是原始高光谱遥感图像,(a1)~(e1)中包含的是灰条带,(a2)~(e2)中既有亮条带又有暗条带,(a3)~(e3)中包含的是亮条带,(a4)~(e4)中包含的是暗条带。

图 3.35(b)~图 3.35(e)分别是小波变换系数归零处理算法、矩匹配算法、GMMM 算法和 GIMM 算法的处理结果。小波变换系数归零处理算法能在一定程度上去除条带噪声,特别是对于窄条带噪声,效果会更好,但是对于宽条带噪声和亮条带噪声,效果没有预想的好,如图 3.35(b)所示。由于舍弃了条带噪声较多的分解系数,所以小波变换系数归零处理算法的结果模糊了一些细节信息。图 3.35(c)显示的是矩匹配算法滤波结果,效果还可以,特别是对于宽条带噪声和超宽条带噪声,去除条带噪声的效果更明显,但是存在一定的滤波痕迹。从视觉效果来判断,GMMM 算法的效果比矩匹配算法要好,但是也存在没有完全消除干净的条带噪声痕迹,如图 3.35(d)所示。GIMM 算法消除条带噪声的效果还不错,能适应不同宽度和灰度值条带噪声的消除,如图 3.35(e)所示。在 GIMM 算法和 GMMM 算法中,阈值 T_0 设置为 0.003,平均滤波的滑动窗口大小为 7×7 。从图 3.35 可知,对于灰条带噪声,每种算法几乎都能处理好,对于亮条带或暗条带,它们的滤波效果就会有所差别。

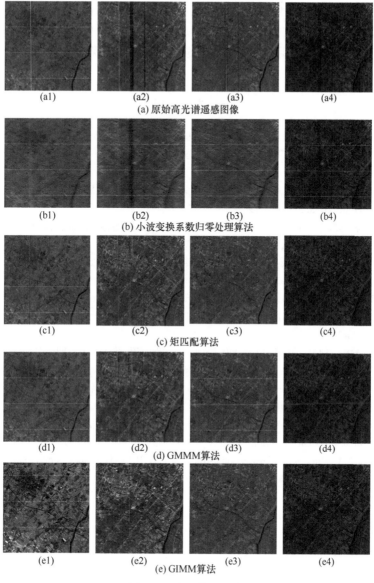

图 3.35　实验结果图像

3.7　本 章 小 结

　　小波变换是一种多尺度的时频分析算法，能处理平稳信号和非平稳信号，同时也是一种非常重要的现代信号处理算法。因此，本章主要介绍小波多尺度分解理论在 SAR 图像和高光谱遥感图像中的应用，主要内容包括基于双密度双树复小波变换的多时间 SAR 图像灾害检测，基于小波变换和 CFAR 结合的 SAR 图像目标区域及阴影区域的分割，基于小波变换与其他滤波算法相结合的高光谱遥感图像条带噪声消除，同时用实际的遥感图像进行了验证实验，实现了对遥感图像预定目标的处理和应用。

参 考 文 献

[1] 杨福生. 小波变换的工程分析与应用[M]. 北京：科学出版社, 2000.

[2] 李洋, 焦淑红, 孙新童. 基于 IHS 和小波变换的可见光与红外图像融合[J]. 智能系统学报, 2012, 7(6): 1-6.

[3] 翁利斌, 方涵先, 张阳, 等. 基于小波与交叉小波分析的太阳黑子与宇宙线相关性研究[J]. 空间科学学报, 2013, 33(1):13-19.

[4] 王凌霞, 焦李成, 颜学颖, 等. 利用免疫克隆进行小波域遥感图像变化检测[J]. 西安电子科技大学学报(自然科学版), 2013, 40(4): 128-135.

[5] He L, Carin L. Exploiting structure in wavelet-based Bayesian compressive sensing[J]. IEEE Transactions on Signal Processing, 2009, 57(9): 3488-3497.

[6] Wu J, Liu F, Jiao L C, et al. Multivariate compressive sensing for image reconstruction in the wavelet domain: using scale mixture models[J]. IEEE Transactions on Image Processing, 2011, 20(12): 3483-3494.

[7] 解滔, 杜学彬, 刘君, 等. 汶川 Ms8.0、海地 Ms7.0 地震电磁信号小波能谱分析[J]. 地震学报, 2013, 35 (1): 61-71.

[8] 杨曦, 李洁, 韩冰, 等. 一种分层小波模型下的极光图像分类算法[J]. 西安电子科技大学学报(自然科学版), 2013, 40(2): 24-31.

[9] Kingsbury N G. Image processing with complex wavelets[J]. Philosophical Transactions: Mathematical, Physical and Engineering Sciences, 1999, 35(9): 2543-2560.

[10] Selesnick I W. The double-density- dual-tree DWT[J]. IEEE Transactions on Acoustics, Speech, and Signal Processing, 2004, 52(5):1304-1314.

[11] Selesnick I W, Baraniuk R G, Kingsbury N G. The dual-tree complex wavelet transform[J]. IEEE Signal Processing magazine, 2005, 22(6):123-151.

[12] 黄世奇, 刘代志, 刘志刚, 等. 基于双密度双树小波变换的 SAR 目标变化检测算法[C]//第二届全国图像图形联合学术会议, 2013: 292-296.

[13] 黄世奇, 刘代志, 王百合, 等. 一种基于双密度双树复小波变换和 SAR 图像的自然灾害监测方法[C]//第九届国家安全地球物理专题研讨会, 2013: 63-68.

[14] 黄世奇, 张宇婷, 苏培峰, 等. 多波段 SAR 图像变化检测问题研究[C]//第十三届国家安全地球物理专题研讨会, 2017: 107-112.

[15] Huang S Q, You H, Wang Y T. Environmental monitoring of natural disasters using synthetic aperture radar image multi-directional characteristics[J]. International Journal of Remote Sensing, 2015, 36(12): 3160-3180.

[16] 张景发, 谢礼立, 陶夏新. 建筑物震害遥感图像的变化检测与震害评估[J]. 自然灾害学报, 2002, 11(2): 59-64.

[17] Paolo G, Fabio D A, Giovanna T. Rapid damage detection in the bam area using multitemporal SAR and exploiting ancillary data[J]. IEEE Transactions on Geoscience and Remote Sensing, 2007, 45(6): 1582-1589.

[18] 黄世奇, 刘代志, 陈亮. 光滑地表面毁伤检测方法研究[J]. 地球物理学报, 2007, 50(4): 315-321.

[19] 张建强, 崔鹏, 葛永刚, 等. 基于合成孔径雷达的城市建筑地震受损分析[J]. 灾害学, 2010, 25(S0):282-285.

[20] 单新建, 宋小刚, 韩宇飞, 等. 汶川 Ms8.0 地震前 InSAR 垂直形变场变化特征研究[J]. 地球物理学报, 2009, 52(11):2739-2745.

[21] Celik T, Ma K K. Unsupervised change detection for satellite images using dual-tree complex wavelet transform[J]. IEEE Transactions on Geoscience and Remote Sensing, 2010, 48(3): 1199-1210.

[22] Moon T K. The expectation-maximization algorithm[J]. Signal Processing, 1996, 13(6): 47-60.

[23] Bazi Y, Bruzzone L, Melgani F. An unsupervised approach based on the generalized Gaussian model to automatic change detection in multitemporal SAR images[J]. IEEE Transactions on Geoscience and Remote Sensing, 2005, 43(4): 874-887.

[24] Oliver C, Quegan S. Understanding Synthetic Aperture Radar Images[M]. Boston: Artech House, 1998.

[25] Ridd M K, Liu J J. A comparison of four algorithms for change detection in an urban environment[J]. Remote Sensing of Environment, 1998, 63(2):95-100.

[26] Atkinson P M, Lewis P. Geostatistical classification for remote sensing: an introduction[J]. Journal Computers and Geosciences, 2000, 26(4):361-371.

[27] Huang S Q, Huang W Z, Zhang T. A new SAR image segmentation algorithm for the detection of target and shadow regions[J]. Scientific Reports, 2016, 6(38596): 1-15.

[28] Min H, Jia W, Wang X F, et al. An intensity-texture model based level set method for image segmentation[J]. Pattern Recognition, 2015, 48: 1547-1562.

[29] 徐川, 华凤, 睦海刚, 等. 多尺度水平集 SAR 影像水体自动分割方法[J]. 武汉大学学报(信息科学版), 2014, 39(1):27-32.

[30] 佃袁勇, 方圣辉, 姚崇怀. 多尺度分割的高分辨率遥感影像变化检测[J]. 遥感学报, 2016, 20(1): 129-137.

[31] 刘航, 汪西莉. 自适应感受野机制遥感图像分割模型[J].中国图象图形学报, 2021, 26(2): 464-474.

[32] 陈芳, 张道强, 廖洪恩, 等. 基于序列注意力和局部相位引导的骨超声图像分割网络[J]. 自动化学报, 2022, 48(x):1-9.

[33] 陈维健, 朱正为, 吴小飞, 等. 一种融合局部像素信息和改进 NLFCM 的 SAR 图像分割方法[J]. 现代雷达, 2022, 44(x): 1-13.

[34] 章毓晋. 图像分割[M]. 北京: 科学出版社, 2001.

[35] Hong D F, Yao J, Meng D Y, et al. Multimodal GANs: toward crossmodal hyperspectral multispectral image segmentation[J]. IEEE Transactions on Geoscience and Remote Sensing, 2021, 59(6): 5103-5113.

[36] Jeong H G, Jeong H W, Yoon B H, et al. Image segmentation method using image processing and deep network techniques[J]. Journal of the Institute of Electronics and Information Engineers, 2021, 58(1): 67-73.

[37] Kayabol K, Zerubia J. Unsupervised amplitude and texture classification of SAR images with multinomial latent model[J]. IEEE Transactions on Image Processing, 2013, 22: 561-572.

[38] Ji J, Yao Y F, Wei J J, et al. Perceptual hashing for SAR image segmentation[J]. International Journal of Remote Sensing, 2019, 40(10): 3672-3688.

[39] Xiang D L, Zhang F F, Zhang W, et al. Fast pixel-superpixel region merging for SAR image segmentation[J]. IEEE Transactions on Geoscience and Remote Sensing, 2021, 59(11): 9319-9335.

[40] Maurizio D B, Carmela G. CFAR detection of extended objects in high-resolution SAR images[J]. IEEE Transactions on Geoscience and Remote Sensing, 2005, 43(4): 833-843.

[41] Ai J Q, Qi X Y, Yu W D. Improved two parameter CFAR ship detection algorithm in SAR images[J]. Journal of Electronics & Information Technology, 2009, 31(12): 2881-2885.

[42] Sikaneta I C, Gierull C H. Adaptive CFAR for space-based multichannel SAR-GMTI[J]. IEEE Transactions on Geoscience and Remote Sensing, 2012, 50(12): 5004-5013.

[43] 何友, 关键, 彭应宁, 等. 雷达自动检测与恒虚警处理[M]. 北京: 清华大学出版社, 1999.

[44] 黄世奇, 刘代志. 侦测目标的 SAR 图像处理与应用[M]. 北京: 国防工业出版社, 2009.

[45] 潘泉, 张磊, 孟晋丽, 等. 小波滤波方法及应用[M]. 北京: 清华大学出版社, 2005.

[46] Caves R, Quegan S, White R. Quantitative comparison of the performance of SAR segmentation algorithms[J]. IEEE Transactions on Image Processing, 1998, 7(11): 1534-1546.

[47] Horn B K P, Woodham R J. Destriping landsat MSS imagery by histogram modification[J]. Comput Graph & Image Process, 1979, 10(1): 69-83.

[48] Gadallah F L, Csillag F, Smith E J M. Destriping multisensory imagery with moment matching[J]. International Journal of Remote Sensing, 2000, 21(12): 2505-2511.

[49] Tsai F, Chen W W. Striping noise detection and correction of remote sensing images[J]. IEEE Transactions on Geoscience and Remote Sensing, 2008, 46(12): 4122-4131.

[50] 康一飞, 王树根, 韩飞飞, 等. 资源一号 02C 影像条带噪声去除的改进矩匹配方法[J]. 武汉大学学报(信息科学版), 2015, 40(12): 1582-1587.

[51] 王春阳, 郭增长, 王双亭, 等. 双边滤波与矩匹配融合的高光谱影像条带噪声去除方法[J]. 测绘科学技术学报, 2014, 31(2): 153-156.

[52] Simpson J J, Gobat J I, Frouin R. Improved destriping of GOES images using finite impulse response filters[J]. Remote Sensing of Environment, 1995, 52(1):15-35.

[53] Chen J S, Shao Y, Guo H D, et al. Destriping CMODIS data by power filtering[J]. IEEE Transactions on Geoscience and Remote Sensing, 2003, 41(9): 2119-2124.

[54] 杨雪, 马骏, 赖积保, 等. 基于傅立叶变换的 HY-II3 卫星影像条带噪声去除[J]. 航天返回与遥感, 2012, 33(1): 53-59.

[55] Chen J S, Lin H, Shao Y, et al. Oblique striping removal in remote sensing imagery based on wavelet transform[J]. International Journal of Remote Sensing, 2006, 27(8): 1717-1723.

[56] 张霞, 孙伟超, 帅通, 等. 基于小波变换的图像条带噪声去除方法巨[J]. 遥感技术与应用,

2015, 30(6): 1168-1175.

[57] Bouali M, Ladjal S. Toward optimal destriping of MODIS data using a unidirectional variational model[J]. IEEE Transactions on Geoscience and Remote Sensing, 2011, 49(8): 2924-2934.

[58] Chang Y, Yan L X, Fang H Z, et al. Simultaneous destriping and denoising for remote sensing images with unidirectional total variation and sparse representation[J]. IEEE Transactions on Geoscience and Remote Sensing Letters, 2014, 11(6): 1051-1055.

[59] 胡宝鹏, 周则明, 孟勇, 等. 矩匹配和变分方法相结合的 MODIS 条带去除模型[J]. 系统工程与电子技术, 2016, 38(3): 706-713.

[60] Wang M, Yu J, Xue J H. Denoising of hyperspectral images using group low-rank representation[J]. IEEE Journal of Selected Topics in Applied Earth Observations & Remote Sensing, 2016, 9(9): 1-18.

[61] Lu X Q, Wang Y L, Yuan Y, et al. Graph regularized low rank representation for destriping of hyperspectral images[J]. IEEE Transactions on Geoscience and Remote Sensing, 2013, 51(7): 4009-4018.

[62] 王琳, 张少辉, 李霄, 等. 应用相位一致性评价多光谱遥感图像条带噪声[J]. 红外与激光工程, 2015, 44(10): 3148-3154.

[63] Huang S Q, Liu Z G, Wang Y T, et al. Wide-stripe noise removal method of hyperspectral image based on fusion of wavelet transform and local interpolation[J]. Optical Review, 2017, 24(2): 177-187.

[64] 胡宝鹏, 周则明, 孟勇, 等. 基于矩匹配和变分法的 MODIS 条带去除模型[J]. 红外, 2014, 35(11): 28-36.

[65] 黄世奇, 张玉成, 王荣荣, 等. 一种改进的超宽条带噪声消除算法[J]. 计算机应用, 2018, 35(6): 1867-1871.

[66] Huang S Q, Wu W S, Wang L P, et al. Methods of removal wide-stripe noise in short-wave infrared hyperspectral remote sensing image[J]. Sensor Review, 2019, 39(1): 17-23.

第4章　基于多尺度几何分析理论的 SAR 图像处理

4.1　引　言

第3章主要讨论了小波变换的多尺度多方向性及其在 SAR 图像和高光谱遥感图像处理中的应用。小波变换理论开辟了多尺度理论的先河，也是一种多方向性信号处理理论，而且是处理非平稳信号和非线性信号的重要算法，在众多领域得到广泛应用。虽然小波变换能提供多方向信息，但是方向性有限，已不能满足实际应用的需求，因此多方向的多尺度分析几何理论被提出并用于信号处理领域。例如，Candès[1]于 1998 年提出 Ridgelet 变换的概念。Ridgelet 变换的思想是把线转换成点再检测，即先用 Radon 变换把图像中的线奇异转换成点奇异，然后用小波变换对点奇异进行检测，从而实现对图像中直线奇异的检测。Ridgelet 变换能够有效且最优地表示含有直线奇异的图像，但是对于含有曲线奇异的多变量目标函数，Ridgelet 变换功能与小波变换接近，不具有最优的非线性逼近表示。为了解决含曲线奇异的多变量函数的稀疏逼近问题，Candès[2]在 1999 年提出单尺度 Ridgelet 变换的概念。由于单尺度 Ridgelet 变换的基本尺度 s 是固定的，所以 Candès 等[3]又提出多尺度 Ridgelet 变换，即 Curvelet 变换，又称第一代 Curvelet 变换。Curvelet 变换能在所有可能的尺度 $(s \geqslant 0)$ 上对函数进行分解。第一代 Curvelet 变换和单尺度 Rideglet 变换都是构造剖分的思想，先将图像中的曲线奇异转换成直线奇异，然后利用 Ridgelet 变换对直线奇异进行检测，从而实现对曲线奇异的检测。第一代 Curvelet 变换不但综合了小波适合表现点状特征和脊波适合表示直线特征的优点，而且增加了方位参数，使其具有各向异性的特征。同时，第一代 Curvelet 变换的缺陷也很明显，如实现复杂度高，需要经过子带分解、平滑分块、正规化和 Ridgelet 分析等一系列步骤，而且 Curvelet 金字塔的分解也带来了巨大的数据冗余量。于是，Candès 等[4]在 2004 年提出一种新的 Curvelet 框架理论，称为第二代 Curvelet 变换，既易于实现又便于理解。在此基础上，Candès 等[5]还给出了简单、快速和离散的实现算法。第二代 Curvelet 变换与第一代 Curvelet 变换相比，具有完全不同的构造思维。第二代 Curvelet 变换是基于频域的实现算法，本质上是对含有不连续曲线的一种最优稀疏表示方式，即直接从频域进行分析，无须再通过 Ridgelet 变换来实现。

Contourlet 变换采用的基函数是长方形的支撑区域，是一种不同于 Curvelet

变换的多尺度几何分析理论,由 Do 等[6]在 2002 年提出。Contourlet 变换是一种多尺度、局域、多方向和各向异性的图像表示方式,而小波变换只是多尺度和局域的表示方式,方向表示也非常有限。Contourlet 变换继承了 Curvelet 变换的优势,是一种在离散域 Curvelet 变换的近似实现方式,因此从某种意义上讲,它是 Curvelet 变换的一种新的实现方式,采用的技术路线不同于 Curvelet 变换。Contourlet 变换继承了 Curvelet 变换的所有优点,同时对每个尺度的方向数目进行了拓展,允许每个尺度具有不同数目的分解方向。Contourlet 变换是通过多尺度分解和方向分解分开进行实现的。首先利用拉普拉斯金字塔滤波器组进行多尺度分解[7],然后利用方向性滤波器组进行方向分解[8]。在两组滤波器组中分解时,Contourlet 变换采用下采样和上采样,因此它和小波变换一样,不具有平移不变性。平移不变性是图像分析和特征提取中非常重要的特性。为克服 Contourlet 变换的不足,Cunha 等[9]于 2006 年提出 NSCT 算法。NSCT 的实现与 Contourlet 变换类似,只不过在其实现过程中结合了非下采样的金字塔滤波器组结构和非下采样的方向滤波器组结构。因此,NSCT 除了具有 Contourlet 变换的所有特点,还具有平移不变性,在图像处理领域得到广泛应用。本章主要研究 Curvelet 变换、Contourlet 变换和 NSCT 的基本原理,以及它们在遥感图像处理中的应用,包括图像滤波增强、特征提取、目标检测和变化信息获取等[10-17]。

4.2　基于 Curvelet 变换的 SAR 图像处理

4.2.1　Curvelet 变换的系数特征分析与选择

SAR 成像对地物目标的方位向特别敏感,因此能从多个方向提取 SAR 图像信息符合 SAR 成像原理的特点,肯定比单个方向获取的信息更有效、更精确和更可靠。Curvelet 变换是一种多尺度多方向性的信号处理理论,适合对 SAR 图像进行分解,并根据需要提取各分解尺度系数图像进行处理和应用。本节主要讨论 SAR 图像 Curvelet 变换的各分解尺度系数的选择、重构和融合[10,11]。

离散 Curvelet 变换的实现方式有两种:第一种是基于非均匀快速傅里叶变换 (non-uniform fast Fourier transform, NUFFT)算法;第二种是基于特殊选择的傅里叶采样的 Warp 算法[7,18]。这里选择利用 Curvelet 变换的 NUFFT 算法对一幅大小为 512×512 的 SAR 图像进行多尺度分解,分解尺度分别为 6、5 和 4,分解后获得的 Curvelet 系数结构分别如表 4.1～表 4.3 所示。Curvelet 系数通常用 $C\{j\}\{l\}(k_1,k_2)$ 表示,其中 j 表示分解尺度,l 表示方向,(k_1,k_2) 表示分解尺度层上第 k_1、k_2 方向的矩阵坐标。

表 4.1　分解尺度为 6 的 Curvelet 系数结构

分解尺度	分解尺度系数 (j)	方向个数 (l)	矩阵坐标形式 (k_1, k_2)			
粗尺度	$C\{1\}$	1	32×32			
细节尺度	$C\{2\}$	32(4×8)	16×12	12×16	16×12	12×16
细节尺度	$C\{3\}$	32(4×8)	32×22	22×32	32×22	22×32
细节尺度	$C\{4\}$	64(4×16)	64×22	22×64	64×22	22×64
细节尺度	$C\{5\}$	64(4×16)	128×44	44×128	128×44	44×128
精细尺度	$C\{6\}$	1	512×512			

表 4.2　分解尺度为 5 的 Curvelet 系数结构

分解尺度	分解尺度系数 (j)	方向个数 (l)	矩阵坐标形式 (k_1, k_2)			
粗尺度	$C\{1\}$	1	64×64			
细节尺度	$C\{2\}$	32(4×8)	32×22	22×32	32×22	22×32
细节尺度	$C\{3\}$	64(4×16)	64×22	22×64	64×22	22×64
细节尺度	$C\{4\}$	64(4×16)	128×44	44×128	128×44	44×128
精细尺度	$C\{5\}$	1	512×512			

从表 4.1 可以看出，一幅图像经过 Curvelet 变换后，被划分成六个分解尺度层，最内层，也就是第一层，称为粗尺度层，是由低频系数组成的矩阵；最外层，也就是第六层，称为精细尺度层，是由高频系数组成的矩阵；中间的第二~五层称为细节尺度层，每层系数被分割为四个大方向，每个方向上被划分为 8、8、16、16 个小方向。每个小方向是由中高频系数组成的矩阵，矩阵的形式如表 4.1 所示。从表 4.1~表 4.3 可知，当分解尺度增加时，可以获得更多详细尺度和方向的中高频信息。当分解尺度为 8 时，每个方向被划分成 4、4、8、8、16、16 个小方向，对于一幅 512×512 大小的图像，此时是最高分解尺度；当分解尺度为 7 时，方向数为 4、8、8、16、16 个；当分解尺度为 3 时，只有 16 个方向。对于一幅大小为 1024×1024 的图像，最多的分解方向可达 32 个。Curvelet 变换在不同分解层的方向个数是可以变化或者可以调整的，但是每个分解层上的方向是确定的；对于小波变换系列，所有层的方向个数是相同的，而且每层的方向个数是确定的和不变的，缺乏灵活性。

表 4.3　分解尺度为 4 的 Curvelet 系数结构

分解尺度	分解尺度系数 (j)	方向个数 (l)	矩阵坐标形式 (k_1, k_2)			
粗尺度	$C\{1\}$	1	128×128			
细节尺度	$C\{3\}$	64(4×16)	64×22	22×64	64×22	22×64
细节尺度	$C\{4\}$	64(4×16)	128×44	44×128	128×44	44×128
精细尺度	$C\{5\}$	1	512×512			

下面用 Curvelet 变换对一幅 SAR 图像进行分解,并提取各分解尺度系数特征,实验结果如图 4.1 所示。其中,图 4.1(a)是原始机载 SAR 图像,空间分辨率为 0.3m,大小为 256×256 , 成像区域背景为灌木丛和草地, 成像区域目标为坦克目标。图 4.1(b)~图 4.1(g)分别为第 1~6 分解尺度系数子图像,图 4.1(h)为全部系数特征图, 图 4.1(i)为消除精细尺度特征图。

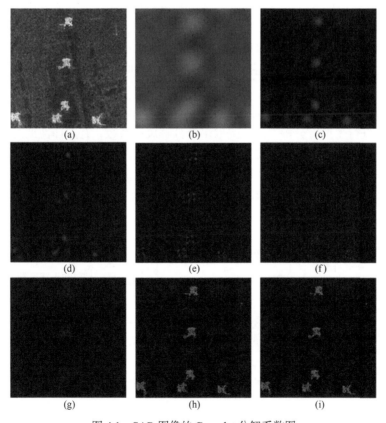

图 4.1　SAR 图像的 Curvelet 分解系数图

在图 4.1 中，Curvelet 变换的分解尺度是 6，即进行了 6 级分解。对分解后的各尺度系数按如下方式进行处理，从而获得各系数特征图。分别保留各单尺度系数，而其余尺度系数都置零，再分别进行重构，实验结果如图 4.1 所示。图 4.1(b)是第一层系数，也是粗糙尺度系数，即低频系数图，包含图像的概貌或趋势信息。图 4.1(c)是第二层系数，属于细节尺度层和较高频系数图，主要包含的是目标区域的纹理细节信息。图 4.1(d)～图 4.1(f)是中高频系数图，分别对应第三、第四和第五尺度系数，反映的是边缘细节特征，而且边缘细节特征具有多方向性。图 4.1(g)是最精细尺度层，属于高频系数。它在本实验中是第 6 分解尺度层，体现的是图像中目标区域的几何细节信息和边缘特性信息。图 4.1(h)是全部系数特征的组合，图 4.1(i)是去除最精细尺度系数的组合。从图 4.1 可知，如果需要增强或改善哪部分特征，那么可以对那个分解层的系数进行相应的处理。

4.2.2　基于 Curvelet 变换的 SAR 图像目标检测

目标检测是 SAR 图像应用中的重要内容，常用的目标检测算法是恒虚警率检测器，但它的前提条件是目标与背景杂波有较强的对比度。在实际应用中，SAR 图像很难直接满足该条件。本节根据 SAR 图像的特点，围绕对比度的增强以及利于目标区域的检测与分割，提出一种基于 Curvelet 变换和 CFAR 检测器(Curvelet transform and constant false alarm rate, CT-CFAR)有机结合的 SAR 目标检测算法，能有效检测到 SAR 图像目标区域[10,14]。

图 4.2 为 CT-CFAR 算法原理框图。CT-CFAR 算法首先利用 Curvelet 变换对 SAR 图像进行多尺度分解，然后提取多个分解尺度系数，有选择性地对一些分解尺度系数进行增强处理(主要是目标区域的细节信息)。同时，对原始 SAR 图像进行滤波处理，主要获得背景区域信息。把目标区域图像和背景区域图像进行非相干处理，得到增强后的 SAR 图像，再利用 CFAR 检测器对目标区域进行检测。其具体实现步骤如下。

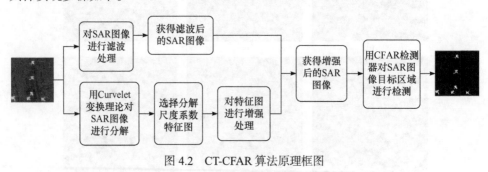

图 4.2　CT-CFAR 算法原理框图

(1) 输入原始 SAR 图像。
(2) 对原始 SAR 图像进行滤波处理。原始 SAR 图像主要包含斑点噪声，有许多算法能对这类噪声进行有效抑制。在本算法中，选择的是均值滤波，因为其不需要保护边缘信息和几何细节信息，只需尽可能地抑制斑点噪声，可以选择较大的滤波窗口完成滤波。

(3) 对 SAR 图像进行多尺度 Curvelet 分解。用 Curvelet 变换对 SAR 图像进行多尺度分解的关键环节是分解尺度的确定。与小波变换一样，分解尺度不能太大，也不能太小。实验表明，分解尺度为 5 或 6 比较适合，本算法选择分解尺度为 5。第 1 尺度为精细尺度，主要包含细节信息，第 5 尺度为粗糙尺度，主要包含背景信息或趋势信息。第 2~4 尺度称为细节尺度，分别拥有 8、16、16 个分解方向。Curvelet 分解具有多尺度多方向性的特点，适合 SAR 图像处理，因为 SAR 成像具有方向敏感性。

(4) 获得 SAR 图像多尺度分解系数，并选择特征系数。把 SAR 图像进行多尺度多方向性的 Curvelet 分解后，可以提取各分解尺度系数，然后对分解尺度系数进行增强处理。选择分解尺度系数并不是盲目地选择所有分解尺度系数，而是有目的地选择部分或全部特征系数。

(5) 系数增强处理。对选择的系数特征图进行增强处理，主要是进行灰度值的拉升处理，使特征信息更强，杂波信息更弱。

(6) 获得增强后的 SAR 图像。把系数特征图和滤波后的 SAR 图像进行非相干相加处理，获得增强后的 SAR 图像。

(7) 进行 CFAR 检测。利用 CFAR 检测器对增强后的 SAR 图像进行检测处理，可把目标区域从背景杂波中有效分割出来。

下面利用 CT-CFAR 算法对实测的 SAR 图像数据进行比较，实验结果如图 4.3 所示。在图 4.3 中，(a)是原始 SAR 图像，(a1)和(a2)分别代表不同目标的 SAR 图像，它们源于 MSTAR 数据库[19]，机载 SAR 图像中的目标区域为坦克，背景区域为灌木丛林，图像空间分辨率为 0.3m，大小为 128×128。这两幅图像的特点是信杂比较低，即目标区域与背景区域之间的对比度不明显。图 4.3(b)是利用 CT-CFAR 算法对原始 SAR 图像进行增强处理后的中间结果图像，达到了提高图像信杂比的目的。利用多尺度 Curvelet 分解理论对 SAR 图像进行分解，获得各分解尺度系数，然后对某个分解尺度或多个分解尺度的细节信息进行加强处理，再进行 Curvelet 逆变换，得到特征增强图像。对原始 SAR 图像进行滤波处理，并与特征增强图像进行有机结合，可以获得目标区域增强后的 SAR 图像。图 4.3(c)是利用 CFAR 算法直接对图 4.3(a)所示的原始 SAR 图像进行检测的结果，检测效果非常差，几乎没有检测到坦克目标区域信息。图 4.3(d)是利用 CFAR 算法直接对图 4.3(b)所示的图像进行检测的结果，即 CT-CFAR 算法获得的最终结果。检测效果非常好，不但可以完整地检测目标，而且包含丰富的细节信息。在检测过程中，检测条件相同，即假设相同的背景杂波分布和相同的虚警率，本实验使用的虚警率 P_f 为 $1 \times$

10^{-8}。从实验结果可知，原始 CFAR 算法无法检测到目标区域，但是 CT-CFAR 算法能有效检测到目标区域。

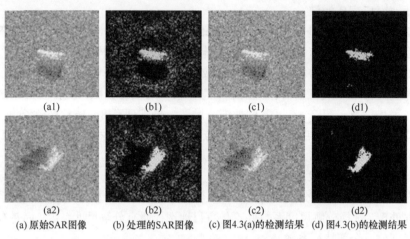

(a1)	(b1)	(c1)	(d1)
(a2)	(b2)	(c2)	(d2)

(a) 原始SAR图像　　(b) 处理的SAR图像　　(c) 图4.3(a)的检测结果　(d) 图4.3(b)的检测结果

图 4.3　CT-CFAR 算法处理前后结果对比

4.3　基于 Curvelet 变换的 SAR 图像统计维纳滤波

　　SAR 图像包含多种噪声，典型的斑点噪声是相干性成像原理产生的乘性斑点噪声，称为第一类噪声。此外，其他干扰因素产生的非相干性的加性噪声，如高斯噪声等，称为第二类噪声。这些噪声会严重妨碍 SAR 图像的解译和应用。本节在深入研究 SAR 成像机理、Curvelet 变换原理和维纳滤波特点的基础上，提出一种基于统计维纳滤波与 Curvelet 变换(statistic Wiener and Curvelet transform, SWCT)相结合的算法。该算法根据两类不同噪声的性质分别进行处理，即设置两次滤波的框架。针对第一类噪声，利用 Curvelet 变换对 SAR 图像进行分解处理，利用 SAR 图像的统计特征产生滤波阈值，在各个分解尺度的子图像中进行滤波，然后进行逆变换。针对第二类噪声，采用维纳滤波器直接滤波。这样既可以有效消除相干性的斑点噪声和非相干性的高斯噪声，又能很好地保持 SAR 目标的边缘信息和几何细节信息，有利于目标的检测、分类和识别。利用实测 SAR 图像数据进行实验验证，能有效去除不同类型的噪声，并获得好的滤波结果[12]。

　　SWCT 算法的主要贡献包含以下三个方面：一是提出两次滤波的思想，既考虑 SAR 相干成像机理所产生的乘性斑点噪声，又考虑其他因素产生的加性高斯噪声，尽量降低所有噪声对 SAR 图像的影响。二是采用多尺度几何分析理论的 Curvelet 变换对 SAR 图像数据进行处理，符合 SAR 回波数据的各向异性和方位向敏感的特点，有利于斑点噪声的抑制和边缘信息的保持。三是充分利用 SAR 图像的统计特性和先验信息确定去除斑点噪声的阈值，不需要先验知识，而且简单可行, 可用于不同 SNR 的 SAR 图像。

4.3.1 滤波阈值确定与维纳滤波器

1. 滤波阈值确定

利用多尺度分解理论消除 SAR 图像中的噪声, 滤波阈值的设置通常有两种方式, 即硬阈值和软阈值。设 w 为 Curvelet 系数, $\hat{w}$ 为阈值处理后的 Curvelet 系数, T 为阈值, sgn() 为符号函数。硬阈值和软阈值的定义分别为

$$\hat{w} = \begin{cases} w, & |w| > T \\ 0, & |w| \leqslant T \end{cases} \tag{4.1}$$

$$\hat{w} = \begin{cases} \text{sgn}(w)(|w - T|), & |w| > T \\ 0, & |w| \leqslant T \end{cases} \tag{4.2}$$

在本节所提的 SWCT 算法中, 采用全局硬阈值的算法消除第一类噪声。阈值 T 通过 SAR 图像的统计特征值来计算。SAR 成像受到各种因素的影响, 如雷达成像参数、地物目标参数, 以及方位敏感性参数等, 因此每次获得的图像的强度不一定完全相同, 它们的概率分布也不完全相同, 这将对阈值 T 的产生带来极大的不利。在 SWCT 算法中, 我们提出一种全新的阈值确定算法, 不仅可以用于高信噪比 SAR 图像, 也可以用于低信噪比 SAR 图像。

假设 σ 表示 SAR 图像的标准偏差(standard deviation, SD), E 表示信息熵, μ 表示均值, 则可以得到不同阈值的定义。如果输入的 SAR 图像是低信噪比图像, 即目标区域的灰度值与背景区域的灰度值相差不大, 那么阈值 T_0 就用式(4.3)计算, 即

$$T_0 = \frac{\sigma E}{\mu} \tag{4.3}$$

式中, μ 表示图像的平均信息量; σ 表示偏离的程度; 信息熵 E 描述了信息的不确定程度。

如果输入的 SAR 图像是高信噪比图像, 即目标区域的灰度值与背景区域的灰度值相差比较大, 那么阈值的确定可用式(4.4)计算, 即

$$T_0 = \frac{\mu}{\sigma E} \tag{4.4}$$

在一幅含噪声的图像中, 噪声越多, 信息熵值越大, 不确定程度也越大。熵的定义如下, 即

$$E = -\sum_{i=1}^{N} p_i \log p_i \tag{4.5}$$

式中, p_i 表示像素在第 i 个灰度级出现的频率; N 表示像素的个数。

如果 Curvelet 变换的分解尺度总数为 J，那么在分解尺度 j 中阈值 T_j 的计算使用式(4.6)，即

$$T_j = KT_0 + jT_0 \tag{4.6}$$

式中，j 表示分解尺度的个数，$j \in [1,2,\cdots,J]$；K 表示一个常数因子，K 的值与阈值 T_0 有关，它们的关系如表 4.4 所示。

表 4.4　K 和 T_0 的关系

T_0	K
$0 < T_0 \leqslant 0.2$	2.0
$0.2 < T_0 \leqslant 0.4$	1.5
$0.4 < T_0 \leqslant 0.6$	1.0
$0.6 < T_0 \leqslant 0.8$	0.5
$0.8 < T_0 \leqslant 1$	0.0

SAR 图像中的地物类型越多，即图像越复杂，包含的信息越多，T_0 值越低。如果 SAR 图像是同质区域，即单一对象类型，则 T_0 值相对比较高。在获取滤波阈值 T_j 的过程中，T_0 值用作一个基本成分。参数 K 和 j 是可调节的，当它们的值改变时，可以获得每个分解尺度 j 的滤波阈值 T_j。当利用 Curvelet 变换理论对一幅 SAR 图像进行分解时，每个分解尺度上的 Curvelet 系数都包含不同的信息。因此，需根据输入 SAR 图像的统计特性和 Curvelet 分解的尺度级数调整滤波阈值，以产生最佳滤波效果。

2. 维纳滤波器

在 SWCT 算法中，利用维纳滤波器主要消除 SAR 图像中的第二类加性噪声。维纳滤波是一种图像复原的算法，通过使含噪声图像 $I(m,n)$ 与其恢复后的图像 $G(m,n)$ 之间的均方误差达到最小的原则来实现复原。维纳滤波器去噪的主要步骤如下。

(1) 估计某个像素邻域的局部均值 μ_1 和方差 σ_1^2，其定义为

$$\mu_1 = \frac{1}{MN} \sum_{m,n \in \eta} I(m,n) \tag{4.7}$$

$$\sigma_1^2 = \frac{1}{MN} \sum_{m,n \in \eta} [I(m,n) - \mu_1]^2 \tag{4.8}$$

式中，η 表示图像中某像素 (m,n) 周围大小为 $M \times N$ 的领域；$I(m,n)$ 表示该像素的灰度值。

(2) 利用维纳滤波器估计图像信号。维纳滤波器使用式(4.9)实现图像噪声的

平滑，即

$$G(m,n) = \sigma_w + \frac{\sigma_1^2 - \sigma_w^2}{\sigma_1^2}\left[I(m,n) - \mu_1\right] \tag{4.9}$$

式中，$G(m,n)$ 表示滤波后某像素 (m,n) 的灰度值；σ_w^2 表示整幅图像的方差；σ_w 表示整幅图像的 SD。

维纳滤波器通过调整图像的局部方差来自适应地调整滤波器的输出，当局部方差较大时，滤波器的平滑效果较差，当局部方差较小时，滤波器的平滑效果较好。维纳滤波器比线性滤波器具有更好的选择性，在滤波的同时能更好地保留图像的边缘信息和高频细节信息。

4.3.2　算法原理概述

SWCT 算法原理框图如图 4.4 所示。SWCT 算法的基本思想包含两步：第一步是先利用 Curvelet 变换获得各个分解尺度上各方向的图像区域，同时计算 SAR 图像的统计特性，利用统计特性和图像的先验知识确定消除斑点噪声的阈值，然后在各个分解尺度上对 SAR 图像的斑点噪声进行消除，处理完后再进行 Curvelet 逆变换，获得第一次滤波后的 SAR 图像。这一步主要是抑制第一类乘性斑点噪声。第二步是针对非斑点噪声而进行的维纳自适应滤波，即对第二类加性噪声进行滤波。SWCT 算法的具体实现步骤如下。

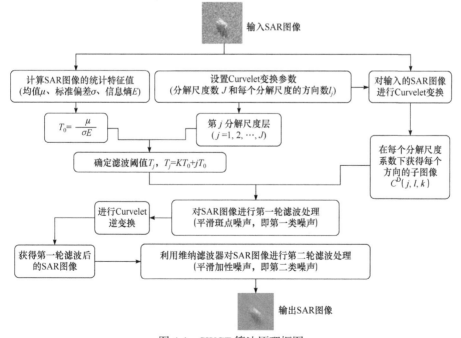

图 4.4　SWCT 算法原理框图

(1) 输入 SAR 图像 $I(m,n)$。

(2) 计算 SAR 图像的统计特征。在 SWCT 算法中，选择的统计特征有整幅 SAR 图像的均值 μ、标准偏差 σ 和信息熵 E。利用输入的 SAR 图像分别计算这些特征值。

(3) 估计背景区域与目标区域的灰度值关系。这一步的目的是确定输入 SAR 图像的 SNR，判断输入的 SAR 图像是高信噪比图像，还是低信噪比图像。

(4) 确定基本阈值 T_0。根据步骤(3)获得的信息，如果 SAR 图像是低信噪比图像，用式(4.3)计算阈值；如果 SAR 图像是高信噪比图像，那么用式(4.4)计算阈值。

(5) 利用 Curvelet 变换对 SAR 图像进行多尺度多方向分解。对 SAR 图像进行多尺度分解前，确定分解尺度参数和分解方向参数。

随着分解尺度的增加，对应的分解系数中包含的高频信息减少，包含的背景或趋势信息增多。目标的细节、纹理和边缘信息主要包含在高频部分，同时，实验表明通常情况下多尺度几何分析理论的分解尺度为 3～5，可以满足实际需求。

Curvelet 变换与小波变换的一个显著不同是，在曲波分解后，每层可以获得多个不同的方向信息，而且方向的个数可以改变；在小波分解后，每个分解尺度上的方向是固定的，只有三个方向，即水平方向、垂直方向和对角方向。在本节算法中，分解尺度为 5，每个分解尺度上的方向个数分别为 1、8、8、16、16。

(6) 获得各个分解尺度上的滤波阈值 T_j。使用步骤(4)中确定的阈值 T_0，以及表 4.4 中 K 和 T_0 的关系，接着利用式(4.6)计算第 j 个分解尺度上的阈值 T_j。

(7) 对 SAR 图像进行第一轮滤波处理。利用步骤(6)获得的阈值 T_j 对分解后的各个子图像区域进行滤波处理。分解后的子图像用 $D_{(j,k,l)}$ 表示，j、l、k 分别表示尺度、方向和位置。$D_{(j,k,l)}(m,n)$ 表示某个子图像空间位置为 (m,n) 的灰度值，则利用式(4.10)对斑点噪声进行处理，即

$$D_{(j,k,l)}(m,n) = \begin{cases} D_{(j,k,l)}(m,n), & D_{(j,k,l)}(m,n) \geqslant T_j \\ 0, & \text{其他} \end{cases} \tag{4.10}$$

(8) 进行 Curvelet 逆变换。

(9) 利用维纳滤波器进行第二次滤波。维纳滤波器是一种自适应滤波器，它根据图像局部方差值的大小来调整滤波器的输出。当局部方差值较大时，滤波器平滑效果强，其实质是对一些偏离比较大的异值进行平滑。

(10) 获得滤波后的 SAR 图像 $G(m,n)$。经过两轮滤波处理后的 SAR 图像 $G(m,n)$ 更接近理想的无噪声 SAR 图像。

4.3.3 实验结果与分析

利用真实 SAR 图像数据验证 SWCT 算法的可行性，并将该算法与其他算法进行比较，包括均值滤波、En-MAP 滤波、小波滤波、维纳滤波和 Curvelet 滤波等算法。实验用的原始 SAR 图像如图 4.5 所示，其中图 4.5(a)为星载 SAR 图像，图 4.5(b)为机载 SAR 图像。图 4.5(a1)中所示的 SAR 图像数据是用德国 TerraySAR 卫星获取的 X 波段。图像大小为 256×256，空间分辨率为 1m，成像区域为城市郊区，包含的地物目标是典型的房屋建筑、农业用地和道路。图 4.5(a2)是由意大利卫星 COSMO-SkyMed 获取的 SAR 图像，X 波段图像大小为 512×512，空间分辨率为 3m，成像区域是意大利典型的农业用地，因此地物简单，仅包括农田、公路、铁路和河流。图 4.5(a3)所示的 SAR 图像来自欧洲太空局的 ERS-2，C 波段，空间分辨率为 30m，图像大小为 512×512，成像区域为海洋，SAR 图像中只有一艘大船，所有其他区域都是海杂波。图 4.5(b1)中的 SAR 图像是我国获得的机载 SAR 图像，其大小为 512×512，空间分辨率为 1m，地物类型主要包括农田和道路。图 4.5(b2)所示 SAR 图像数据为机载 SAR 图像，X 波段，空间分辨率为 3m，大小为 256×256，成像区域为英国 Bedfordshire 地区的乡村，地物目标以农业用地为主。图 4.5(b3)是美国 Sandia 国家实验室公开的机载 SAR 图像数据，地物目标是坦克和灌木丛，分辨率为 1m，图像大小为 256×256。

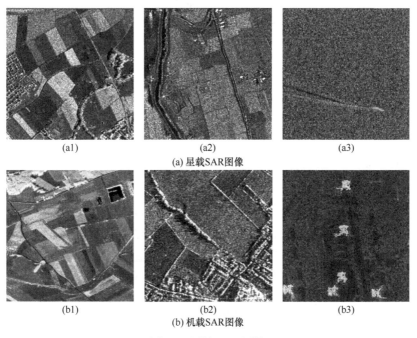

(a1)　　　　　　　(a2)　　　　　　　(a3)

(a) 星载SAR图像

(b1)　　　　　　　(b2)　　　　　　　(b3)

(b) 机载SAR图像

图 4.5　原始 SAR 图像

　　一般情况下，滤波算法对于图像边缘、点目标和纹理特征的保持能力往往通过视觉来评估。此外，图像滤波效果的比较和定量分析一般用参数指标进行评价。对于 SAR 图像滤波效果的评估，也有一些特定的指标，如等效视数(equivalent number of look, ENL)、边缘保持指数(edge save index, ESI)、标准偏差 σ 和 PSNR 等。参数 σ 指标的物理含义是偏差程度，因此 σ 的值越大，偏差程度也越大，存在的噪声也越多。如果 σ 值较低，则噪声也较少。PSNR 是衡量图像失真或噪声水平的客观指标。如果它的值高，则说明图像质量好，失真小。

　　ENL 是用来判断图像斑点噪声相对强度的指标，反映滤波器平滑噪声的能力。ENL 值越大，图像中的噪声越少，解译效果越好，滤波效果越强。ENL 的定义为

$$ENL = \frac{\mu^2}{\sigma^2} \tag{4.11}$$

式中，μ 和 σ 分别表示图像所有像素灰度值的均值和方差。

　　ESI 指标用来评价图像经滤波器滤波后对图像边缘的保持程度，包括水平 ESI_H 和垂直 ESI_V。ESI 值越高，表明边缘保持得越好。ESI 定义的数学模型如下，即

$$ESI\_H = \frac{\sum\limits_{i=1}^{M} | I_{\text{left}}^{\text{F}} - I_{\text{right}}^{\text{F}} |}{\sum\limits_{i=1}^{M} | I_{\text{left}}^{\text{O}} - I_{\text{right}}^{\text{O}} |} \tag{4.12a}$$

$$ESI\_V = \frac{\sum\limits_{i=1}^{M} | I_{\text{up}}^{\text{F}} - I_{\text{down}}^{\text{F}} |}{\sum\limits_{i=1}^{M} | I_{\text{up}}^{\text{O}} - I_{\text{down}}^{\text{O}} |} \tag{4.12b}$$

式中，M 表示图像像元的个数；$I_{\text{left}}^{\text{F}}$、$I_{\text{right}}^{\text{F}}$ 和 I_{up}^{F}、$I_{\text{down}}^{\text{F}}$ 分别表示沿滤波后图像边缘交接处左、右和上、下互邻像元的灰度值；$I_{\text{left}}^{\text{O}}$、$I_{\text{right}}^{\text{O}}$ 和 I_{up}^{O}、$I_{\text{down}}^{\text{O}}$ 分别表示沿原始图像边缘交接处左、右和上、下互邻像元的灰度值。

　　图 4.5 为原始 SAR 图像。不同算法获得的实验结果如图 4.6～图 4.11 所示。同时，表 4.5～表 4.10 显示了各算法性能参数评估结果。在所有算法中，包括均值滤波器、En-MAP 滤波器和维纳滤波器，用于滤波的移动窗口大小为 5×5；SWCT 滤波器、小波滤波器和 Curvelet 滤波器均使用硬阈值去噪。

　　图 4.6 显示了图 4.5(a1)的滤波结果。从图 4.6 中可知，均值滤波器、En-MAP 滤波器和 SWCT 滤波器的滤波效果较好，但同时模糊了一些边缘信息。Curvelet

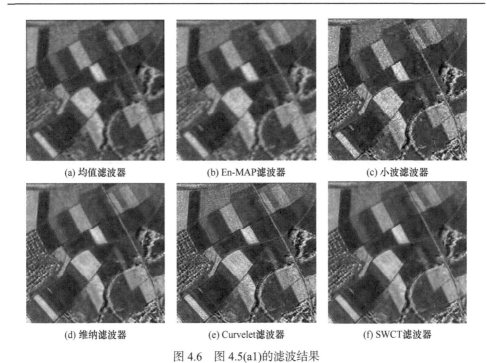

(a) 均值滤波器　　　　　　　(b) En-MAP滤波器　　　　　　(c) 小波滤波器

(d) 维纳滤波器　　　　　　(e) Curvelet滤波器　　　　　(f) SWCT滤波器

图 4.6　图 4.5(a1)的滤波结果

滤波器和小波滤波器能够保留较好的边缘信息，视觉清晰度相对较高，但是去噪能力相对较弱。维纳滤波器的噪声滤波和边缘保持能力处于中间水平。

　　下面用 ENL、σ、ESI 和 PSNR 四个参数对图 4.6 所示的图像进行评价分析。如表 4.5 所示，当使用均值滤波器时，参数 σ、ESI 和 PSNR 的值最小，但 ENL 值是第二大值。这表明，均值滤波器可以有效去除噪声。ESI 值是最小值，表示边缘信息已丢失或模糊。换言之，均值滤波器的滤波效果是基于边缘信息和几何细节信息的损失来建立的。实际上，噪声消除和边缘保护的问题往往是矛盾的。目前，还没有一种既能有效平滑噪声又能很好地保护边缘信息的算法。在实际应用中，首要任务是尽可能地保留边缘信息和细节信息，其次是噪声的有效消除。如果大量的目标信息被消除，那么这个过滤器就没有什么实际意义。En-MAP 滤波器的所有参数指标略高于均值滤波器，特别是在本实验中，其 ENL 值最高，表明滤波效果最好，但是其他指标值低，会感觉模糊，如图 4.6 所示。小波滤波器和 Curvelet 滤波器具有最低的 ENL 值和最高的 ESI 值，因此它们不适合 SAR 图像处理。如表 4.5 所示，SWCT 滤波器的 ENL 值不但高于 Curvelet 滤波器和维纳滤波器，而且其 σ 值也较低。这表明，SWCT 滤波器的滤波效果优于这两种滤波器。表 4.5 中评估参数反映的规律与图 4.6 一致。

表 4.5　图 4.6 中不同算法所获图像的性能参数比较

指标	图 4.5(a1) 原始图像	图 4.6(a) 均值滤波器	图 4.6(b) En-MAP 滤波器	图 4.6(c) 小波滤波器	图 4.6(d) 维纳滤波器	图 4.6(e) Curvelet 滤波器	图 4.6(f) SWCT滤波器
ENL	4.271	7.024	7.343	4.918	5.831	5.081	6.259
σ	50.952	39.118	40.455	47.476	43.532	46.709	42.115
ESI	1	0.287	0.301	0.713	0.449	0.741	0.411
PSNR	—	18.893	19.175	22.431	22.022	24.634	21.348

图 4.7 所示的 SAR 图像是图 4.5(a2)的滤波结果。可以看到，SWCT 滤波器和 Curvelet 滤波器比其他滤波器具有更好的滤波效果。均值滤波器和 En-MAP 滤波器的性能处于中间，小波滤波器和维纳滤波器的滤波效果最差。如表 4.6 所示，最高的 ENL 值是由 SWCT 滤波器获得的，表明该滤波器具有最佳的滤波效果。接下来的滤波效果依次是 En-MAP 滤波器、均值滤波器、Curvelet 滤波器、维纳滤波器和小波滤波器。参数 σ 和 PSNR 表现的规律与参数 ENL 相同，只是其值的顺序相反。SWCT 滤波器、均值滤波器和 En-MAP 滤波器具有几乎相同的 ESI 值。ESI 的最大值是由小波滤波器获得的，其次是 Curvelet 滤波器和维纳滤波器。

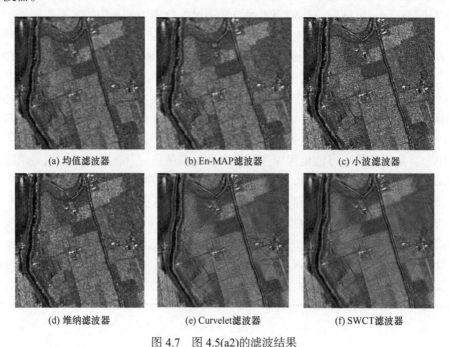

(a) 均值滤波器　　　(b) En-MAP滤波器　　　(c) 小波滤波器

(d) 维纳滤波器　　　(e) Curvelet滤波器　　　(f) SWCT滤波器

图 4.7　图 4.5(a2)的滤波结果

表 4.6　图 4.7 中不同算法所获图像的性能参数比较

指标	图 4.5(a2) 原始图像	图 4.7(a) 均值滤波器	图 4.7(b) En-MAP 滤波器	图 4.7(c) 小波滤波器	图 4.7(d) 维纳滤波器	图 4.7(e) Curvelet 滤波器	图 4.7(f) SWCT 滤波器
ENL	5.906	12.177	13.095	6.552	9.960	11.424	13.272
σ	42.780	29.588	29.843	40.602	32.971	30.759	28.600
ESI	1	0.276	0.278	0.867	0.406	0.445	0.278
PSNR	—	19.445	19.414	25.114	21.412	20.428	19.621

图 4.5(a3)的滤波结果如图 4.8 所示。从视觉上来看,SWCT 滤波器和 Curvelet 滤波器的滤波效果最好,其次是 En-MAP 滤波器和均值滤波器,最后是维纳滤波器和小波滤波器。如表 4.7 所示,参数 ENL 值反映的滤波效果与视觉分析一致,特别是 SWCT 滤波器的 ENL 值达到 106.847,几乎是次优滤波算法 Curvelet 滤波器的 2 倍,是最差滤波算法小波滤波器的 10 倍以上。

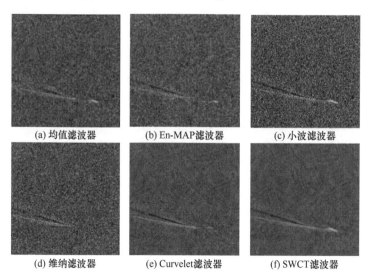

(a) 均值滤波器　　　　　(b) En-MAP滤波器　　　　　(c) 小波滤波器

(d) 维纳滤波器　　　　　(e) Curvelet滤波器　　　　　(f) SWCT滤波器

图 4.8　图 4.5(a3)的滤波结果

表 4.7　图 4.8 中不同算法所获图像的性能参数比较

指标	图 4.5(a3) 原始图像	图 4.8(a) 均值滤波器	图 4.8(b) En-MAP 滤波器	图 4.8(c) 小波滤波器	图 4.8(d) 维纳滤波器	图 4.8(e) Curvelet 滤波器	图 4.8(f) SWCT 滤波器
ENL	9.344	37.956	41.687	10.524	24.789	58.261	106.847
σ	30.994	15.266	15.255	29.201	19.043	12.412	9.177
ESI	1	0.259	0.267	0.911	0.418	0.281	0.134
PSNR	—	19.709	19.796	26.094	21.925	19.128	18.567

图 4.7 和图 4.8 的实验图像的大小均为 512×512，而且都是星载 SAR 图像，但是它们的空间分辨率不同。每幅图像都包含不多的几种类型地物，而且大多数地物都是孤立的。由此可知，SAR 图像中的地物越简单，SAR 图像越均匀，即越是同质区域，SWCT 算法的滤波效果越好。在这组实验中，SWCT 算法优于传统滤波算法，如均值滤波器和 En-MAP 滤波器。

图 4.5(b1)的滤波结果如图 4.9 所示。从图 4.9 中可知，SWCT 滤波器和 Curvelet 滤波器的滤波效果最好，前者略优于后者。小波滤波器和维纳滤波器的滤波效果最差。如表 4.8 所示，参数 ENL 的最大值是 SWCT 滤波器，最小值是小波滤波器，均值滤波器、En-MAP 滤波器和 Curvelet 滤波器的 ENL 值几乎相同。小波滤波器的 ESI 值最高，为 0.988，小波的 ESI 与原始 SAR 图像几乎相同。这表明，小波滤波器几乎没有能力去除 SAR 图像中的噪声。均值滤波器和 MAP 滤波器的各种指标值显示出它们的性能处于中等。

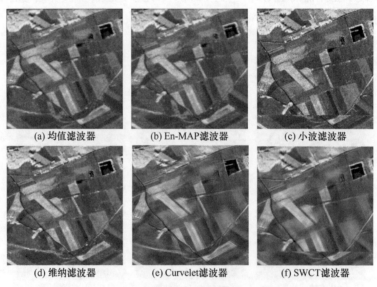

(a) 均值滤波器　　　(b) En-MAP滤波器　　　(c) 小波滤波器

(d) 维纳滤波器　　　(e) Curvelet滤波器　　　(f) SWCT滤波器

图 4.9　图 4.5(b1)的滤波结果

表 4.8　图 4.9 中不同算法所获图像的性能参数比较

指标	图 4.5(b1) 原始图像	图 4.9(a) 均值滤波器	图 4.9(b) En-MAP 滤波器	图 4.9(c) 小波滤波器	图 4.9(d) 维纳滤波器	图 4.9(e) Curvelet 滤波器	图 4.9(f) SWCT 滤波器
ENL	7.218	8.558	8.896	7.225	7.986	8.856	9.207
σ	45.191	41.192	41.024	45.168	42.951	40.797	40.006
ESI	1	0.449	0.437	0.988	0.546	0.533	0.405
PSNR	—	25.137	25.534	45.441	29.135	25.350	24.775

图 4.10 为图 4.5(b2) 的滤波结果。从视觉上看，SWCT 滤波器具有良好的滤波效果，尤其是对于均匀区域，但是边缘信息模糊。均值滤波器和 En-MAP 滤波器给整幅图像均带来模糊感。小波滤波器的滤波效果在实验中最差，其次是 Curvelet 滤波器，然而，这些图像的边缘保持得较好。表 4.9 列出了图 4.10 中所有图像的评价参数值。从表 4.9 中可以看到，SWCT 滤波器的 ENL 值不是最高，而是处于第三的位置，而最高的 ENL 值是由 En-MAP 滤波器获得的，其值为 11.152，最小值为 5.471，由 Curvelet 滤波器获得。但是，Curvelet 滤波器和小波滤波器表现出良好的边缘信息保持能力，它们拥有较高的 ESI 值。所有图像的 PSNR 差异不是很大，这表明图像之间的差异不是很大。

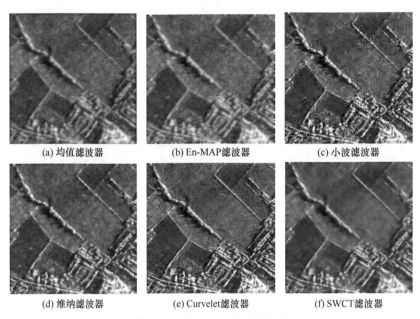

(a) 均值滤波器　　　　　　(b) En-MAP 滤波器　　　　　　(c) 小波滤波器

(d) 维纳滤波器　　　　　　(e) Curvelet 滤波器　　　　　　(f) SWCT 滤波器

图 4.10　图 4.5(b2) 的滤波结果

表 4.9　图 4.10 中不同算法所获图像的性能参数比较

指标	图 4.5(b2) 原始图像	图 4.10(a) 均值滤波器	图 4.10(b) En-MAP 滤波器	图 4.10(c) 小波滤波器	图 4.10(d) 维纳滤波器	图 4.10(e) Curvelet 滤波器	图 4.10(f) SWCT 滤波器
ENL	3.940	10.850	11.152	5.549	7.364	5.471	9.182
σ	53.750	31.919	34.268	45.256	39.306	45.591	35.275
ESI	1	0.261	0.288	0.641	0.425	0.711	0.320
PSNR	—	16.350	16.410	18.900	19.027	21.092	17.876

图 4.11 显示的结果是由不同滤波算法对图 4.5(b3) 处理获得的。直观地说，本

组实验中，均值滤波器和 En-MAP 滤波器处理后的图像中目标区域有些模糊，但是使用其他算法平滑滤波后的图像目标区域是清晰的。其中，SWCT 滤波器对背景区域的抑制效果最好。如表 4.10 所示，SWCT 滤波器的 ENL 值低于均值滤波器和 En-MAP 滤波器，但是高于维纳滤波器、小波滤波器和 Curvelet 滤波器。这与图 4.10 所示的 ENL 值是一致的。ESI 值最高的是小波滤波器，最低的是均值滤波器。由于 SAR 图像中目标区域和背景区域的灰度值差异较大，且目标区域仅占整个图像区域的很小部分，所以 σ、ESI 和 PSNR 的值都不大，关键是要考虑抑制背景区域的效果。

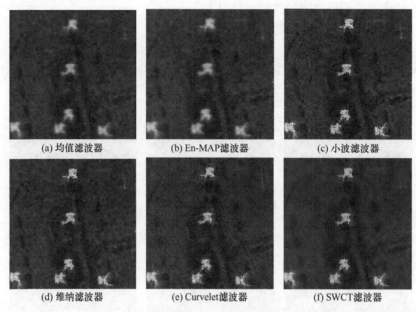

(a) 均值滤波器　　　　　　(b) En-MAP滤波器　　　　　　(c) 小波滤波器

(d) 维纳滤波器　　　　　　(e) Curvelet滤波器　　　　　　(f) SWCT滤波器

图 4.11　图 4.5(b3)的滤波结果

表 4.10　图 4.11 中不同算法所获图像的性能参数比较

指标	图 4.5(b3) 原始图像	图 4.11(a) 均值滤波器	图 4.11(b) En-MAP 滤波器	图 4.11(c) 小波滤波器	图 4.11(d) 维纳滤波器	图 4.11(e) Curvelet 滤波器	图 4.11(f) SWCT 滤波器
ENL	5.627	11.321	11.231	8.005	8.746	8.775	10.097
σ	29.940	20.802	22.029	25.093	23.943	23.970	22.300
ESI	1	0.206	0.226	0.482	0.317	0.451	0.215
PSNR	—	21.895	22.085	23.473	23.766	23.983	22.979

通过以上详细的多个实验的分析，包括定性分析和定量分析，可以得出这样一个结论，即 SWCT 滤波器的滤波效果优于 Curvelet 变换滤波器和维纳滤波器，

并且 SWCT 滤波器的视觉分辨率高于均值滤波器、En-MAP 滤波器和小波滤波器。该结果表明，SWCT 滤波器可以平滑相干斑点噪声和其他非相干噪声。

从表 4.5～表 4.10 也可以得出一个结论，如果 ENL 值较高，则 σ、ESI 和 PSNR 的值较低，并且滤波后的图像质量相对较低。这表明，理想的滤波器应具有较高的 ENL、ESI 和 PSNR 值。对于中低分辨率的 SAR 图像，首先要保留目标区域的几何细节信息和边缘信息，其次才是对噪声的平滑和去除。滤波的目的是增强目标区域，提高图像 SNR，在不模糊几何细节信息或纹理特征的情况下提高图像质量。因此，实验的结果表明，SWCT 算法是一种有效滤波算法。与其他算法相比，SWCT 滤波器更好地平衡了边缘保持和噪声消除，尤其是在实际应用中。SWCT 滤波器可以比均值滤波器和 En-MAP 滤波器更好地保留边缘信息，比维纳滤波器、Curvelet 滤波器和小波滤波器更好地去除噪声。更重要的是，SWCT 滤波器考虑不同条件下不同类型的噪声和不同的 SAR 图像，因此是一种可行的滤波器。SWCT 算法特别适合大型 SAR 图像或具有大型均匀区域的图像，如物体分布面目标的图像。

4.4 基于 Contourlet 变换的低信杂比 SAR 目标检测算法

低信杂比 SAR 图像中的目标检测是一个热点问题，尤其是一些弱散射、小目标和隐藏目标的检测。针对这类问题，本节利用 Contourlet 变换的多尺度多方向性和各向异性的特点，提出一种新的低信杂比 SAR 图像目标检测算法。该算法不仅能有效抑制 SAR 图像固有斑点噪声的影响，而且可以通过改善目标区域与背景区域之间的对比度，提高 SAR 图像的信杂比，从而提高目标的检测率，同时利用 Contourlet 变换的多方向性获得更丰富的目标信息[14]。

在军事应用领域中，现代战场环境越来越复杂，军事目标探测和侦测技术越来越先进，目标伪装和反侦察技术使目标越来越隐蔽，矛和盾是始终交织错综地缠在一起的，相互促进发展。一些重要的目标经常被伪装或隐蔽，因此这些目标在 SAR 遥感图像中往往呈现出弱散射或弱反射体，经常被背景杂波信号干扰和覆盖，很难被探测或检测。产生这种现象的根本原因是目标区域与背景区域之间的反射强度或散射强度非常接近，即它们的灰度值很接近，导致整个图像的信杂比非常低。这非常不利于目标的检测与识别，通常的目标探测算法很难探测到目标，或者很难提取到有用的信息。直接用常用的恒虚警率检测算法很难获得有效信息，因此针对不同的用途提出许多相应的 CFAR 改进算法[20-22]。文献[20]对 CFAR 检测算法的速度进行了改进，可以获得好的效果。文献[21]针对高分辨率 SAR 图像中的目标检测问题，提出一种改进的 CFAR 算法。文献[22]针对舰船目标的检测，为抑制海杂波提出 CFAR 改进算法。

除了对 CFAR 算法本身进行改进，还可以对 SAR 图像的质量进行改善。为克服 SAR 图像的缺陷，并有效检测到目标，可以采用一些新的信号处理理论先对 SAR 图像进行适当处理，再进行检测。多尺度几何分析理论是一类非常重要的现代信号处理算法，其中 Contourlet 变换是典型代表。Contourlet 变换具有众多优点，因此在 SAR 图像处理中得到了广泛应用[23-25]。文献[23]用 Contourlet 变换对 SAR 图像进行去噪和增强处理；文献[24]利用非下采样 Contourlet 变换进行 SAR 图像特征的融合处理；文献[25]也是对 SAR 图像噪声进行了抑制处理。

不论是对 SAR 图像的抑制噪声处理，还是特征增强处理，目的都是提高图像的 SNR，有利于目标的检测和识别。为了有效检测到 SAR 图像中的隐蔽目标、弱散射目标和较小目标，结合 SAR 成像机理，利用 Contourlet 变换特点，提出了一种新的低信杂比(low signal-to-clutter ratio, LSCR)的 SAR 图像目标检测算法。该算法主要针对低信杂比 SAR 图像目标检测难的问题展开研究。LSCR 算法一方面能够有效地抑制 SAR 图像斑点噪声的影响；另一方面通过特征的提取与处理，能调整 SAR 图像中目标区域(或感兴趣区域)特征与背景区域之间的灰度动态范围。更重要的是，利用 Contourlet 变换的多尺度多方向性特点，获得更加准确的信息。LSCR 算法的优点主要体现在三个方面：首先，通过 Contourlet 变换，尤其是选择不同的 Contourlet 分解系数特征，可以抑制 SAR 图像固有的斑点噪声的影响，提高 SAR 图像的 SNR，有利于目标的检测。其次，Contourlet 分解过程中，在每个分解层中可以设置不同的分解方向，通过提取不同方向的特征信息，可以获得更丰富的目标边缘信息和几何细节信息。最后，通过提取不同的 Contourlet 分解系数特征，并进行融合处理，改善目标特征值与背景特征值之间的差距，从而提高目标检测能力和抗虚警能力。

4.4.1 算法原理概述

LSCR 算法的基本思想是用 Contourlet 变换对输入的低信杂比 SAR 图像进行分解处理，提取各分解尺度的分解系数，然后选择部分分解系数，对它们进行增强处理或者融合处理，就可以获得改善后的 SAR 图像。其流程图如图 4.12 所示。具体实现步骤如下。

(1) 输入原始 SAR 图像。这里要求输入的原始 SAR 图像是低信杂比的，否则 LSCR 算法就没有优势，也就是说算法适合目标区域与背景区域之间区别不大的小目标、弱反射、散射目标、隐藏目标的检测。对输入的原始 SAR 图像是否为低信杂比图像的判断主要包括两个步骤，具体流程如图 4.13 所示。首先估计输入的原始 SAR 图像的均值 μ 和中值 md，然后计算它们的差的绝对值，即

$$d = \left| \mu - \text{md} \right| \tag{4.13}$$

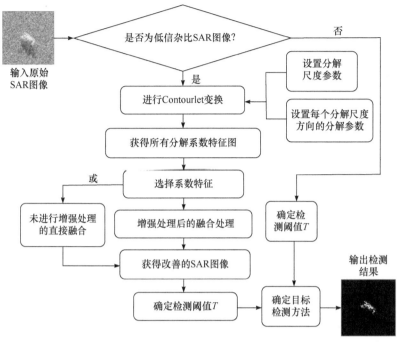

图 4.12　LSCR 算法流程图

式中，d 表示差值的绝对值。

把 d 和预设的阈值 T_0 进行比较，判断是否为低信杂比图像。如果 $d < T_0$，则表明输入的原始 SAR 图像是低信杂比图像。如果 $d \geqslant T_0$，则需要进一步判断。通过对大量 SAR 图像的实验，得到 T_0 确定的合适范围为 $[3,4]$，即 $T_0 \in [3,4]$。在 LSCR 算法中，T_0 取值为 3。当 $d \geqslant T_0$ 时，采用 SAR 图像灰度直方图的峰值数进行进一步评估，峰值数用 n 表示。如果 $n = 1$，则输入的 SAR 图像是低信杂比图像；如果 $n > 1$，则输入的图像是高信杂比图像。

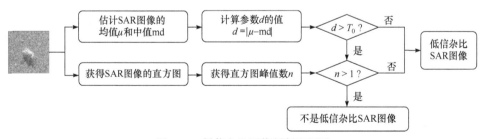

图 4.13　低信杂比图像判断流程图

(2) 设置 Contourlet 变换参数。Contourlet 变换参数的设置对检测结果有较大的影响。这些参数主要包含分解尺度数 J 和方位向分解的方向个数 l。J 和 l 的值不能设置得太高，也不能太低。如果 J 值太高，对于 SAR 图像，则意味着高尺度中包含大量的斑点噪声，它们会把目标区域的几何细节信息和边缘信息淹没，反而不利于目标的检测，因此 J 的值通常为 3～5 比较合适。根据实际情况，在本算法中分解尺度设为 4。同理，方位向分解的方向个数 l 不能无限增加，随着 l 的增加，计算量会成倍增加。如果方向个数太多，会使目标区域连续信息割裂，反而不利于目标信息的提取，因此 l 的值通常不超过 5。每分解层的方位向分解的方向个数可以任意设置，根据信息获取的精度和计算量的大小，选择每个分解尺度方向个数，从粗尺度到精细尺度分别设为 2^4、2^3、2^2、2^1。因为随着分解尺度的增加，信息量越来越少，所以没有必要在高精度的分解尺度上设置更多的分解方向个数。

(3) 进行 Contourlet 分解。按步骤(2)设置的参数进行多尺度多方向分解，直到预设的分解尺度数和方向个数完全分解。

(4) 获取各系数特征。提取分解后的低频系数特征图和各高频系数特征图是本算法的一个关键。根据实际应用情况和预期所要达到的目的，选择不同的单个特征或多个特征的组合，以获得最终用于目标检测的特征图。

(5) 提高 SAR 图像的信杂比。提高 SAR 图像的信杂比是 LSCR 算法的关键步骤，也是其突出特征。使用步骤(4)中获得的选定系数特征图达到提高 SAR 图像信杂比的目的。对选定的系数特征图进行增强处理，然后进行融合，或者直接融合而不进行增强处理。这里需注意的一点是，没有 Contourlet 逆变换。

(6) 选择目标检测算法。遥感图像目标检测算法有许多种，如典型的 CFAR 检测算法[26]、双参数目标检测算法[27]。目前，广泛使用的目标检测算法仍然以 CFAR 检测算法为主，其发展至今已有多个分支，如单元平均 CFAR (cell average CFAR, CA-CFAR)算法、最小选择 CFAR (smallest of CFAR, SO-CFAR)算法、有序统计 CFAR(order statistic CFAR, OS-CFAR)算法和最大选择 CFAR (greatest of CFAR, GO-CFAR)算法等，它们的主要区别在于不同的杂波均值估计算法[28]。利用 CFAR 检测目标的缺点是要求目标区域和背景区域分布有明显的反射强度差，也就是说，直接利用 CFAR 算法很难检测到微弱的、小的和隐藏的目标。双参数 CFAR 算法要求设置不同的窗口区域，如目标区域、警戒区域和背景区域。区域的设置会对检测结果的精度和运算量带来极大的影响。先验知识在算法中发挥着重要的作用。为了克服 CFAR 算法在 SAR 图像检测中的不足，文献[29]根据 SAR 成像机理，提出一种相干性 CFAR(coherent CFAR, CCFAR)算法。因此，LSCR 算法选择相干性 CFAR 算法作为 SAR 图像目标检测算法。

(7) 检测阈值 T 的确定。在 CFAR 目标检测系列算法中，阈值 T 的确定是关键问题，而且它与背景杂波分布模型有着紧密的关系。

(8) 获得目标检测结果。用获得的阈值在系数特征图上进行检测，如果 $I_F(x, y)$ 表示特征图，T 表示获得的阈值，$D_F(x, y)$ 表示检测的结果，那么可用

式 (4.14)表示，即

$$D_{\mathrm{F}}(x,y) = \begin{cases} I_{\mathrm{F}}(x,y), & |I_{\mathrm{F}}(x,y)| \geqslant T \\ 0, & |I_{\mathrm{F}}(x,y)| < T \end{cases} \tag{4.14}$$

4.4.2　实验结果与分析

1. LSCR 算法处理前后的对比实验

为了验证 LSCR 算法的有效性和可靠性，本节用不同的 SAR 图像进行比较实验。该实验的目的是证明低信杂比图像在处理前与处理后的目标检测情况。图 4.14 显示的实验数据来源于 MSTAR 数据库，所包含的目标为 T72 坦克，成像背景为草丛和灌木丛。其中，图 4.14(a)是原始图像，大小为 256×256。图 4.14(b)和图 4.14(c) 是用 LSCR 算法处理后的系数特征图，其中图 4.14(b)是 Contourlet 分解后所有尺度系数重构后的图像，图 4.14(c)是 Contourlet 分解后粗尺度及第一细尺度和第二细尺度系数特征的重构图像。图 4.14(d)、图 4.14(e)和图 4.14(f)分别是图 4.14(a)、图 4.14(b) 和图 4.14(c)的检测结果图。在整个检测过程中，运用的检测算法相同，采用的都是 CCFAR 算法[29]，检测的虚警率也相同，为 1×10^{-8}。从图 4.14(a)可知，原始 SAR 图像的信杂比较低，即目标区域的灰度值与背景区域的灰度值差不多，因此用一般的算法很难检测到准确的目标区域信息，详细的实验过程将在下面讨论。Contourlet 变换是一种具有多分辨率特性、多方向性和各向异性的多尺度分析几何理论，而 SAR 成像对方位向特别敏感，因此从不同的方向获取信息比从单个方向获取信息准确。因此，Contourlet 变换适合 SAR 图像的处理与分析。从图 4.14 可知，图 4.14(f) 的检测效果明显优于图 4.14(d)和图 4.14(e)，而且在同样的条件下，图 4.14(d)中的虚警率明显高于图 4.14(f)。所以，图 4.14 的实验结果表明，LSCR 算法是一种非常有效的目标检测算法。

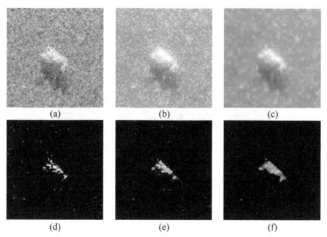

图 4.14　LSCR 算法用于 T72 坦克检测结果图

图 4.14 的实验结果充分说明，LSCR 算法不但能够有效检测到小的、微弱的、隐藏的目标，而且漏检测率和虚警率均非常低。另外一个显著的优点是，LSCR 算法能有效抑制 SAR 图像的斑点噪声，有利于促进 SAR 图像解译技术的发展及应用。

2. 不同算法的对比实验

为进一步研究 LSCR 算法的可行性和可靠性，我们用不同的算法进行对比实验，包括 CFAR 算法、双参数 CFAR 算法和 LSCR 算法。实验图像是图 4.14(a) 和图 4.14(c)。实验结果如图 4.15 所示。不同算法对同一目标图像的检测，均是在同样虚警率条件下进行的。图 4.15(a1) 是原始图像，图 4.15(a2) 是其对应的经 LSCR 算法处理后的特征图。从图 4.15 中可知，不论是原始 SAR 图像还是处理后的系数特征图像，CFAR 算法均不能检测到目标，根本原因是 CFAR 算法要求目标区域与背景区域有较大的对比度，即高信噪比 SAR 图像。双参数 CFAR 算法是 CFAR 算法的改进，对于低信杂比 SAR 图像，也检测不到目标区域。但是，用 LSCR 算法处理后的系数特征图，双参数 CFAR 算法可以检测到目标区域，只不过检测的准确度不如 LSCR 算法。对于 LSCR 算法，与原始 SAR 图像相比，其检测的信息更加丰富，更加准确。实验表明，LSCR 算法在低信杂比图像中的检测效果确实优于 CFAR 算法和双参数 CFAR 算法，而且确实是一种切实可行的目标检测算法。

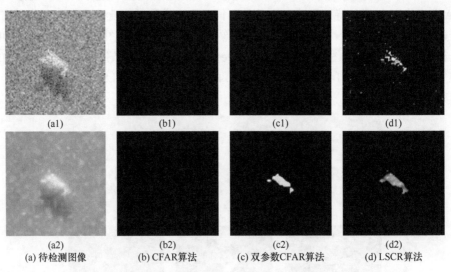

(a) 待检测图像　　(b) CFAR算法　　(c) 双参数CFAR算法　　(d) LSCR算法

图 4.15　T72 坦克目标的不同算法检测结果图

3. 定量比较实验

在上述实验中，SAR 图像包含单个目标。为了进一步验证 LSCR 算法的可行性，本节选择包含多个目标的 SAR 图像进行实验。实验算法包括 LSCR 算法、CFAR 算法和双参数 CFAR 算法。实验结果如图 4.16～图 4.18 所示。图 4.16(a) 为原始 SAR 图像，来自美国 Sandia 国家实验室，成像区域包含一些灌木丛和一些车辆目标。参数 d 的值为 1.9291，表明此图像属于低信杂比图像。

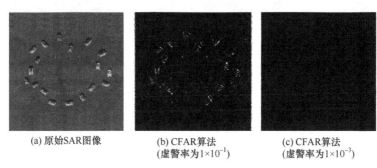

(a) 原始SAR图像   (b) CFAR算法（虚警率为1×10^{-1}）   (c) CFAR算法（虚警率为1×10^{-3}）

图 4.16　原始 SAR 图像和 CFAR 算法检测结果

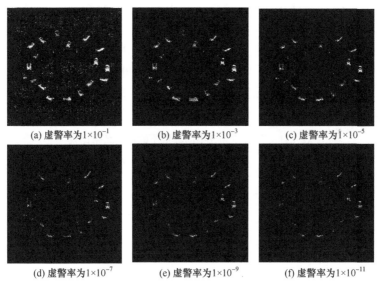

(a) 虚警率为1×10^{-1} (b) 虚警率为1×10^{-3} (c) 虚警率为1×10^{-5}

(d) 虚警率为1×10^{-7} (e) 虚警率为1×10^{-9} (f) 虚警率为1×10^{-11}

图 4.17　双参数 CFAR 算法在不同虚警率下的检测结果

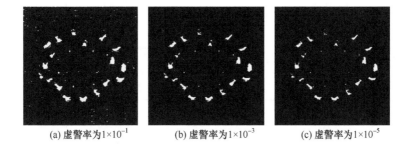

(a) 虚警率为1×10^{-1} (b) 虚警率为1×10^{-3} (c) 虚警率为1×10^{-5}

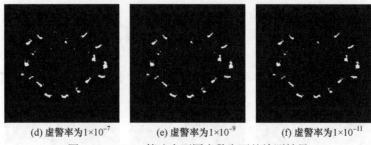

(d) 虚警率为1×10^{-7} (e) 虚警率为1×10^{-9} (f) 虚警率为1×10^{-11}

图 4.18 LSCR 算法在不同虚警率下的检测结果

图 4.16(b)和图 4.16(c)是由 CFAR 算法获得的检测结果，其中虚警率分别为 1×10^{-1} 和 1×10^{-3}。可以看出，CFAR 算法只能在较高的虚警率下检测到目标区域。图 4.17 和图 4.18 分别表示使用双参数 CFAR 算法和 LSCR 算法获得的实验结果。它们是在同等条件下进行实验的。从图 4.17 和图 4.18 可以看出，LSCR 算法得到的结果比双参数 CFAR 算法更准确，杂波也更少。如表 4.11 所示，当虚警率小于 1×10^{-3} 时，CFAR 算法无法检测到低信杂比 SAR 图像中的目标区域。当使用双参数 CFAR 算法时，检测到的目标数量也会随着虚警率的降低而减少；同时，检测到的目标区域细节信息的丢失逐渐增加。然而，对于 LSCR 算法，漏掉的目标和丢失的目标区域相对较小，并且随着虚警率的降低而缓慢增加。实验结果表明，LSCR 算法不仅能有效地检测低信杂比 SAR 图像中的目标，而且具有更高的准确性和鲁棒性。

表 4.11 图 4.16(a)在不同算法下的检测结果比较

虚警率	图 4.16(a)	CFAR 算法	双参数 CFAR 算法	LSCR 算法
	实际目标数	18	18	18
1×10^{-1}	检测目标数	18 (不清晰)	18	18
	虚检测数	大量杂波	较多杂波	一些杂波
1×10^{-3}	检测目标数	少量亮点	18	18
	虚检测数	0	少量杂波	几乎没有杂波
1×10^{-5}	检测目标数	0	17	18
	虚检测数	0	目标区域缺失	没有杂波
1×10^{-7}	检测目标数	0	16	18
	虚检测数	0	目标区域严重缺失	没有杂波
1×10^{-9}	检测目标数	0	15	17
	虚检测数	0	更多的区域缺失	部分目标漏检
1×10^{-11}	检测目标数	0	10	17
	虚检测数	0	非常严重的缺失	部分目标漏检

4.5　基于 Contourlet 变换的 SAR 图像变化检测算法

本节根据 SAR 成像机理和 Contourlet 变换的特点，提出一种基于 Contourlet 变换的 SAR 图像变化检测(Contourlet transform change detection, CTCD)算法[17]。该算法充分利用了 Contourlet 变换的多方向性和各向异性的特点，恰好与地物目标各向散射异性的特点吻合，也与 SAR 成像的方向敏感性吻合，因此 CTCD 算法用于不同时间 SAR 图像的处理，可以获得地物目标更加准确的细节变化信息。CTCD 算法的最大优点是，根据输入 SAR 图像分辨率的不同，通过设置 Contourlet 变换各分解尺度上分解方向的个数，可以获得地物目标的细节变化信息，同时对斑点噪声也有一定的抑制作用。

4.5.1　算法原理概述

CTCD 算法充分利用了 Contourlet 变换的优点和 SAR 成像机理。该算法首先对输入不同时间的 SAR 图像进行预处理，然后用 Contourlet 变换对其进行多尺度多方向分解，对对应的子图像分别进行差值运算，获得各子图像的差异图，再进行 Contourlet 逆变换，获得总的差异图像。用数学期望最大算法确定检测阈值[30]，可以获得最终的变化信息。CTCD 算法流程图如图 4.19 所示。具体实现步骤如下。

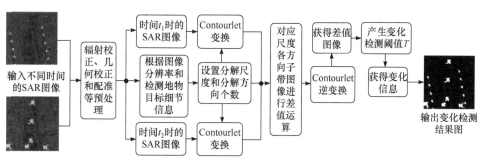

图 4.19　CTCD 算法流程图

(1) 输入 SAR 图像及预处理。输入不同时间的 SAR 图像，并对它们进行辐射校正、几何校正和配准等预处理。输入的 SAR 图像是由同一传感器在不同时间获得的同一区域的一对图像，即不同时间的 SAR 图像。

(2) 获得 SAR 图像的基本信息。这里主要对输入的 SAR 图像进行粗略估计。例如，判断输入的 SAR 图像是高分辨率图像还是低分辨率图像，图像包含的细节信息是否丰富等，为下一步的参数设置提供先验知识。

(3) 设置 Contourlet 变换参数。Contourlet 变换是一种多尺度多方向性的分解理论，而且分解尺度数和分解方向个数可以任意设置。只不过随着分解尺度数的增加，Contourlet 分解系数中包含的信息越来越细，其反映的是图像边缘和几何细节信息，也是图像中的高频部分。在图像的高频部分除了有用细节信息，还包含大量无用的噪声。对于 SAR 图像，主要是斑点噪声，通常情况下分解尺度数为 5 比较合适。分解方向个数既不能取无限大，也不能取得太小。过大会割裂边缘信息和几何细节信息，过小不能体现多方向性的特点。分解方向个数通常用 2^k 来表示，$k = 0,1,2,\cdots,N$，在实际应用中 k 最大的取值为 5，基本上可以满足实际需求。当然，它们要根据输入图像的分辨率，以及检测地物目标的细节信息来设置。若图像中地物目标的细节信息比较丰富，则可以设置得相对大一些；若细节信息不丰富，则可以设置得小一些。

(4) 对输入的 SAR 图像进行 Contourlet 变换。对预处理后的 SAR 图像对进行 Contourlet 变换，在变换之前需设置相应的变换参数，即 Contourlet 变换的多尺度分解数和方位向分解的方向个数，然后根据步骤(3)中设置的具体参数，分别对不同时间的 SAR 图像进行 Contourlet 分解。

(5) 获得各分解尺度各方向子带图像。经 Contourlet 变换后，可以获得不同时间 SAR 图像对各个尺度和各个方向的子带图像。

(6) 对子带图像进行差值运算。对不同时间相同尺度、相同方向的相应子图像进行差值运算，获得子图像的差异图。

(7) 进行 Contourlet 逆变换。对各尺度各方向的子带差异图进行 Contourlet 逆变换，可以获得总的图像差异图，即不同时间 SAR 图像的差异图。

(8) 确定变化检测阈值 T。变化检测阈值的确定是变化检测技术的关键，通常采用 EM 算法确定。EM 算法是一种常用的对不完整数据问题进行最大似然估计的算法，它不需要任何外来数据和先验知识，即不需要地面的实况数据，从观测数据本身就可以获得参数的估计值。它包括求期望值和求最大值两个阶段，两个阶段重复进行，直到收敛。

(9) 进行变化监测，获得变化信息。利用确定的阈值 T 在总的差异图上进行逐像素检测，就可获得变化信息，可用式(4.15)进行判断，即

$$I_{\mathrm{C}}(x,y) = \begin{cases} I_{\mathrm{D}}(x,y), & I_{\mathrm{D}}(x,y) \geqslant T \\ 0, & I_{\mathrm{D}}(x,y) < T \end{cases} \tag{4.15}$$

式中，$I_{\mathrm{C}}(x,y)$ 表示获得的变化信息的灰度值；$I_{\mathrm{D}}(x,y)$ 表示差异图中位置 (x,y) 像素点的灰度值。

这只是单阈值检测，如果要获得不同程度的变化信息，如变化增强或变化减弱，则可以设置不同的检测阈值获得相应的信息。

(10) 输出变化检测结果图。

4.5.2　实验结果与分析

　　为了验证 CTCD 算法的可行性、可靠性及优势，本节用不同的数据和算法进行比较实验。本节使用的数据既有机载 SAR 图像数据，也有星载 SAR 图像数据。实验算法是直接差值算法(direct difference algorithm, DDA)和 CTCD 算法。

　　在图 4.20 中，所用的实验数据来源于美国 Sandia 实验室公开的数据，其中图 4.20(a)为原始 SAR 图像，图 4.20(b)为 CTCD 算法的实验结果，图 4.20(c)为 DDA 的实验结果。图 4.20(a1)和图 4.20(a2)分别表示不同时间的 SAR 图像，即分别为变化前与变化后的 SAR 图像。SAR 图像中的地物目标为坦克，背景为灌木丛。假设图 4.20(a1)为时间 t_1 时的 SAR 图像，即变化前的图像，图 4.20(a2)为时间 t_2 时的 SAR 图像，即变化后的图像。相对于 t_1 时的 SAR 图像，t_2 时的 SAR 图像有增强的信息，即出现新的坦克目标，同样有减弱的信息，即 t_1 时的坦克目标消失。如果只使用单个阈值进行变化信息的检测，可以把新出现的坦克目标和消失的坦克目标一起检测到，但是不能区分哪些是新出现的目标，哪些是消失的目标，只知道发生了变化。如果使用双阈值，不但可以检测到目标的变化信息，而且可以区分哪些是增强的信息，哪些是减弱的信息，即增强区域和减弱区域。图 4.20(b)显示的是 CTCD 算法获得的变化信息，其中图 4.20(b1)是检测到的减弱目标区域，即实验中消失的目标；图 4.20(b2)是检测到的增强目标区域，即新出现的目标。为更清楚地显示目标信息，尤其是边缘信息和几何细节信息，采用伪彩色图像的

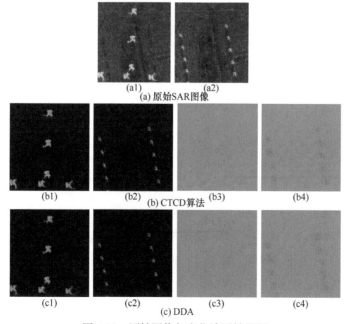

(a1)　　　　　　　(a2)
(a) 原始SAR图像

(b1)　　　　(b2)　(b) CTCD算法　(b3)　　　　(b4)

(c1)　　　　(c2)　(c) DDA　(c3)　　　　(c4)

图 4.20　原始图像与变化检测结果图

表示方式,如图 4.20(b3)和图 4.20(b4)所示,它们分别对应图 4.20(b1)和图 4.20(b2)。图 4.20(c)显示的是 DDA 变化检测结果,其中图 4.20(c1)是检测到的减弱目标区域,图 4.20(c2)是检测到的增强目标区域, 它们对应的伪彩色图像分别如图 4.20(c3)和图 4.20(c4)所示。从图 4.20(b)和图 4.20(c)可以看出, 利用 CTCD 算法获得的目标区域的细节信息比较丰富,而利用 DDA 获得的变化信息中的细节信息丢失较多, 这就是 CTCD 算法的最大优点, 即能获得更精确、更丰富的几何细节变化信息。

　　下面用一个实际的应用例子来验证 CTCD 算法的可靠性和优点。实验结果如图 4.21 所示。实验数据来源于星载 RADARSAT-1, 成像区域是安徽省蚌埠市某地区。图 4.21(a1)和图 4.21(a2)是受灾前后的原始 SAR 图像,它们获取的时间分别为 2001年和 2005 年的夏季。由于受到洪水的淹没, 所以在图 4.21(a2)呈现一片暗的区域。经 CTCD 算法获得的变化结果如图 4.21(b1)和图 4.21(b2)所示, 其中图 4.21(b1)表示没有被洪水淹没的区域,图 4.21(b2)表示被洪水淹没的区域。图 4.21(c1)和图 4.21(c2)为 DDA 获得的变化信息,其中图 4.21(c1)表示没有被洪水淹没的区域,图 4.21(c2)表示被洪水淹没的区域。因为图 4.21(b1)和图 4.21(b2)的检测效果优于图 4.21(c1)和图 4.21(c2)的检测效果, 所以进一步表明 CTCD 算法获得的细节信息要比常用的 DDA 获得的细节信息准确, 而且可用于监视洪水灾害的变化。

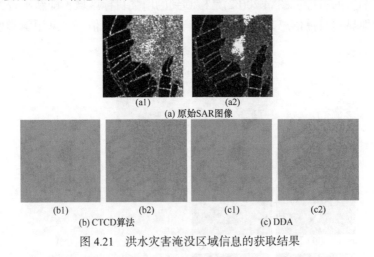

(a1)　　　　　　(a2)
(a) 原始SAR图像

(b1)　　　　(b2)　　　　(c1)　　　　(c2)
(b) CTCD算法　　　　　(c) DDA

图 4.21　洪水灾害淹没区域信息的获取结果

4.6　基于非下采样 Contourlet 变换的 SAR 图像特征提取及目标检测

　　4.5 节主要研究 Contourlet 变换及其在 SAR 图像特征提取方面的应用, 由于 Contourlet 变换得到的方向子带系数与原始 SAR 图像像素点之间不存在对应的平移关系，在捕捉图像的奇异性(如边缘或纹理)时，会导致伪吉布斯现象。Cunha 等[9]于 2006 年提出一种改进后的 Contourlet 变换，即 NSCT。NSCT 继承了 Contourlet 变换的多尺度多方向性、局域频谱特性和各向异性等优点，同时发展了平移不变性的优势，因此其被提出之后立即得到许多学者的重视和应用推广[31,32]。下面重点讨论 NSCT 理论原理及其在 SAR 图像处理中的应用[16]。

4.6.1 基于 NSCT 的系数特征提取与分析

与 Contourlet 变换相比，NSCT 的优点是具有平移不变性，即经 NSCT 获得的子带图像与原始图像的尺寸大小相同。用 NSCT 对一幅大小为 256×256 的 SAR 图像进行多尺度分解，分解尺度为 4，方位向分解的方向个数分别为 2、4、8、16，结果如图 4.22 所示。其获得过程是先将图像进行分解，如果提取某个分解尺度的系数特征图，那么把其他分解尺度特征系数全部预置为零，再进行逆变换。图 4.22(a)是原始 SAR 图像，图 4.22(b)是低频近似系数特征图，即粗糙尺度系数，图 4.22(c)~图 4.22(f)分别为第一~四尺度系数特征图，图 4.22(f)为最精细分解尺度。由于 NSCT 是一种平移不变性变换，所以各分解尺度系数可以直接由各尺度方向子带图像几何相加获得。图 4.23 为第二分解尺度 4 个不同方向的系数特征子图。从图 4.22 和图 4.23 可以看出，当分解尺度由粗糙尺度到精细尺度变换时，反

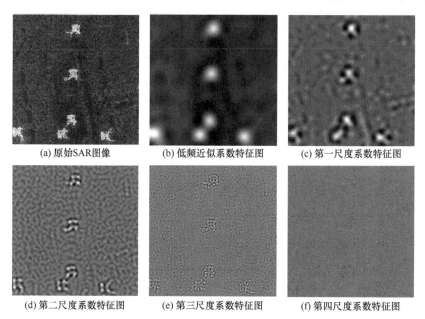

(a) 原始SAR图像	(b) 低频近似系数特征图	(c) 第一尺度系数特征图
(d) 第二尺度系数特征图	(e) 第三尺度系数特征图	(f) 第四尺度系数特征图

图 4.22 NSCT 分解后各系数重构图

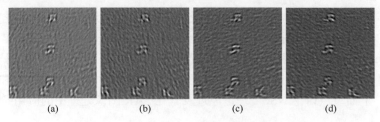

(a)　　　　　　　(b)　　　　　　　(c)　　　　　　　(d)

图 4.23　第二分解尺度的各方向系数特征子图

映的信息由背景信息或趋势信息逐渐转变到边缘信息和几何细节信息,但是当分解尺度超过 4 时,获得的主要是噪声,也就是说在高频系数特征图中,除了细节信息,还包含大量的噪声信息。因此,对于低分辨率图像,可以舍弃高分解尺度系数达到去噪的目的,直接获取细节尺度系数即可。从图 4.22 和图 4.23 可以发现,虽然两种获取分解尺度系数的过程不同,但是它们所反映或包含的信息几乎一样,因此可以得出一个结论,即用 NSCT 对图像进行分解,直接对各方向子带图像进行相加运算就可获得各尺度系数,而不必再进行 NSCT 逆变换。

　　NSCT 分解系数结构也通常用 $C\{j\}\{l\}(k_1,k_2)$ 表示,其中 j 表示尺度系数, l 表示方向, (k_1,k_2) 表示尺度层第 (k_1,k_2) 个方向的矩阵坐标。NSCT 分解系数提取实验中 l 的值分别设为 1、2、3、4,即各分解尺度上的分解方向个数分别为 2、4、8、16,图像的大小为 256×256 。尺度为 4 的 NSCT 系数结构如表 4.12 所示。在进行分解时,每个分解尺度上的方向分解个数可以任意设置为 2^l , $l=0,1,\cdots,M$ 。随着方向个数的增加,计算量会成倍增长。NSCT 过程中要进行上采样,从而避免输出的是下采样图像,因此其计算量要明显大于 Contourlet 变换,运算时间也明显增加。如果不进行逆变换,反而会减少运算量并节省时间。这就是非下采样变换的一个优势。

表 4.12　尺度为 4 的 NSCT 系数结构

尺度	尺度系数 (j)	方向个数 (2^l)	矩阵坐标形式 (k_1,k_2)
粗尺度	$C\{1\}$	1	256×256
细节尺度	$C\{2\}$	2(1×2)	256×256
细节尺度	$C\{3\}$	4(1×4)	256×256
细节尺度	$C\{4\}$	8(1×8)	256×256
精细尺度	$C\{5\}$	16(1×16)	256×256

4.6.2　基于 NSCT 的目标检测

当 CFAR 目标检测算法用于 SAR 图像时, 通常要求图像有强的对比度, 实际上这很难满足。为提高 SAR 图像目标的检测率, 特别是低信噪比图像, 本节从 SAR 成像机理入手, 提出一种新的基于 NSCT 的 SAR 图像目标提取(target detection based on NSCT, TD-NSCT)算法。该算法融合了 CFAR 检测器和 NSCT 的优点, 通过对分解系数特征的选取和组合, 达到改善 SAR 图像 SNR、提高 SAR 目标检测率的目的。利用不同实际 SAR 图像数据和不同算法进行比较实验, 实验结果表明 TD-NSCT 算法能有效提高 SAR 目标的检测率, 特别是对于隐藏地物目标的低信噪比 SAR 图像。

TD-NSCT 算法利用 NSCT 对输入的 SAR 图像进行多尺度多方向分解, 获得各分解尺度系数, 并根据实际需求对这些系数进行相应处理。同时, 对 SAR 图像进行判断, 根据判断结果(高信噪比图像、低信噪比图像), 依据不同的 SNR 图像选择不同的分解系数特征图进行融合, 获得最终的目标检测系数特征图, 再利用 CFAR 算法或改进 CFAR 算法对 SAR 目标进行检测。TD-NSCT 算法原理框图如图 4.24 所示。该算法的关键步骤是根据输入图像的特征选择系数特征图。系数特征图选择的合适与否将影响目标检测信息的有效提取。TD-NSCT 算法的具体实现步骤如下。

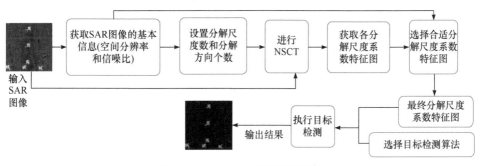

图 4.24　TD-NSCT 算法原理框图

(1) 输入 SAR 图像。

(2) 获取 SAR 图像的基本信息。对输入的 SAR 图像进行简单处理, 主要是获取 SAR 图像的基本信息, 包括空间分辨率和 SNR。其目的有两个: 一是确定 NSCT 的分解尺度数和分解方位个数; 二是选择合适的特征系数。按空间分辨率不同, 遥感图像可分为中低分辨率图像和高分辨率图像。一般情况下, 把图像空间分辨率小于 1m 的图像称为高分辨率遥感图像, 其余的统称为中低分辨率图像。

(3) 设置 NSCT 分解参数。对输入的 SAR 图像进行 NSCT 前，应设置分解尺度数 J 和分解方向个数 l_j。对于不同分辨率和不同 SNR 的图像，参数设置通常有所不同。高分辨率和高信噪比图像参数的值一般会设置得高一些，而低分辨率和低信噪比图像的参数值会设置得低一些。通常情况下，J 设置为小于或等于 4，因为当分解尺度大于 4 时，获得的尺度特征几乎是噪声信息或背景信息。l_j 通常也设为小于或等于 4，即某个分解尺度 j 上最多设置 16 个分解方向。这是因为分解方向个数增大时，计算量会成倍增长，影响整个变换的效率。同时，对于高分辨率图像，如果分解方向个数太多，反而会破坏目标的几何细节信息。这一步参数的设置通常根据步骤(2)的信息来设置。

(4) 进行 NSCT 多尺度分解。根据步骤(3)设置的参数，对输入的 SAR 图像进行多尺度多方向性的 NSCT 分解运算。

(5) 获得各分解尺度系数特征图。对 SAR 图像分解后，获得各分解尺度系数特征图有两种算法：一是某分解尺度系数特征保持不变，其他分解尺度系数和低频系数特征设置为零，然后进行 NSCT 逆变换，即可获得该分解尺度的系数特征图；二是各分解尺度上所有方向子带图像进行非相干求和运算，即可获得该分解尺度系数特征图。因为各方向子带图和原始 SAR 图像具有相同尺寸，所以可直接进行相加运算。这里选择后者获得分解尺度系数特征图。

(6) 选择系数特征。在获得各分解尺度系数特征图后，并不是所有的系数特征图都用来进行目标检测。根据步骤(2)获得的 SAR 图像基本信息选择部分分解尺度系数特征图并进行组合。这是因为不同目标在不同条件下获得的 SAR 图像包含的信息不完全相同，所以在选择特征图时，要根据输入 SAR 图像的 SNR 和空间分辨率做出决定。这样有利于提高计算效率，突出某些特征，达到便于检测和提高检测效率的目的。如果输入的 SAR 图像是低分辨率和低信噪比图像，目标的细节本来不是很清晰，此时只需检测目标的有无，选择一个或几个精细尺度系数特征图来检测目标；相反，如果是高分辨率和高信噪比 SAR 图像，此时目标细节信息比较丰富，应选择高尺度系数特征图检测目标。

(7) 获得最终分解尺度系数特征图。对步骤(6)中选中的分解尺度系数特征图进行相加运算，获得用于目标检测的最终分解尺度系数特征图。

(8) 选择目标检测算法。目标检测算法很多，但是每种算法的优缺点不同，适用范围不同，检测效果也不完全相同。

(9) 对特征图像进行检测，输出最后的检测结果。

为验证 TD-NSCT 算法的可行性和适应性，我们选择不同传感器的 SAR 图像进行比较实验，如机载 SAR 图像和星载 SAR 图像；选择不同信杂比的 SAR 图像进行比较实验，有信杂比高的 SAR 图像，也有信杂比低的 SAR 图像；检测算法为 TD-NSCT 算法和 CCFAR 算法。因为 CCFAR 算法已经是一种较优的算法，尤其在小目标、弱散射和隐藏等低信杂比图像中的目标检测。原始图像与实验结果如图 4.25 所示。在图 4.25 中，(a)是原始 SAR 图像，(a1)~(a4)、(b1)~(b4)、(c1)~(c4)分别表示不同的机载 SAR 图像，它们的信杂比不同；(a5)和(a6)、(b5)和(b6)、(c5)和(c6)是星载 SAR 图像，它们成像的背景是海洋，包含的目标是舰船。图 4.25(b)和图 4.25(c)中的参数说明与图 4.25(a)中的参数说明完全一样，而且它们的结果都是在同样的条件下获得的，即在相同恒虚警率下进行的目标检测。从图 4.25(a1)~图 4.25(c1)可知，CCFAR 算法检测的效果要比 TD-NSCT 算法好，因为该图像具有较高的信杂比，并且目标的几何细节信息和边缘信息都比较丰富。对于图 4.25(a2)~图 4.25(c2)，两者的检测效果差不多，虽然此时的信杂比也比较高，但是对目标的细节信息要求不高。图 4.25(a3)~图 4.25(a6)、图 4.25(b3)~图 4.25(b6)、图 4.25(c3)~图 4.25(c6)属于低信杂比图像，此时，对于不同的 SAR 图像，TD-NSCT 算法的检测效果要优于 CCFAR 算法。例如，在图 4.25(a4)~图 4.25(c4)圆圈中的目标，用 CCFAR 算法没有检测到目标，但是用 TD-NSCT 算法检测到了目标。所以，图 4.25 的实验结果充分表明，对于低分辨率和低信杂比的 SAR 图像，TD-NSCT 算法是一种非常有效的目标检测算法，而且它既适用于机载 SAR 图像，也适用于星载 SAR 图像。

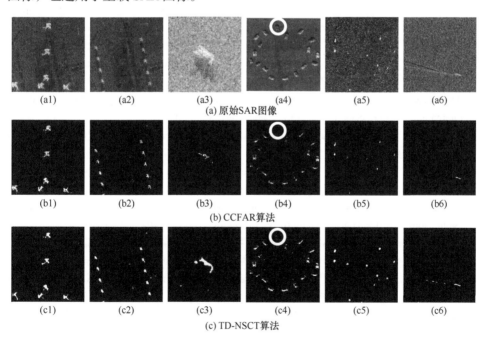

图 4.25　原始图像与实验结果

4.7　本 章 小 结

多尺度几何分析理论是非常重要的信号和图像处理算法，尤其是多方向性非常适合 SAR 图像的处理及应用。多尺度几何分析理论涉及的算法比较多，这里重点讨论了 Curvelet 变换、轮廓波变换和 NSCT 等理论，它们的特点比较明显。本章主要利用多尺度和分解尺度的多方向性提取遥感图像的特征，包括图像质量改善、目标检测、特征提取和变化信息获取等。算法均用实际的遥感图像进行了实验验证，效果较好。

参 考 文 献

[1] Candès E J. Ridgelets: theory and applications[D]. Stanford: Stanford University, 1998.

[2] Candès E J. Monoscale Rideglets for the representation of images with edges[R]. Stanford: Technical Report, Department of Statistics, Stanford University, 1999.

[3] Candès E J, Donoho D L. Curvelets-a surprisingly effectively nonadaptive representation for objects with edges[C]//Curve and Surface Fitting, 1999: 1-10.

[4] Candès E J, Donoho D L. New tight frames of curvelets and optimal representations of objects with piecewise-C2 singularities[J]. Communications on Pure & Applied Mathematics, 2004, 57: 219-266.

[5] Candès E J, Donoho D L, Ying L. Fast discrete Curvelet transforms[J]. Multiscale Modeling and Simulation, 2006, 5(3): 861-899.

[6] Do M N, Vetterli M. Contourlets: a directional multiresolution image representation[C]// International Conference on Image Processing, 2002: 357-360.

[7] Burt P J, Adelson E H. The Laplacian pyramid as a compact image code[J]. IEEE Transaction on Communication, 1983, 31(4): 532-540.

[8] Bamberger R H, Smith M J T. A filter bank for the directional decomposition of images: theory and design[J]. IEEE Transaction on Signal Processing, 1992, 40(4): 882-893.

[9] Cunha A L, Zhou J, Do M N. The nonsubsampled Contourlet transform: theory, design and applications[J]. IEEE Transaction on Image Processing, 2006, 15(10): 3089-3101.

[10] 黄世奇. 多尺度多方向的 SAR 图像处理与特征提取[R]. 西安: 火箭军工程大学, 2013.

[11] Huang S Q, Su P F. Analysis and selection of coefficient feature by Curvelet transform for SAR images[C]//IEEE Advanced Information Technology, Electronic and Automation Control Conference, 2015: 1069-1072.

[12] Huang S Q, Huang W Z, Zhang T, et al. A statistical and Wiener filtering algorithm based on Curvelet transform for SAR images[J]. International Journal of Remote Sensing, 2016, 37(23):5581-5604.

[13] Huang S Q, Su P F, Wang Y. Feature analysis and selection of SAR image based on Contourlet transform[J]. Applied Mechanics and Materials, 2014, 632(1): 431-635.

[14] Huang S Q, Liu Z G, Liu Z, et al. A target detection method for low signal to noise ratio SAR images[J]. Journal of Residuals Science & Technology, 2016, 13(7): 1-11.

[15] Huang S Q, You H. Coefficient feature extraction and analysis on SAR image with non-subsampled Contourlet transform[J]. Advanced Materials Research, 2014, 1076(3): 1982-1986.

[16] 黄世奇, 黄文准, 张婷. 基于 NSCT 分解系数的 SAR 图像目标检测算法[J]. 计算机应用研究, 2016, 33(12): 3884-3888.

[17] Huang S Q, Huang W Z, Zhang T. A change detection method of multi-temporal SAR images based on Contourlet transform[J]. International Journal of Remote Sensing Applications, 2016, 6: 52-64.

[18] Emmanuel J C, David L D. Continuous Curvelet transform II [J]. Discretization and Frames, Applied and Computational Harmonic Analysis, 2005, 19(2): 198-222.

[19] MSTAR. MSTAR 官方数据集[EB/OL]. https://download.csdn.net/download/minixiguazi/10330722 [2007-06-30].

[20] Song Y P, Lou J, Jin T. A novel II-CFAR detector for ROI extraction in SAR image[C]//IEEE International Conference on Signal Processing, Communication and Computing, 2013: 1-4.

[21] Qin X X, Zhou S L, Zou H X, et al. A CFAR detection algorithm for generalized Gamma distributed background in high-resolution SAR images[J]. IEEE Transactions on Geoscience and Remote Sensing Letters, 2013, 10(4): 806-810.

[22] An W T, Xie C H, Yuan X Z. An improved iterative censoring scheme for CFAR ship detection with SAR imagery[J]. IEEE Transactions on Geoscience and Remote Sensing, 2014, 52(8): 4585-4595.

[23] Shanthi I, Valarmathi M L. Comparison of wavelet, Contourlet and Curvelet transform with modified particle swarm optimization for despeckling and feature enhancement of SAR image[C]//International Conference on Signal Processing, Image Processing and Pattern Recognition, 2013: 1-9.

[24] Ye C Q, Zhang L W, Zhang Z Y. SAR and panchromatic image fusion based on region features in nonsubsampled Contourlet transform domain[C]//IEEE International Conference on Automation and Logistics, 2012: 358-362.

[25] Tao R, Wan H, Wang Y. Artifact-free despeckling of SAR images using Contourlet[J]. IEEE Transactions on Geoscience and Remote Sensing Letters, 2012, 9(5): 980-984.

[26] 何友, 关键, 彭应宁 等. 雷达自动检测与恒虚警处理[M]. 北京: 清华大学出版社, 1999.

[27] Novak L M, Owirka G J, Netishen C M. Performance of a high resolution polarimetric SAR automatic target resolution system[J]. Lincoln Laboratory Journal, 1993, 6(1):11-23.

[28] Gandhi P P, Kassam S A. Analysis of CFAR processors in nonhomogeneous background[J]. IEEE Transactions on Aerospace and Electronic Systems, 1988, 24(4): 427-445.

[29] Huang S Q, Liu D Z, Gao G Q, et al. A novel method for speckle noise reduction and ship target detection in SAR images[J]. Pattern Recognition, 2009, 42 (7): 1533-1542.

[30] Moon T K. The expectation-maximization algorithm[J]. Signal Processing, 1996, 13(6): 47-60.

[31] Ch M M I, Ghafoor A, Bakhshi A D, et al. Medical image fusion using non subsampled

Contourlet transform and iterative joint filter[J]. Multimedia Tools and Applications, 2022, 81(3): 4495-4509.

[32] Liu L, Jia Z H, Yang J, et al. A remote sensing image enhancement method using mean filter and unsharp masking in non-subsampled Contourlet transform domain[J]. Transactions of the Institute of Measurement and Control, 2017, 39(2):183-193.

第5章 基于经验模态分解的 SAR 图像处理

5.1 引　言

前面章节重点讨论了小波多尺度变换理论和多尺度几何变换理论在遥感图像处理中的应用情况。不论是普通小波变换、双密度双树复小波变换，还是 Curvelet 变换都有一个共同点，即变换前要选择基函数，而且基函数的不同对最后变换结果产生的影响也不同，这是因为基函数的选择与先验知识有极大的关系。经验模态分解(empirical mode decomposition, EMD)是一种全新的多尺度变换理论，无须选择基函数，而是根据信号本身的特征进行自适应调整。所以，EMD 理论优于主观选择基函数的小波变换和多尺度几何分析理论，或者说能够克服这些变换的固有缺陷。EMD 既可以处理线性和平稳信号，也可以处理非线性和非平稳信号，尤其在非线性和非平稳信号处理方面有着较大的优势。由一维 EMD 发展而成的二维经验模态分解(bidimensional empirical mode decomposition, BEMD)理论，在图像二维信号方面有着巨大的应用潜力。SAR 图像是地物目标后向散射特征空间在影像空间的映射，而且 SAR 向地物目标发射的典型电磁波是线性调频信号，因此 SAR 接收的回波信号也是典型的非平稳信号。这表明，EMD 也非常适合非平稳信号的 SAR 图像处理。本章着重探讨 EMD 在 SAR 图像处理中的应用问题，包括基于 EMD 的 SAR 图像特征提取、目标检测和变化信息提取等方面的内容[1-7]。

5.2　多尺度经验模态分解理论概述

EMD 理论是 Huang 等[8]在 1998 年提出来的。一个信号经第一次 EMD 后，可获得其固有模态函数(intrinsic mode function, IMF)和一个余项，然后对该余项继续进行 EMD，可获得各级 IMF 和余项，最后将信号分解后获得的各尺度 IMF 进行 Hilbert 变换，形成时间频率能量谱，从而获得瞬时频率，也就是 Hilbert 谱。这两者合称为 Hilbert-Huang 变换(Hilbert-Huang transform, HHT)，是一种完全数据驱动的非线性和非平稳信号处理理论。它是一种完全自适应的多尺度分析算法，不同于传统的信号处理分析算法，如傅里叶变换和小波变换。HHT 的核心部分是

EMD，其基函数随信号自适应产生，而且不同信号的基函数是唯一的，不需要选择。小波多尺度分析理论通过选择不同的小波基函数来实现尺度的调整，这些小波基函数是相互独立的，与具体的信号没有任何关系。因此，它们在处理信号时，尤其是对图像信息的分析，容易造成部分细节信息的遗漏。EMD 是数据驱动的信号处理算法，自推出以来就广泛应用于各种非线性和非平稳信号处理中，如语音信号、心音信号、地震信号、水波信号、海洋环流信号、机械振动信号、生物医学、故障诊断和经济数据分析等[8-14]。

EMD 经过二十多年的发展，取得许多成果。虽然理论上还有许多缺陷，还不够完善，但是 EMD 在实际应用中得到了不断改善[15]，由一维的 EMD 拓展到二维的 EMD。从 2001 年开始，国内外学者先后提出 BEMD 的思想，并将其应用在图像处理领域，如图像压缩、图像去噪、纹理特征提取[16-19]。

EMD 是利用信号自身特征对信号进行分解的，因此不但是一种完全的数据驱动的信号处理算法，而且是一种自适应的变尺度分析算法。EMD 的基本思路是，首先找出信号的局部极大值点和局部极小值点，然后对这些极值点进行曲线插值，即可获得信号的上包络线和下包络线，然后利用筛选算法把符合 IMF 的信号依次分解出来。一个信号可以分解成若干个 IMF 和一个余量。IMF 的筛选需满足两个条件[8]：一是极值点数目与过零点数目相差不超过 1；二是分量的局部极值点定义的上下包络的局部均值接近于零。第一个条件限定了 IMF 的窄带振荡特性，第二个条件限定了 IMF 包络的对称性，从而保证该分量不包含其他模式分量。因此，所有的 IMF 分量都是相互独立的。EMD 算法实质上是一种信号筛选法，它根据信号本身的特性，按照频率由高到低的顺序逐层筛选信号本身的 IMF。假设某个给定的信号为 $x(t)$，经 EMD 后，信号 $x(t)$ 可以分解为若干 IMF 分量和一个余量，即

$$x(t) = \sum_{i=1}^{M} \mathrm{imf}_i(t) + R_M(t) \tag{5.1}$$

式中，M 为 EMD 的第 M 次筛选，其取值为大于或等于零的整数，当 $M = 0$ 时，$r_0(t) = x(t)$，即没有进行任何分解。

在实际应用中，IMF 的条件很难达到，因此文献[8]定义了一个 SD 参数作为循环筛分环节结束的判断条件，其定义为

$$\mathrm{SD} = \sum_{t=0}^{T} \frac{|d_{i-1}(t) - d_i(t)|^2}{d_{i-1}^2(t)} \tag{5.2}$$

式中，$T \in \{0, 1, 2, \cdots, T\}$ 为所有时刻；i 为大于等于 1 的整数，即 EMD 筛选的次数；

理想的 SD 值在 0.2～0.3。

当满足这个条件时，本层筛分过程结束。在第一次筛分结束后，即可获得第一个 IMF 分量 $\mathrm{imf}_1(t)$，其为原始数据中的最高频率分量，包含最精细的尺度或信号最短的周期分量，以后的 IMF 分量包含的高频成分依次减少，尺度逐渐增加。图 5.1 为一个随机正弦信号经 EMD 后的各阶 IMF 分量和余量，筛分次数为 10，整个信号产生的点是 512 个。

在图 5.1 中，$\mathrm{imf}_1,\mathrm{imf}_2,\cdots,\mathrm{imf}_{10}$ 表示第一尺度到第十尺度的 IMF 分量。从图 5.1 可以看出，当分解尺度大于 5 时，各 IMF 分量包含的高频信息显著减少。这表明，利用 EMD 对信号进行分解时，高频成分主要集中在前 4 个 IMF 分量中。这一点与 PCA 理论及小波分析理论类似。所以，当利用 EMD 理论分析二维图像时，分解尺度小于或等于 5 即可。

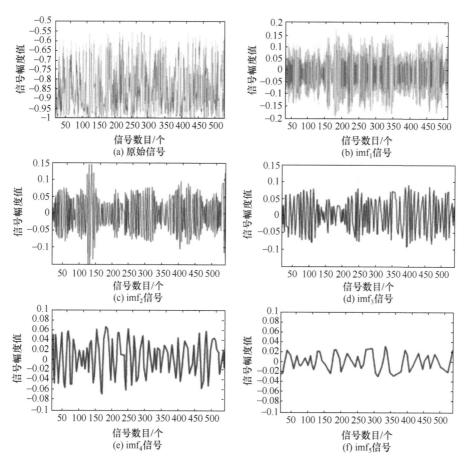

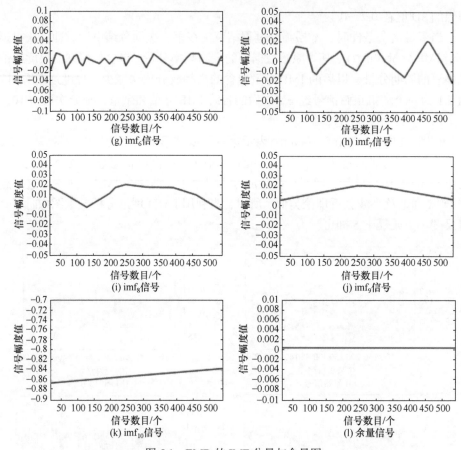

图 5.1　EMD 的 IMF 分量与余量图

　　BEMD 的分解思想和 EMD 的分解思想相同,通过筛选的算法将一个复杂的二维信号分解成若干二维固有模态函数(bidimensional intrinsic mode function, BIMF)和一个余量。每个 BIMF 是相互独立的,包含原始信号不同频率和不同空间的局部特征信号。与 EMD 一样,BEMD 筛分得到的 BIMF 分量必须满足两个条件:一是图像的极值点数目和零点数目必须相等或相差最多不超过 1;二是由局部极大值点形成的包络面和局部极小值点形成的包络面的平均值为零。BEMD 过程与 EMD 过程是相同的。同样,BEMD 的分解理论中也需要解决三个问题,即极值点的提取及插值形成包络面的问题、边界效应问题和筛分终止条件问题。

　　一幅图像 $I(x,y)$ 经 BEMD 后,最终可表示成若干 BIMF 分量和余量之和,表达式为

$$I(x,y) = \sum_{i=1}^{M} \text{bimf}_i(x,y) + R_M(x,y) \tag{5.3}$$

5.3　图像二维固有模态函数特征分量的提取

二维图像 BIMF 特征分量的提取有两种方式：一种是基于 EMD 的特征提取，其实质是把二维图像信号的每一行或每一列作为一个矢量信号，在行方向或列方向对矢量信号进行一维 EMD。这是一种简单和直观的 BEMD 算法，是一维 EMD 算法的逻辑推广。由于这种算法只考虑二维图像水平像素和垂直像素之间的关系，没有系统考虑二维图像中某像素的空间关系，即某个像素与其周围像素之间的关系，因此种算法对水平方向和垂直方向有明显特征的图像有较好的分析效果，有利于提取水平方向和垂直方向的细节信息。另一种是直接的 BEMD 算法提取特征分量。不论是哪种算法，边界效应问题是 EMD 的核心内容之一，对于图像信号处理，通常采用镜像延拓的算法进行处理。在对二维图像进行 EMD 之前，应对图像的四周按一定窗口大小进行镜像延拓处理。

5.3.1　一维经验模态分解提取图像固有模态函数特征

当用 EMD 算法提取 BIMF 特征分量时，注意在进行 EMD 前，一定要对图像进行边界镜像延拓处理，以减少边界效应问题。当把二维图像信号当作一维信号处理时，极值点的寻找比较简单，对于极值点的插值算法，通常有样条插值法、径向基函数插值法和有限元插值法等。本节实验均采用样条插值法。图 5.2 为 Lena 图像，其大小为 256×256。下面从水平方向和垂直方向提取图 5.2 的 BIMF 特征分量。

图 5.2　Lena 图像

图 5.3 所示的结果是图 5.2 按水平方向进行 EMD 获得的结果。图 5.4 为图 5.3 中 BIMF 对应的余量。从图 5.3 可知，当分解尺度大于 3 时，BIMF 分量特征逐渐变得模糊，当分解尺度大于 5 时，边缘信息和几何细节信息丢失严重。同

样，在图 5.4 中，当分解尺度大于 3 时，余量特征也逐渐变得模糊。其中，图 5.3(a)～(f)分别为第一到第六尺度 BIMF 分量，图 5.4(a)～(f)分别为第一到第六尺度余量。

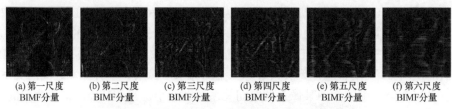

(a) 第一尺度　　(b) 第二尺度　　(c) 第三尺度　　(d) 第四尺度　　(e) 第五尺度　　(f) 第六尺度
BIMF分量　　　BIMF分量　　　BIMF分量　　　BIMF分量　　　BIMF分量　　　BIMF分量

图 5.3　图 5.2 按水平方向获得的 BIMF 各分量

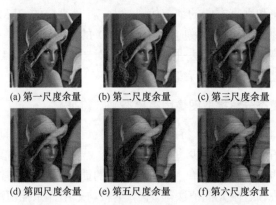

(a) 第一尺度余量　　(b) 第二尺度余量　　(c) 第三尺度余量

(d) 第四尺度余量　　(e) 第五尺度余量　　(f) 第六尺度余量

图 5.4　图 5.3 中各 BIMF 分量对应的余量

图 5.5 所示的结果是图 5.2 按垂直方向进行 EMD 所获得的结果。图 5.6 为图 5.5 中 BIMF 对应的余量。图 5.5 和图 5.6 反映的规律与图 5.3 和图 5.4 一样。这表明，不论是按水平方向还是垂直方向，都能获得二维图像各尺度 BIMF 分量的特征，但随着分解尺度的增加，细节信息逐渐减少，尤其是当分解尺度大于 5 时，细节信息迅速减少，这与 5.2 节的分析结果一样。

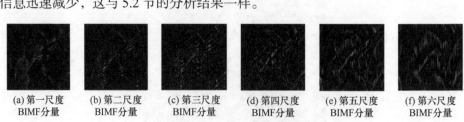

(a) 第一尺度　　(b) 第二尺度　　(c) 第三尺度　　(d) 第四尺度　　(e) 第五尺度　　(f) 第六尺度
BIMF分量　　　BIMF分量　　　BIMF分量　　　BIMF分量　　　BIMF分量　　　BIMF分量

图 5.5　图 5.2 按垂直方向获得的 BIMF 各分量

从图 5.3 和图 5.5 可知，基于 EMD 的 BIMF 特征提取的算法不但简单，而且计算量少，能较好地反映图像细节信息，避免 BEMD 中存在的一些问题。不论是水平方向分解还是垂直方向分解，第一个 BIMF 特征，即 $bimf_1$ 包含的信息量最

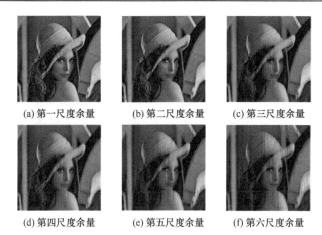

(a) 第一尺度余量　　　　(b) 第二尺度余量　　　　(c) 第三尺度余量

(d) 第四尺度余量　　　　(e) 第五尺度余量　　　　(f) 第六尺度余量

图 5.6　图 5.5 中各 BIMF 分量对应的余量

清晰，因为实验的图像几乎不含噪声。如果图像包含噪声，那么 $bimf_1$ 特征不一定是最清晰的，原因是噪声通常也在高频部分，因此 $bimf_1$ 特征中包含的噪声也相对较多。图 5.3(b)、图 5.3(c)、图 5.5(b) 和图 5.5(c) 包含的细节信息比较多，但是从图 5.3(d) 和图 5.5(d) 开始细节信息逐渐模糊，表明目标的边缘信息和几何细节信息主要包含在第二尺度和第三尺度 BIMF 分量中。图 5.3(b) 和图 5.5(b)，以及图 5.3(c) 和图 5.5(c) 包含的信息也不一样，因为它们从不同的方向进行 EMD，能够提取不同方向的空间信息。

　　如图 5.7 所示，图 5.7(a) 是图 5.3(a) 和图 5.5(a) 的融合，反映全部的第一个 BIMF 特征，即 $bimf_1$；图 5.7(b) 是图 5.3(b) 和图 5.5(b) 的融合，其他的依此类推。图 5.8 是对应图 5.7 中相应 BIMF 的余量。同样，图 5.8(a) 是图 5.4(a) 和图 5.6(a) 的融合，图 5.8(b) 是图 5.4(b) 和图 5.6(b) 的融合，其他依此类推。图 5.7 和图 5.8 反映的规律与图 5.3 和图 5.4，以及图 5.5 和图 5.6 中的规律一样。

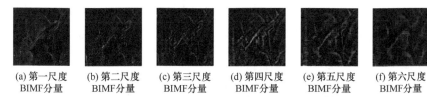

(a) 第一尺度　　(b) 第二尺度　　(c) 第三尺度　　(d) 第四尺度　　(e) 第五尺度　　(f) 第六尺度
　BIMF分量　　　BIMF分量　　　BIMF分量　　　BIMF分量　　　BIMF分量　　　BIMF分量

图 5.7　垂直方向和水平方向分解后对应 BIMF 分量融合的特征图

　　图 5.9 表示的是图 5.7 中各 BIMF 分量的融合情况，融合时假设权值相等。其中，图 5.9(a) 是第一和第二尺度 BIMF 特征的融合，图 5.9(b) 是第一至第三尺度 BIMF 特征的融合，图 5.9(c) 是第一至第四尺度 BIMF 特征的融合，图 5.9(d) 是第一至第五尺度 BIMF 特征的融合，图 5.9(e) 是第一至第六尺度 BIMF 特征的融合，图 5.9(f) 是第一至第七尺度 BIMF 特征的融合，图 5.9(g) 是第二和第三尺度 BIMF

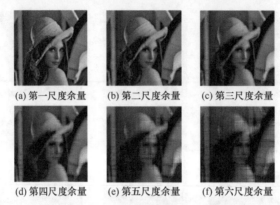

(a) 第一尺度余量　　　(b) 第二尺度余量　　　(c) 第三尺度余量

(d) 第四尺度余量　　　(e) 第五尺度余量　　　(f) 第六尺度余量

图 5.8　图 5.7 中各 BIMF 分量对应的余量

特征的融合，图 5.9(h)是第二至第四尺度 BIMF 特征的融合，图 5.9(i)是第二至第五尺度 BIMF 特征的融合,图 5.9(j)是第三和第四尺度 BIMF 特征的融合,图 5.9(k)是第三至第五尺度 BIMF 特征的融合，图 5.9(l)是第四和第五尺度 BIMF 特征的融合。从图 5.9 可以看出，图 5.9(a)包含的细节信息不足，图 5.9(b)和图 5.9(c)可以充分反映目标的几何细节信息，图 5.9(d)~(f)反映的细节信息开始有点模糊，这与图 5.3 和图 5.5 反映的规律一样。从第四尺度 BIMF 特征开始，特征信息变得模糊，因为主要细节信息都集中在第二和第三尺度 BIMF 分量。图 5.1 也说明了这一点，在 imf_4 和 imf_5 之间，即第四本征模态函数特征与第五本征模态函数特征之间有一个较大的区别。图 5.9(g)、图 5.9(h)和图 5.9(j)还可以反映目标几何细节信息，图 5.9(i)、图 5.9(k)和图 5.9(l)不能充分反映目标的细节信息。因此，从目视的角度来看，图 5.9(b)、图 5.9(c)、图 5.9(g)、图 5.9(h)和图 5.9(j)可用于提取遥感图像中的目标特征。

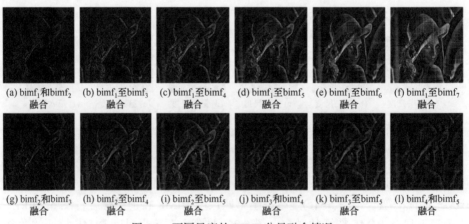

(a) bimf_1和bimf_2　(b) bimf_1至bimf_3　(c) bimf_1至bimf_4　(d) bimf_1至bimf_5　(e) bimf_1至bimf_6　(f) bimf_1至bimf_7
　融合　　　　　　融合　　　　　　融合　　　　　　融合　　　　　　融合　　　　　　融合

(g) bimf_2和bimf_3　(h) bimf_2至bimf_4　(i) bimf_2至bimf_5　(j) bimf_3和bimf_4　(k) bimf_3至bimf_5　(l) bimf_4和bimf_5
　融合　　　　　　融合　　　　　　融合　　　　　　融合　　　　　　融合　　　　　　融合

图 5.9　不同尺度的 BIMF 分量融合情况

前面主要通过视觉判断哪些 BIMF 可用于提取目标特征,下面从具体的物理参数指标进一步验证。这些指标包括均值、熵值和 ESI。均值反映的是图像的平均灰度,对于遥感图像,反映的是目标区域的平均反射信息或散射信息的强弱。不同 BIMF 特征图像的参数比较如表 5.1 所示。其中,BIMF 特征图像指的是图 5.9 中的图像。

表 5.1　不同 BIMF 特征图像的参数比较表

BIMF 特征图像	均值	熵值	ESI
$bimf_1$ 和 $bimf_2$(图 5.9(a))	10.1051	3.2949	0.6383
$bimf_1$ 至 $bimf_3$(图 5.9(b))	15.1603	3.7221	0.7882
$bimf_1$ 至 $bimf_4$(图 5.9(c))	21.2791	4.0662	0.9211
$bimf_1$ 至 $bimf_5$(图 5.9(d))	28.7032	4.3616	1.0487
$bimf_1$ 至 $bimf_6$(图 5.9(e))	38.0391	4.6297	1.1838
$bimf_2$ 和 $bimf_3$(图 5.9(g))	9.8798	3.2881	0.5163
$bimf_2$ 至 $bimf_4$(图 5.9(h))	15.9986	3.7845	0.6768
$bimf_2$ 至 $bimf_5$(图 5.9(i))	23.4232	4.1681	0.8251
$bimf_3$ 和 $bimf_4$(图 5.9(j))	11.1740	3.4089	0.4729
$bimf_3$ 至 $bimf_5$(图 5.9(k))	18.5987	3.9303	0.6474
$bimf_4$ 和 $bimf_5$(图 5.9(l))	13.5435	3.5807	0.4906

从表 5.1 可知,图 5.9(e)的均值最高,达到 38.0391,而且其熵值也最高,为 4.6297,说明它包含的平均灰度和信息量最高。但是,其 ESI 也最高,为 1.1838,而理想的 ESI 为 1,这表明图 5.9(e)多出了一些细节信息,不适合目标特征的检测与提取。同理,图 5.9(d)的 ESI 为 1.0487,也不适用于目标特征提取。如表 5.1 所示,余下图像中均值和熵值最大的是图 5.9(i),分别为 23.4232 和 4.1681;接下来是图 5.9(c),其均值和熵值分别为 21.2791 和 4.0662。其他图像的这两个指标都比它们低,一般不予考虑。如果仅从图像的信息量来考虑,应选择图 5.9(i)作为特征提取图像。然而,图 5.9(i)的 ESI 为 0.8251,小于 ESI 为 0.9211 的图 5.9(c)。所以,从几何细节信息和边缘信息方面考虑,应选择图 5.9(c)作为特征提取图像,而且其均值和熵值与图 5.9(i)相差不大。图 5.10 为熵值和 ESI 的直方图,其中字母 a 到字母 l 分别与图 5.9 中图序号相对应,如 a 表示图 5.9(a)。从图 5.10 可以更清楚地看到,图 5.9(c)更适合提取目标的细节信息,因此在后面的实验中,基于 EMD 的 BIMF 特征提取均采用图 5.9 中 $bimf_1$ 至 $bimf_4$ 融合后的图像。

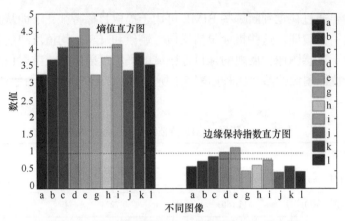

图 5.10　用 EMD 获得 BIMF 的熵值和 ESI 直方图

5.3.2　二维经验模态分解提取图像固有模态函数特征

由 5.3.1 节的分析可知，EMD 算法提取 BIMF 要求处理的图像有较明显的方位信息。该算法没有考虑像素之间的空间关系，而 BEMD 与 EMD 的处理方式不一样，它们考虑了图像像素之间的空间关系。图 5.11 是图 5.2 利用 BEMD 获得的 BIMF 特征图。图 5.12 表示的是图 5.11 中各 BIMF 分量的融合情况。其中，图 5.12(a) 是 $bimf_1$ 和 $bimf_2$ 的融合，图 5.12(b) 是 $bimf_1$ 至 $bimf_3$ 的融合，图 5.12(c) 是 $bimf_1$ 至 $bimf_4$ 的融合，图 5.12(d) 是 $bimf_2$ 和 $bimf_3$ 的融合，图 5.12(e) 是 $bimf_2$ 至 $bimf_4$ 的融合，图 5.12(f) 是 $bimf_3$ 和 $bimf_4$ 的融合。从单个 BIMF 分量来看，$bimf_1$ 和 $bimf_2$ 比较适合提取目标特征，图 5.11 充分说明了这一点。从融合的角度考虑，图 5.12(a)、图 5.12(b) 和图 5.12(c) 都可以。这是目视判断的结果，但是从物理参数的角度考虑，结果是否这样还有待进一步验证。表 5.2 为用 BEMD 获得的 BIMF 分量的参数比较。

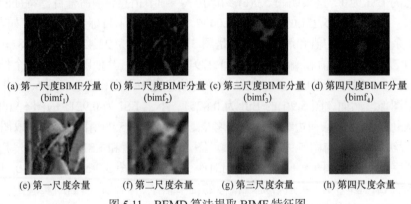

(a) 第一尺度BIMF分量　(b) 第二尺度BIMF分量　(c) 第三尺度BIMF分量　(d) 第四尺度BIMF分量
　　（$bimf_1$）　　　　　　（$bimf_2$）　　　　　　（$bimf_3$）　　　　　　（$bimf_4$）

(e) 第一尺度余量　　　(f) 第二尺度余量　　　(g) 第三尺度余量　　　(h) 第四尺度余量

图 5.11　BEMD 算法提取 BIMF 特征图

(a) bimf₁和bimf₂融合   (b) bimf₁至bimf₃融合   (c) bimf₁至bimf₄融合

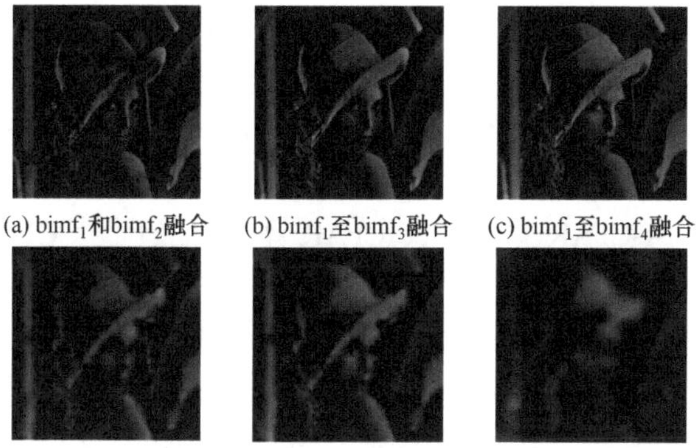

(d) bimf₂和bimf₃融合   (e) bimf₂至bimf₄融合   (f) bimf₃和bimf₄融合

图 5.12　各 BIMF 分量的融合情况

表 5.2　用 BEMD 获得的 BIMF 分量的参数比较

BIMF 特征图像	均值	熵值	ESI
bimf₁(图 5.11(a))	7.0381	2.3953	0.4465
bimf₂(图 5.11(b))	9.4312	2.7016	0.2280
bimf₃(图 5.11(c))	8.6296	2.5896	0.1075
bimf₄(图 5.11(d))	6.0499	2.4999	0.0385
bimf₁ 和 bimf₂(图 5.12(a))	13.9441	2.8555	0.5302
bimf₁ 至 bimf₃(图 5.12(b))	19.3087	2.9440	0.5460
bimf₁ 至 bimf₄(图 5.12(c))	22.2815	3.1401	0.5477
bimf₂ 和 bimf₃(图 5.12(d))	15.5805	2.9141	0.2753
bimf₂ 至 bimf₄(图 5.12(e))	18.7385	3.1177	0.2786
bimf₃ 和 bimf₄(图 5.12(f))	12.3518	2.8920	0.1211

从表 5.2 可知，单个 BIMF 分量的均值、熵值和 ESI 都不高，因此它们都不适合提取目标特征和目标的检测、识别等。图 5.12(a)～图 5.12(c)的均值、熵值、ESI 接近，尤其是图 5.12(b)和图 5.12(c)的 ESI，但从计算量的角度来衡量，选图 5.12(b)比较适合作为 BEMD 提取 BIMF 分量特征。图 5.12(d)～图 5.12(f)的参数指标都比较低，因此可以排除。

5.3.3　SAR 图像目标的二维固有模态函数特征提取

本节主要利用 5.3.1 节和 5.3.2 节的算法来提取 SAR 图像中典型人造目标的 BIMF 特征，可用于后续目标的检测和识别。对于目标检测算法，人们通常使用 CFAR 算法完成目标的检测任务。CFAR 算法经常应用于雷达和通信领域，其算法研究已有三十多年的历史。在这方面，美国林肯实验室取得了大量的研究成果 [20,21]，具有代表性的是 Gandhi 等[22]提出的基于高斯分布的双参数恒虚警率

(two-parameter constant false alarm rate, TP-CFAR)算法。目前，广泛使用的目标检测算法仍然以 CFAR 算法为主，其发展至今已有许多分支，如 CA-CFAR 算法、最小选择 CFAR(smallest of CFAR, SO-CFAR)算法、有序统计 CFAR(order statistic CFAR, OS-CFAR)算法和最大选择 CFAR(greatest of CFAR, GO-CFAR)算法等[23]。本节的实验选择 CA-CFAR 算法、TP-CFAR 算法和相干性 CCFAR 算法[24,25]。实验数据来源于 MSTAR 数据库和美国 Sandia 实验室公开的 SAR 图像数据，如图 5.13 和图 5.14 所示。实验结果如图 5.15 和图 5.16 所示。图 5.13(a)和图 5.14(a)是原始图像，图 5.13(a)是 MSTAR 数据库中 T72 坦克的 SAR 图像切片，图 5.14(a)是美国 Sandia 实验室坦克群 SAR 图像。图 5.13(b)和图 5.13(c)分别是 EMD 和 BEMD 获取的 BIMF 特征图像。在图 5.14 中的参数说明与图 5.13 中的参数说明相同。图 5.15 和图 5.16 分别是图 5.13 和图 5.14 的目标检测结果。其中，图 5.15(a)和图 5.16(a)是 CCFAR 算法的检测结果，图 5.15(b)和图 5.16(b)是 CA-CFAR 算法的检测结果，图 5.15(c)和图 5.16(c)是 TP-CFAR 算法的检测结果。实验时，它们设置的虚警率依次为 1×10^{-8}、1×10^{-6} 和 1×10^{-3}。

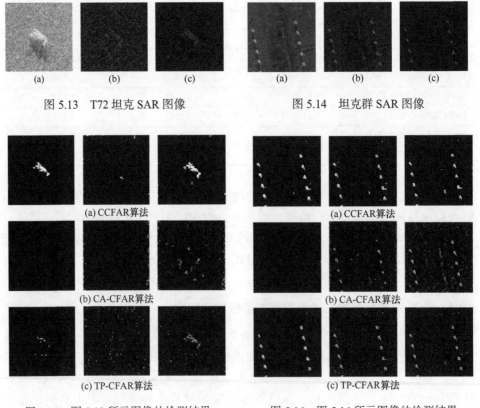

| (a) | (b) | (c) | (a) | (b) | (c) |

图 5.13　T72 坦克 SAR 图像　　　　图 5.14　坦克群 SAR 图像

(a) CCFAR算法　　　　　　　　　　(a) CCFAR算法

(b) CA-CFAR算法　　　　　　　　　(b) CA-CFAR算法

(c) TP-CFAR算法　　　　　　　　　(c) TP-CFAR算法

图 5.15　图 5.13 所示图像的检测结果　　　图 5.16　图 5.14 所示图像的检测结果

从图 5.13~图 5.16 可知，图 5.13 中的目标方向信息不明显，因此用 EMD 获得的 BIMF 特征信息也不明显，但是用 BEMD 获取的 BIMF 特征信息比较丰富。在图 5.14 中，目标方向信息明显，所以不论是哪种方式，BIMF 特征信息都比较丰富。最重要的是不论在哪种情况下，采用哪种检测算法，利用 BIMF 特征来检测目标都能获得相对多的目标信息，如图 5.15 和图 5.16 所示。

5.4　不同经验模态分解融合的 SAR 图像变化检测算法

EMD 是一种数据驱动的多尺度变换理论，是一种具有自适应调节能力的非线性和非平稳信号处理理论。但是，每种 EMD 理论都有其优势和不足。SAR 成像是变化信息获取的重要技术手段，但 SAR 图像是非平稳信号。所以，在研究不同类型 EMD 理论的基础上，我们提出基于不同 EMD 融合的 SAR 图像变化检查算法[6]。该算法可以融合 EMD 和 BEMD 的优势，使获取的信息更准确。因为 EMD 偏重于方向信息的获取，BEMD 擅长空间信息的获取。同时，在处理的过程中，通过选择不同的 IMF 分解特征，可以有效降低 SAR 图像固有斑点噪声对变化信息获取的影响。结合其各自的优势，本节提出一种新的 SAR 图像目标变化检测算法，即两种不同 EMD 融合(two different EMD fusion, TDEMDF)的 SAR 图像目标变化检测算法。

5.4.1　算法原理概述

从 5.3 节的分析可知，利用 EMD 算法处理图像时，如果要提取丰富的 BIMF 特征信息，那么要求原始图像中的目标有较好的方向信息。对于含有人造目标的 SAR 图像，通常情况下的方向信息是比较明显的。BEMD 算法适合处理 SAR 图像，不但能获得较丰富的 BIMF 特征信息，而且能检测到有效的目标信息。如果把两者提取的 BIMF 特征进行融合，则能获得更丰富的空间信息和方向信息，有利于目标的检查以及目标变化信息的获得，这就是本节提出的 TDEMDF 算法，其流程如图 5.17 所示。TDEMDF 算法主要包括两部分：一是基于 EMD 的变化检测；二是基于 BEMD 的变化检测。最后是对这两部分的变化检测结果进行融合，获得目标的最终变化信息。基于 EMD 的变化检测主要包括以下步骤。

(1) 输入不同时间的 SAR 图像，即输入同一目标区域不同时间 t_1 和 t_2 时刻获得的 SAR 图像 I_1 和 I_2。

(2) 对 SAR 图像 I_1 和 I_2 进行水平方向和垂直方向的 EMD。

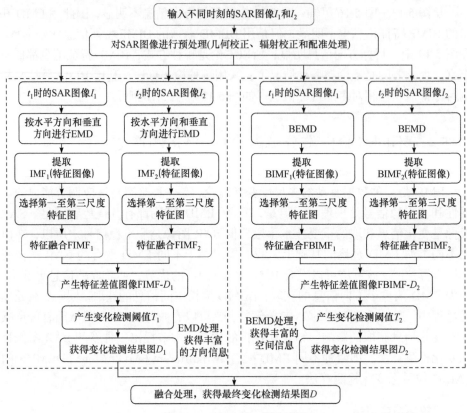

图 5.17　TDEMDF 算法流程

(3) 对相同尺度上水平方向和垂直方向的 IMF 特征图进行融合，获得各尺度的 IMF 特征图像，它们是包含高频信息和细节信息的部分。

(4) 选择适当的 IMF 特征分量，这里选择第一至第三尺度的特征图。

(5) 对选择的特征图像 IMF 分量进行融合，分别获得融合后的特征图 $FIMF_1$ 和 $FIMF_2$。

(6) 对 $FIMF_1$ 和 $FIMF_2$ 对应的像素依次进行差值运算，获得特征差异图像 $FIMF\text{-}D_1$。

(7) 运用数学期望最大算法对特征差值图像 $FIMF\text{-}D_1$ 进行处理，并产生非监督检测阈值 T_1。

(8) 获得变化检测结果图 D_1。利用检测阈值 T_1 对特征差值图像依像素进行检测判断，若 $D_1(m,n) \geqslant T_1$，则说明发生了变化；若 $D_1(m,n) < T_1$，则表明没发生变化。这里的 $D_1(m,n)$ 表示特征差值图像中像素 (m,n) 的灰度值。

基于 BEMD 的变化检测过程与 EMD 变化检测类似，也主要包括前面几个步骤，不同的是，首先对 SAR 图像进行 BEMD，获得 SAR 图像 I_1 和 I_2 的二维特征图像 BIMF$_1$ 和 BIMF$_2$，然后进行特征选择和融合处理，产生特征差值图像和检测阈值，最后获得变化检测结果 D_2。在获得 D_1 和 D_2 后，再进行融合运算，获得不同时刻 t_1 和 t_2 对应 SAR 图像目标的变化信息。

5.4.2　实验结果与分析

为了验证 TDEMDF 算法的可行性，本节进行仿真实验和实测数据实验。实验数据来源于美国 Sandia 实验室公开的 SAR 图像和加拿大 RADARSAT 的 SAR 图像。如图 5.18 所示，图中的目标是坦克，背景为灌木丛。图 5.18(a)和图 5.18(d)为原始 SAR 图像，假设图 5.18(a)为变化前的图像，即 t_1 时的 SAR 图像，图 5.18(d)为变化后的图像，即 t_2 时的 SAR 图像。图 5.18(b)和图 5.18(c)分别是图 5.18(a)利用 EMD 获取的特征(用 Ebimf 表示)和用 BEMD 获取的特征(用 Bbimf 表示)。同样，图 5.18(e)和图 5.18(f)分别是图 5.18(d)的 Ebimf 和 Bbimf 特征图。图 5.19 是基于不同 EMD 的变化检测结果，但是变化前后的 SAR 图像发生了变化，不再是原始 SAR 图像，而是用 EMD 获得的特征图像。图 5.19(a)是基于 EMD 的变化检测结果，t_1 时刻的图像如图 5.18(b)所示，t_2 时刻的图像如图 5.18(e)所示。在图 5.19 中，(a1)、(b1)、(c1)表示 t_2 时刻的 SAR 图像相对于 t_1 时刻的 SAR 图像的变化，即变化减弱的区域；(a2)、(b2)、(c2)表示 t_2 时刻的 SAR 图像相对于 t_1 时刻的 SAR 图像的变化，即变化增强的区域；(a3)、(b3)、(c3)表示全部变化，即(a1)、(b1)、(c1)和(a2)、(b2)、(c2)的融合。图 5.19(b)是基于 BEMD 的变化检测结果，t_1 时刻的图像如图 5.18(c)所示，t_2 时刻的图像如图 5.18(f)所示。图 5.19(c)是 TDEMDF 的变化检测结果，实际上是图 5.19(a)和图 5.19(b)的融合结果。从图 5.19 可知，对于目标比较明显或方向信息比较丰富的 SAR 图像，它们都能获得目标的特征信息，也能检测到目标的变化信息，只是每种算法的侧重点不同。EMD 中的 Ebimf 特征注重方向信息和几何细节信息的获得，BEMD 中的 Bbimf 则注重目标空间信息(邻近区域的相关性)的获得，它们通过融合形成优势互补，可以获得更佳的变化检测效果，图 5.19 充分表明了这一点。同时，图 5.19 还表明 TDEMDF 算法用于不同时间 SAR 图像的目标变化检测是可行的，具有广泛的应用前景和推广价值。

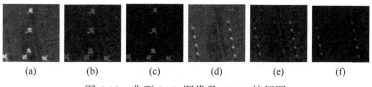

| (a) | (b) | (c) | (d) | (e) | (f) |

图 5.18　典型 SAR 图像及 BIMF 特征图

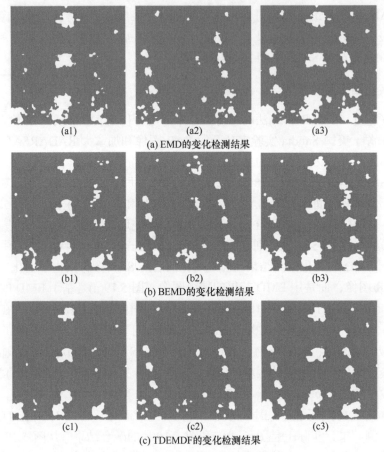

(a1)　　　　　　　　(a2)　　　　　　　　(a3)
(a) EMD的变化检测结果

(b1)　　　　　　　　(b2)　　　　　　　　(b3)
(b) BEMD的变化检测结果

(c1)　　　　　　　　(c2)　　　　　　　　(c3)
(c) TDEMDF的变化检测结果

图 5.19　不同 EMD 的变化检测结果

　　图 5.20 所示的 SAR 图像来源于加拿大 RADARSART 卫星，成像区域是安徽省蚌埠市某地区。其中，图 5.20(a)成像于 2001 年 7 月，假定为 t_1 时刻的 SAR 图像，也就是变化前的 SAR 图像；图 5.20(d)成像于 2005 年 7 月，假定为 t_2 时刻的 SAR 图像，也就是变化后的 SAR 图像。图 5.20(b)和图 5.20(c)分别是图 5.20(a)的 Ebimf 和 Bbimf 特征信息。同理，图 5.20(e)和图 5.20(f)分别是图 5.20(d)的 Ebimf 和 Bbimf 特征信息。

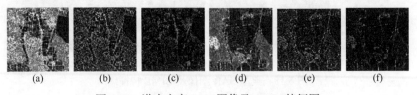

(a)　　　(b)　　　(c)　　　(d)　　　(e)　　　(f)

图 5.20　洪水灾害 SAR 图像及 BIMF 特征图

　　图 5.21 是图 5.20 的变化检测结果，其中图 5.21(a)是图 5.20(b)和图 5.20(e)的变化检测结果，图 5.21(b)是图 5.20(c)和图 5.20(f)的变化检测结果，图 5.21(c)是图 5.21(a)和图 5.21(b)的融合结果。图 5.21 进一步表明，TDEMDF 算法可用于真实的 SAR 图像变化检测，而且是可行和有效的。由于 Ebimf 特征信息是按行或列进行抽取的，所以只要有方位信息，就可以获得 Ebimf 特征信息。换言之，就是对方位信息比较敏感，从图 5.21(a)可以看出。在本实验图像中，基于 Ebimf 特征量的变化检测到的信息含量要多于基于 Bbimf 特征量的变化检测，如图 5.21(a)和图 5.21(b)所示。但是，图 5.21(a)获得的虚警信息比较多，原因是 Ebimf 受到斑点噪声影响的程度要大于 Bbimf。实质上，本算法的另一个特点是可以在很大程度上降低斑点噪声的影响。因斑点噪声主要集中在高频部分，在选择 BIMF 特征时，可以去掉 imf_1，不影响检测结果，而又降低了斑点噪声的影响，图 5.20(c)和图 5.20(f)所示的特征图也反映了这个优点。

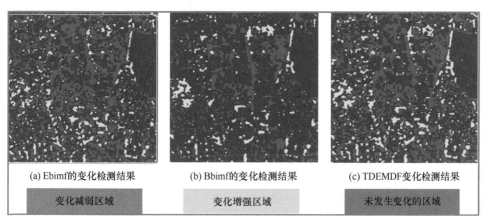

(a) Ebimf的变化检测结果　　　(b) Bbimf的变化检测结果　　　(c) TDEMDF变化检测结果

变化减弱区域　　　变化增强区域　　　未发生变化的区域

图 5.21　洪水灾害信息提取结果

5.5　基于 SWT-BIMF 特征的 SAR 图像变化检测算法

　　SAR 图像的斑点噪声是由其成像机理所产生的，给多时间 SAR 图像变化检测带来较大的影响。二维平稳小波和 BEMD 都是多尺度变换的非平稳信号处理理论，根据其实现过程和 SAR 图像的特点，本节提出基于 SWT 与 BIMF 结合的变化检测(stationary wavelet transform and bidimensional intrinsic mode function to change detection, SWT-BIMF-CD)算法。该算法的贡献是，设计了两次分解特征的选择，实现了对斑点噪声的有效滤除；通过对选择的特征进行加强处理，能更有效地获得变化信息。实测 SAR 图像数据验证了 SWT-BIMF-CD 算法的可行性和有效性，并获得较好的实验结果。

5.5.1 算法原理概述

多时间 SAR 图像变化检测指的是利用同一目标场景在不同时间所获得的 SAR 图像进行处理和分析，获得目标区域的动态信息或现象。因此，一般直接利用不同时间的 SAR 图像来提取目标的变化信息，但是 SAR 图像包含大量斑点噪声，严重影响直接检测的效果。而 SWT-BIMF-CD 算法通过特征变换的算法来提取信息，能够有效降低斑点噪声对 SAR 图像变化信息提取的影响，间接提高 SAR 图像的 SNR，从而获得更丰富的目标细节信息和几何信息，得到更精确的变化信息。SWT-BIMF-CD 算法流程图如图 5.22 所示。其具体步骤如下。

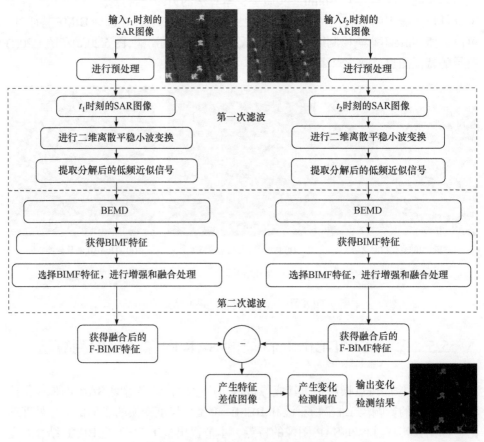

图 5.22　SWT-BIMF-CD 算法流程图

(1) 输入不同时间的 SAR 图像。

(2) 对不同时间的 SAR 图像进行预处理，主要包括辐射校正、几何校正等，以及不同时间图像之间的配准。

(3) 进行二维离散 SWT。对不同时间的 SAR 图像分别进行二维离散 SWT，在每个分解尺度上可以获得一幅低频系数子图像和三幅高频系数子图像。噪声主要包含在高频系数子图像中，因此在去除这些高频系数子图像的同时可以去除大部分斑点噪声和小部分细节信息。在后面的处理步骤中进行加强处理，可以弥补这些信息。

(4) 提取小波分解后的近似低频信息。由于高频系数子图像中包含大量噪声，包括 SAR 相干成像所固有的斑点噪声，所以只提取低频的近似信息子图像，而舍弃高频部分的子图像，这样可大大降低斑点噪声的影响。需要注意的是，在 SWT-BIMF-CD 算法中，小波分解尺度为 1。因为随着分解尺度的增加，高频系数子图像中的信息不是噪声，而是边缘信息和几何细节信息。

(5) 进行 BEMD。BEMD 是一种完全由数据驱动的自适应信号处理算法理论，对数据进行分解的基函数由数据本身决定，非常适合非平稳信号的处理。低频系数子图像经 BEMD 后，可以获得不同频率的 BIMF 特征分量和一个余量。分解尺度由小变大，BIMF 的频率由高到低，所以分解尺度越小，噪声越多。

(6) 获取 BIMF 特征图。利用 BEMD 对低频系数子图像进行分解后，可提取不同时间 SAR 图像低频系数子图像各个尺度的 BIMF 特征分量，称为 SWT-BIMF 特征。

(7) 获得最终的 SWT-BIMF 特征图像。在获得不同尺度的 SWT-BIMF 特征后，必须对各尺度的 SWT-BIMF 特征进行选择、加强处理和重新融合，最后获得每个不同时间 SAR 图像的 SWT-BIMF 特征图像。

(8) 产生特征差异图。利用不同时间的 SWT-BIMF 特征图像依像素进行相减运算，获得特征差异图。

(9) 产生变化检测阈值。运用数学期望最大算法对特征差异图进行处理，产生用于变化检测的阈值。数学期望最大算法是一种非监督算法，也是由数据本身的特点决定的。

(10) 获得变化检测结果图，并输出结果。

5.5.2　实验结果与分析

为了验证 SWT-BIMF-CD 算法的可行性与正确性，本节利用实测 SAR 图像数据进行比较实验，如图 5.23 所示。图 5.23(a)和图 5.23(c)来源于 RADARSAT，成像区域为安徽省蚌埠市某地区，成像时间分别为 2001 年和 2005 年的夏季。图 5.23(b)和图 5.23(d)是图 5.23(a)和图 5.23(c)对应的 SWT-BIMF 特征图像。实验结果如图 5.24 和图 5.25 所示。图 5.24 是 SWT-BIMF-CD 算法获得的结果。图 5.25 是直接插值法获得的结果。图 5.24(a)和图 5.25(a)表示变化减弱区域，图 5.24(b)和图 5.25(b)表示变化增强区域，图 5.24(c)和图 5.25(c)表示不同时间都未发生变化的区域。从图 5.24 和图 5.25 可以看到，图 5.24 的结果优于图 5.25 的结果。这说明，SWT-BIMF-CD 算法的变化检测结果比直接利用原始 SAR 图像的变化检测结果好。因为 SWT-BIMF 能够提供更丰富的细节信息和几何信息，同时有效抑制斑点噪声的影响，所以基于 SWT-BIMF 特征的 SAR 图像变化检测算法不但可行，而且能取得更好的实验结果。

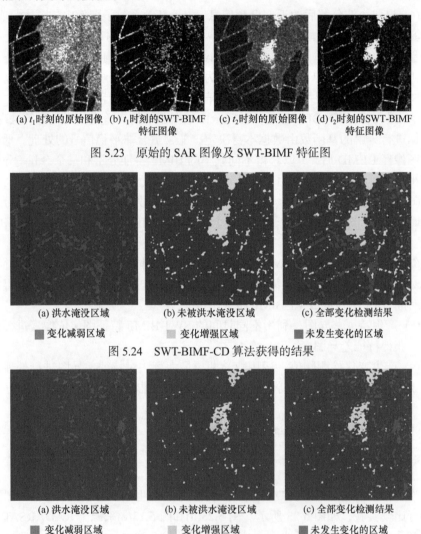

(a) t_1 时刻的原始图像 (b) t_1 时刻的SWT-BIMF 特征图像 (c) t_2 时刻的原始图像 (d) t_2 时刻的SWT-BIMF 特征图像

图 5.23 原始的 SAR 图像及 SWT-BIMF 特征图

(a) 洪水淹没区域 (b) 未被洪水淹没区域 (c) 全部变化检测结果

■ 变化减弱区域 变化增强区域 ■ 未发生变化的区域

图 5.24 SWT-BIMF-CD 算法获得的结果

(a) 洪水淹没区域 (b) 未被洪水淹没区域 (c) 全部变化检测结果

■ 变化减弱区域 变化增强区域 ■ 未发生变化的区域

图 5.25 直接差值法获得的结果

5.6 基于 SWT-BIMF 特征的 SAR 目标检测算法

SAR 图像目标检测始终是 SAR 图像应用的一个重要方面。要对 SAR 图像中的目标进行有效检测，必须提高 SNR，也就是增强目标区域的信息，减弱背景区域的信息。实质上是增大目标与背景之间的灰度差值，有利于目标的检测。SAR 相干成像的机理使 SAR 图像包含大量噪声，其对目标的检查会产生极大的影响。为了既能抑制斑点噪声，又能提高图像的 SNR，本节提出一种新的基于二维 SWT 和 BEMD 相结合的目标检测(stationary wavelet transform and bidimensional intrinsic mode function to target detection, SWT-BIMF-TD)算法[7]。该算法通过对 SAR 图像实施二维 SWT，实现对斑点噪声的消除；然后利用获得的系数子图像进行多尺度的 BEMD，通过选择 BIMF 特征图像并进行融合处理，实现扩大背景与目标之间的灰度差值；最后运用合适的算法进行目标检测。SWT-BIMF-TD 算法不但可以有效提高目标的检查率，特别是小目标、隐含目标和弱散射目标，而且可以降低斑点噪声的影响和背景杂波的干扰。SWT-BIMF-TD 算法的贡献主要包含两个方面：一方面在于通过小波变换和分解系数子图像的选择，大大降低 SAR 图像斑点噪声对目标检测的影响；另一方面通过 BEMD 提取 IMF 特征，再进行融合处理，大量抑制背景杂波对目标检测的影响，从而达到提高目标检测率的目的。

5.6.1　算法原理概述

SWT-BIMF-TD 算法考虑 SAR 图像的特点，特别是小目标和弱散射目标的检测问题；同时，融合小波变换和 EMD 的优势，既达到抑制斑点噪声和背景杂波的目的，又有效提高目标的检测率。SWT-BIMF-TD 算法流程如图 5.26 所示。其具体实现步骤如下。

(1) 输入原始 SAR 图像 $I(m,n)$。

(2) 进行小波分解。用二维 SWT 对原始 SAR 图像进行分解，可进行多次分解，但本算法只进行第一层分解。因为进行第一尺度分解后，三幅高频系数子图像中包含大量的斑点噪声，所以舍弃这三幅高频系数子图像，意味着抑制了大量的斑点噪声。第一尺度的低频系数子图像中保留着目标和背景的基本信息，即主流信息或趋势信息。但是，从第二尺度开始，高频系数子图像中的信息绝大部分是目标的边缘信息和几何细节信息，因此不能舍弃高尺度的高频信息。

SAR 图像的第一尺度二维平稳小波分解结果可用式(5.4)近似表示为

$$I(m,n) = I_a(m,n) + I_h(m,n) + I_v(m,n) + I_d(m,n) \tag{5.4}$$

式中，$I(m,n)$ 表示原始 SAR 图像；$I_a(m,n)$、$I_h(m,n)$、$I_v(m,n)$ 和 $I_d(m,n)$ 分别表示第一尺度上低频系数子图像、水平方向、垂直方向和对角方向的高频系数子图像。

(3) 进行 BEMD。对小波分解后的低频系数子图像 $I_a(m,n)$ 进行 BEMD，可以获得多个尺度的 BIMF 特征分量和一个余量，即

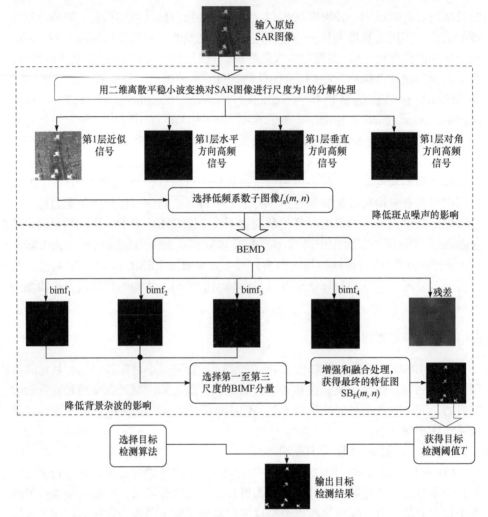

图 5.26　SWT-BIMF-TD 算法流程

$$I_{a}(m,n) = \sum_{i=1}^{M} C_{i}^{\text{BIMF}}(m,n) + R^{\text{B}}(m,n) \tag{5.5}$$

式中，M 表示 BIMF 特征分量的个数；$C_{i}^{\text{BIMF}}(m,n)$ 表示第 i 尺度上的 BIMF 特征分量图像；$R^{\text{B}}(m,n)$ 表示最后的余量。

实验表明，BEMD 的分解尺度设为 4 或 5，可以满足实际需求。

(4) 获得 SWT-BIMF 特征图。低频系数子图像 $I_{a}(m,n)$ 被 BEMD 进行多尺度分解后，剩下的余量，即背景或发展趋势不影响目标检测，实际上就是背景信息的抑制。因为目标的信息主要在高频成分，当分解尺度大于 4 时，BIMF 中包含的目标信息非常少，所以算法的分解尺度为 4。

SAR 图像经过二维 SWT 和 BEMD 后，可以有效去除斑点噪声和背景杂波的影响，所以此时获得的特征图像称为 SWT-BIMF 特征图。对 SWT-BIMF 特征图进行选择和融合处理，获得最终用于目标检测的特征图像。实验表明，选择前三个尺度的 BIMF 融合，获得的信息可以满足目标检测的需求。

$$\mathrm{SB_F}(m,n) = W_1 C_1^{\mathrm{BIMF}}(m,n) + W_2 C_2^{\mathrm{BIMF}}(m,n) + W_3 C_3^{\mathrm{BIMF}}(m,n) \tag{5.6}$$

式中，$\mathrm{SB_F}(m,n)$ 表示融合后的最终特征图；W_1、W_2、W_3 分别表示第一尺度到第三尺度的权系数，这里认为它们的权值相等。

在实际处理过程中，还可以对 BIMF 特征图进行增强处理，以突出某些细节信息。

(5) 选择目标检测算法。随着 SAR 图像分辨率的不断提高，如何从 SAR 图像中迅速提取有用的信息，是目前研究的热点和难点，尤其是强反射背景杂波中目标的检测和识别。在 SAR 目标识别中，需要从场景中确定潜在的目标区域，称为感兴趣区域。在通常情况下，使用 CFAR 算子可以完成目标的检测任务。CFAR 检测目标的缺点是要求目标区域和背景杂波分布有明显的反射强度差，也就是说，直接利用 CFAR 算法很难检测到微弱的、小的和隐藏的目标。Huang 等[25]从 SAR 成像机理出发提出 CCFAR SAR 目标检测算法，针对 SAR 图像改进 CFAR 算法的弱点。我们选 CCFAR 作为算法的目标检测算法。

(6) 确定检测阈值。检测阈值 T 的确定是 CFAR 目标检测算法的关键，而它与背景杂波分布模型有着紧密的关系。这里采用预定的虚警率确定检测阈值。

(7) 获得目标检测结果。用步骤(5)选择的算法和确定的阈值检测 SWT-BIMF 特征图像，就可以获得目标的检测结果图。若 $\mathrm{SB_F}(m,n) \geqslant T$，则说明该像素属于目标区域，否则该像素不属于目标区域，即

$$D(m,n) = \begin{cases} SB_\mathrm{F}(m,n), & \mathrm{SB_F}(m,n) \geqslant T \\ 0, & \mathrm{SB_F}(m,n) < T \end{cases} \tag{5.7}$$

或者

$$D(m,n) = \begin{cases} 1, & \mathrm{SB_F}(m,n) \geqslant T \\ 0, & \mathrm{SB_F}(m,n) < T \end{cases} \tag{5.8}$$

式中，$D(m,n)$ 表示检测的结果；"1" 和 $\mathrm{SB_F}(m,n)$ 表示目标区域；"0" 表示背景区域或非目标区域。

5.6.2　实验结果与分析

SWT-BIMF-TD 算法是一种新的且非常有效的目标检测算法，其优点表现在三个方面：第一，能够有效降低 SAR 图像固有斑点噪声的影响，提高 SAR 图像

的信杂比；第二，SWT-BIMF 特征能够有效保持目标的边缘信息和几何细节信息，为目标的检查和识别提供更丰富的散射特性和目标几何特性；第三，能够有效提高目标的检测率，而且只需要很小的虚警率，同时产生的虚检测率和漏检测率也很小。为了验证 SWT-BIMF-TD 算法的优越性，本节进行一系列的比较实验。第一组实验是不同算法在同样的虚警率条件下对原始 SAR 图像和 SWT-BIMF 特征图像进行目标检测的实验；第二组实验是利用相同算法对不同虚警率条件下目标检测情况的实验。

　　实验利用同样条件下的 CA-CFAR 算法、双参数 CFAR 算法和 CCFAR 算法分别对原始图像和 SWT-BIMF 特征图像进行目标检测。实验结果如图 5.27 和图 5.28 所示。实验数据来源于 MSTAR 数据库和 ERS-2 数据。图 5.27 是原始图像的直接检测结果，图 5.27(a1)表示的检测目标是 T72 坦克，图 5.27(a2)表示的检测目标是装甲车 BTR70，图 5.27(a3)表示的检测目标是装甲车 BMP2，图 5.27(a4)表示的检测目标是舰船。图 5.27(a)表示原始图像。图 5.27(b)是双参数 CFAR 算

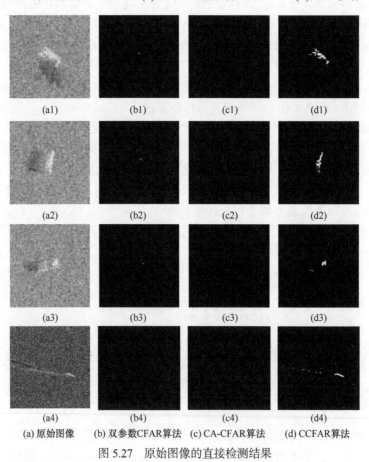

(a) 原始图像　　　(b) 双参数CFAR算法　(c) CA-CFAR算法　　(d) CCFAR算法

图 5.27　原始图像的直接检测结果

法的检测结果，检测时的虚警率 $P_f = 1 \times 10^{-6}$。图 5.27(c)是 CA-CFAR 算法的检测结果，此时虚警率 $P_f = 1 \times 10^{-3}$。图 5.27(d)是 CCFAR 算法的检测结果，此时虚警率 $P_f = 1 \times 10^{-8}$。从图 5.27 可知，CCFAR 算法在很低的虚警率条件下，能有效检测到小的、弱散射和隐藏的目标。当然，在进一步提高虚警率的条件下，双参数 CFAR 算法和 CA-CFAR 算法也能检测到目标，但是虚警率较高，而且虚检测率也较高。

　　图 5.28 是 SWT-BIMF 特征图的目标检测结果，其中图 5.28(a)是图 5.27(a1) 中对应 SAR 图像的 SWT-BIMF 特征图，是经过二维平稳 DWT 和 BEMD 的各尺度 BIMF 特征融合后的图像。图 5.28(a2)~图 5.28(a4)以及图 5.28(a)~图 5.28(d) 的含义或说明与图 5.27 中相应的说明一样。图 5.28 用双参数 CFAR 算法、CA-CFAR 算法和 CCFAR 算法设置的虚警率 P_f 也与图 5.27 中的一样。从图 5.27 和图 5.28 可以看到，SAR 图像经过小波变换和 BEMD 多尺度分解后，获得的 SWT-BIMF 特

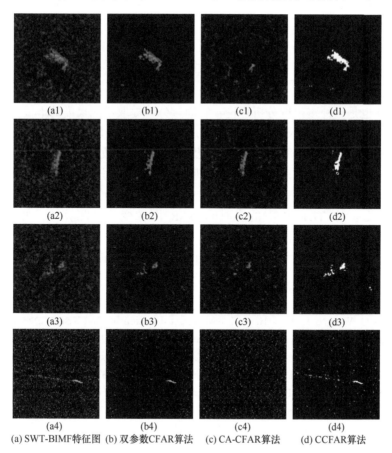

(a1)　　　　　　　(b1)　　　　　　　(c1)　　　　　　　(d1)

(a2)　　　　　　　(b2)　　　　　　　(c2)　　　　　　　(d2)

(a3)　　　　　　　(b3)　　　　　　　(c3)　　　　　　　(d3)

(a4)　　　　　　　(b4)　　　　　　　(c4)　　　　　　　(d4)

(a) SWT-BIMF特征图　(b) 双参数CFAR算法　(c) CA-CFAR算法　(d) CCFAR算法

图 5.28　SWT-BIMF 特征图的目标检测结果

征图像既降低了斑点噪声的影响,又提高了 SNR,如图 5.27(a1)和图 5.28(a1)所示。在 SWT-BIMF 特征图像中,可以看到目标的轮廓更加清晰,目标与背景的灰度差值距离更加明显,这有利于目标的检测和识别,尤其是当目标的散射特征与背景散射特征差不多时。事实上,从图 5.27 和图 5.28 可知,在同样的条件下,与原始 SAR 图像相比,SWT-BIMF 特征图像更利于目标检测,也能获得更满意的检测结果。在原始 SAR 图像中,双参数 CFAR 算法很难获得目标信息,但是在 SWT-BIMF 特征图像中不但能获得目标信息,而且信息非常丰富,如图 5.27(b)和图 5.28(b)所示。同理,在图 5.27(c)和图 5.28(c)中,利用 CA-CFAR 算法也可以获得类似的结果。虽然利用 CCFAR 算法能在原始图像中检测到目标,如图 5.27(d)所示,但是利用 SWT-BIMF 特征图像能获得更多的目标细节信息,如图 5.28(d)所示。本实验充分表明基于二维离散 SWT 和 BEMD 的 SWT-BIMF-TD 算法非常有效,不但能抑制斑点噪声的影响,提高 SAR 图像的信杂比,而且能降低目标检测的虚警率,同时能获得更准确、更精细的目标信息。当然,它也是解决小目标、弱散射目标、隐藏目标的一种有效手段。

5.7　本 章 小 结

EMD 也是一种多尺度分析理论,它通过分解提取不同尺度的本征函数特征,实现对信号或图像的多尺度多分辨率分析。EMD 的优势是无须选择基函数,完全自适应处理。本章主要研究 EMD 理论及其在遥感图像处理中的应用,重点讨论 EMD 的一维 EMD 和 BEMD 的分解原理和过程,以及分解尺度特征的提取与分析,并在 SAR 图像处理中进行应用。同时,把 EMD 理论与小波多尺度分解理论结合,提出一种 TDEMDF 的多时间 SAR 图像变化检测算法,并提出一种 SWT-BIMF-TD 的 SAR 目标检测算法和 SWT-BIMF-CD 的多时相 SAR 图像变化检测算法。这些算法都用实测数据进行了验证,可以取得较好的效果。

参 考 文 献

[1] Huang S Q, Wang B H, Li Y H, et al. SAR target detection method based on empirical mode decomposition[J]. Advanced Engineering Forum, 2012, 6-7: 496-500.

[2] Huang S Q, Liu D Z, You H, et al. A novel CAEMD filtering algorithm for SAR image speckle noise[C]//Proceedings of IET International Radar Conference, 2013: 310-313.

[3] Huang S Q, Wang Y T, Su P F. A new synthetical method of feature enhancement and detection for SAR image targets[J]. Journal of Image and Graphics, 2016, 4(2):73-77.

[4] 黄世奇, 黄文准, 刘哲. 基于二维本征模态函数的 SAR 图像目标检测[J]. 兵器装备工程学报, 2016, 37 (8):93-97.

[5] Huang S Q, Zhang Y C, Liu Z. Image feature extraction and analysis based on empirical mode

decomposition[C]//IEEE Advanced Information Management, Communicates, Electronic and Automation Control Conference, 2016: 615-619.

[6] Huang S Q, Liu Z G, Liu Z, et al. SAR image change detection algorithm based on different empirical mode decomposition[J]. Journal of Computer and Communications, 2017, 5: 9-20.

[7] Huang S Q, Zhao W W, Wang Z L. Target detection of SAR image based on wavelet and empirical mode decomposition[C]//Asia Pacific Conference on Synthetic Aperture Radar, 2019: 45-50.

[8] Huang N E, Shen Z, Long S R, et al. The empirical mode decomposition and the Hilbert spectrum for nonlinear and non-stationary time series analysis[J]. Proceedings of the Royal Society London A-Mathematical, Physical & Engineering Sciences, 1998, 454: 903-995.

[9] Manuel B V, Binwei W, Kenneth E B. ECG signal denoising and baseline wander correction based on the empirical mode decomposition[J]. Computers in Biology and Medicine, 2008, 38(1): 1-13.

[10] Wu Z H, Huang N E. Ensemble empirical mode decomposition: a noise-assisted data analysis method[J]. Advances in Adaptive Data Analysis, 2009, 1(1): 1-41.

[11] Zhao Y J, Xu Y, Zhang H, et al. Empirical mode decomposition based on bistable stochastic resonance denoising[J]. Dynamical Systems, 2010, 3: 251-259.

[12] Ling H, Margaret L, Namunu C M, et al. Study of empirical mode decomposition and spectral analysis for stress and emotion classification in natural speech[J]. Biomedical Signal Processing and Control, 2011, 6(2): 139-146..

[13] 代军, 叶幸玮. 集合经验模态分解和小波变换方法的复合与应用[J]. 统计与决策, 2021, 13: 155-158.

[14] 师冲, 任燕, 汤何胜, 等. 基于经验模态分解和一维密集连接卷积网络的电液换向阀内泄漏故障诊断方法[J]. 液压与气动, 2021, (1): 36-41.

[15] Sancheza J L, Trujillob J J. Improving the empirical mode decomposition method[J]. Applicable Analysis, 2011, 90(34): 689-713.

[16] 宋平舰, 张杰. 二维经验模态分解在海洋遥感图像信息分离中的应用[J]. 高技术通讯, 2001, 9: 62-67.

[17] 孙季丰, 何沛思. 一种基于 CEMD 和融合的多视点图像编码方法[J]. 电子与信息学报, 2011, 33(4) : 1007-1011.

[18] Xu G L, Wang X T, Xu X G. Improved bi-dimensional empirical mode decomposition based on 2D-assisted signals: analysis and application[J]. IET Image Processing, 2011, 5(3): 205-221.

[19] 李小满, 李峰, 章登勇. 基于二维经验模态分解的图像水印嵌入算法[J]. 计算机工程, 2011, 37(12): 119-121.

[20] Novak L M, Owirka G J, Brower W S. Performance of 10 and 20 target MSE classifiers[J]. IEEE Transactions on Aerospace and Electronic Systems, 2000, 36(4): 1279-1289.

[21] Novak L M, Owirka G J, Netishen C M. Performance of a high-resolution polarimetric SAR automatic target recognition system[J]. Lincoln Laboratory Journal, 1993, 6(1): 11-23.

[22] Gandhi P P, Kassam S A. Analysis of CFAR processors in nonhomogeneous background[J]. IEEE Transactions on Aerospace and Electronic Systems, 1988, 24(4): 427-445.

[23] 刘代志, 黄世奇, 苏娟. 一种新的 SAR 图像目标检测方法[J]. 宇航学报, 2007, 28(5): 1266-1272.

[24] 黄世奇, 刘代志. 侦察目标的 SAR 图像处理与应用[M]. 北京: 国防工业出版社, 2009.

[25] Huang S Q, Liu D Z, Gao G Q, et al. A novel method for speckle noise reduction and ship target detection in SAR images[J]. Pattern Recognition, 2009, 42(7): 1533-1542.

第6章　多尺度 Retinex 理论与遥感图像增强

6.1　引　　言

成像遥感技术是人类对地观测和深空探测不可缺少的技术手段。广义遥感是指不接触目标却能获取目标的电磁信息，不但包括传统的飞机、卫星和地面等平台获取的遥感图像，而且包括普通相机、手机和摄像机等设备获取的图像，因此遥感已进入名副其实的众源遥感时代。随着各种类型的成像遥感卫星不断成功发射，遥感图像数据的获取已不是问题，遥感图像数据的处理已进入大数据时代。光学成像受恶劣天气的影响比较大，如雾、霾、雨、烟、雪和沙尘暴等都会影响获取的图像质量。例如，在雾霾天气条件下，获取的图像质量明显下降，细节信息模糊不清，对比度降低，颜色发生偏移，整幅图像显得偏白。雾霾越重，图像退化现象越严重，这些退化的图像不但颜色失真，而且视觉效果差，给后续的图像处理、信息提取、目标跟踪监测和应用解译等工作带来了较大影响。因此，利用图像处理的算法去除图像中的雾霾或者降低雾霾的影响，提高图像质量，充分发挥其价值，具有重要的社会价值和应用前景。

图像去除雾霾本质上是图像恢复或图像增强的问题。其目的是消除或降低图像中雾霾对场景的影响，还原场景的本来面目，提高图像的视觉效果和利用价值。因此，对图像中雾霾的去除主要有两种思路：第一种思路是采用图像增强策略来实现雾霾消除；第二种思路是对图像进行复原处理，从而达到消除雾霾的目的。图像增强的算法主要有直方图均衡(histogram equalization，HE)算法[1]、滤波增强法[2,3]和 Retinex 算法[4-7]。图像复原法通过分析图像质量退化的原因，建立退化模型，利用相关的先验知识来恢复图像场景的本来面目。典型的算法有 He 等[8]提出的暗通道先验(dark channel prior，DCP)算法。该算法不但得到广泛的应用，而且在此基础上提出许多改进的算法和理论[9,10]。另外两种典型的模型算法分别由 Tan[11]和 Fattal[12]提出。基于大气散射模型算法需要设立假设条件，然后估计相关参数，这是基于模型算法的共同点的。

雾霾对图像的视觉效果和应用带来了较大的影响，因此早在 20 世纪 50 年代就开始了这方面的研究工作。随着世界各国现代化和城镇化的发展，雾霾等不良天气频率的增加，获取受雾霾影响的遥感图像的数量也不断增多，所以雾霾的消除工作一直是遥感图像预处理的重要内容。图像中雾霾的消除工作大概经历了三个阶段：第一个阶段是用多幅图像来实现雾霾的消除[13,14]；第二个阶段是利用图像的辅助信息来消除雾霾[15]；第三个阶段是直接利用单幅图像达到消除雾霾的目的[16-20]。由于前两个阶段很难满足实时处理的要求，所以目前几乎所有的算法都以单幅图像为处理对象完成雾霾的消除。

有关图像雾霾处理的文献和算法非常多，而且许多新的理论和算法仍在不断地被提出和应用[21-26]。这些理论和算法大体上可以归纳为四类：第一类是基于图像增强处理的理论[1,2,5-7]；第二类是基于假设和先验知识的算法[8-12]；第三类是基于不同算法的融合算法[18,26,27]；第四类是基于机器学习和人工智能的方法[24,25]。这些理论和算法都是从某个角度对图像进行处理，尽量降低雾霾的影响，并且尽可能地恢复图像场景的本来面貌。由于其应用有着明显的目的性和局限性，所以具体算法的优势是达到处理的目的，劣势是其普适性不强。此外，雾霾对图像的影响程度是一个动态变化的过程，进一步减弱了其普适性。通过对相关算法的研究和分析，得到如下一些结果。He 等[8]提出的 DCP 算法是一种非常有效、出色且得到广泛应用的物理模型算法。但其不足的地方也非常明显，如使用软抠图算法，导致计算量过大，运算时间长，尤其是当图像尺寸较大时，实时性差；同时，其还受到白色物体的影响，而且对天空区域的处理效果不太理想，易产生失真现象。针对 DCP 算法的缺陷，研究者提出相应的改进算法[18,28]。Tan[11]在基于晴天图像对比度比雾霾图像高，以及环境光照量与距离有关两个前提下，提出一种 MRF 的雾霾消除算法。图像经过该算法处理，对比度能够得到显著提高，容易使图像的对比度趋于过度补偿，导致颜色失真，同时在景深突变处易产生晕轮效应。Fattal[12]提出假设物体表面色度与介质传输是局部统计不相关的。该算法是依托局部假设统计的，不但计算量大，而且在浓雾区域是无效的。除了上述典型的基于模型物理算法，还有许多改进的算法从成像原理和大气散射物理模型的角度进行雾霾的去除。其关键技术在于大气环境光值和大气透射率的估计，所以不同的估计算法会产生不同的效果。因此，出现不同算法或不同尺度的融合算法[26,27,29,30]。通常情况下，融合处理会增加处理的复杂性、耗费更多的时间，不但增加了实时性的挑战，而且有时处理效果并没有改善多少，原因是融合权值的确定会带来一定的影响。同样，基于单幅图像的机器学习算法去除雾霾，要产生大量的训练样本特征子图像[24]，使处理过程变得复杂，速度变得缓慢，实时性变差。

通过图像增强的策略虽然能够降低雾霾对图像带来的影响，但是由于没有考虑雾霾影响图像质量降低的原因，所以基于图像增强处理算法在雾霾消除方面的效果、稳定性的普适性等方面都有待提高。例如，HE 算法经常用于去除图像雾霾，该算法简单可靠、计算量小、开销少、处理速度快，对于场景距离变化不大或雾霾浓度较低的图像，均能获得较好的去雾霾效果，不足的地方是图像经 HE 处理后容易产生过增强现象。Retinex 算法是一种基于颜色恒定不变的模型算法，能有效去除图像中的雾霾，提高图像质量，具有较好的适用性。Land[31]在中心/环绕函数的基础上提出单尺度 Retinex (single scale Retinex, SSR)算法。由于尺度的选择对去雾霾效果的影响比较大，所以 Jobson 等[6]提出多尺度 Retinex (multi-scale Retinex, MSR)算法，改善 SSR 算法在细节和整体性处理方面的矛盾。接着面对 MSR 算法出现的失真问题，学者提出彩色恢复的 Retinex 算法[32,33]。虽然 Retinex 算法能很好地消除图像中的雾霾，但是处理后的图像存在色彩偏灰，使彩色信息存在损失的现象，同时对增强雾霾天气图像中较亮处的细节比较困难。

　　这些算法的提出和应用主要针对室外图像和彩色图像。遥感图像不同于室外图像，而且有全色图像或灰度图像存在。室外图像一般包含天空背景，尤其是远景。同时，大部分室外图像的景深距离跨度比较大。遥感图像与室外图像有较大的区别，因此这些算法直接处理遥感图像不一定能获得好的效果。因此，本章根据遥感图像的特点，提出基于图像颜色模型、统计特性、相位特性、大气物理模型和 MSR 理论的改进算法，用大量的实际例子进行验证实验，可以取得好的效果[34-36]。

6.2　多尺度 Retinex 理论概述

6.2.1　Retinex 理论模型

　　Retinex 理论是 Land 等[37]提出的一种图像增强理论，由 Retina 的头五个字母和 Cortex 的后两个字母构成，称为视网膜大脑皮层理论，是一种基于色彩恒常性的理论。色彩恒常性指的是人眼对外界物体颜色的感知不会随光照度的变化而变化，对色彩始终保持恒定的感知。根据 Retinex 理论，人眼感知的图像是由环境入射光和物体表面反射光组成的，利用色彩恒常性思想，去掉环境入射光照的不均匀影响，只获得物体表面的反射光，达到增强图像的目的。基于上述思想，雾霾对图像的影响，实质上就是影响环境入射光的强度。由 Retinex 理论可知，传感器采集到的图像可以看作环境入射光和物体表面反射光的乘积，其数学模型为

$$I(x,y) = L(x,y) \cdot R(x,y) \tag{6.1}$$

式中，$I(x,y)$ 表示采集的图像，即受到雾霾影响降质的图像；(x,y) 表示图像的像素点，即像素的空间位置；$L(x,y)$ 表示环境的入射光，即要消除的图像干扰信息；$R(x,y)$ 表示物体表面反射光，即需要保留的图像信息。

　　为了从获取的图像中把入射部分和反射部分进行有效分离，再通过改变它们之间的比例来达到图像增强和消除雾霾的目的，对式(6.1)两边进行对数运算，可得

$$\log[I(x,y)] = \log[L(x,y)] + \log[R(x,y)] \tag{6.2}$$

对式(6.2)两边进行整理，可得

$$\log[R(x,y)] = \log[I(x,y)] - \log[L(x,y)] \tag{6.3}$$

一般情况下，成像当时的环境入射光很难获取，通常通过获取的图像 $I(x,y)$ 估计当时环境中的大气光值。常用的算法是用中心环绕函数 $F(x,y)$ 对 $I(x,y)$ 进行滤波处理来估计入射光 $L(x,y)$ 的值，即

$$L(x,y) = F(x,y) * I(x,y) \tag{6.4}$$

因此，式(6.3)可以写为

$$\log[R(x,y)] = \log[I(x,y)] - \log[F(x,y) * I(x,y)] \tag{6.5}$$

对处理完的结果再进行指数运算，就可获得既去除了雾霾又被增强的图像。式 (6.5)中的中心环绕函数 $F(x,y)$ 必须满足归一化处理条件，即

$$\iint F(x,y)\mathrm{d}x\mathrm{d}y = 1 \tag{6.6}$$

对于光学遥感图像，其灰度值分布一般属于高斯分布，因此中心环绕函数 $F(x,y)$ 也是高斯分布函数。

目前，广泛用于处理雾霾图像的成像模型是由 McCartney[38]提出的大气散射模型，对于二维图像，其具体表达式为

$$I(x,y) = J(x,y) \cdot t(x,y) + A \cdot [1 - t(x,y)] \tag{6.7}$$

式中，$I(x,y)$ 表示受雾霾影响的图像；$J(x,y)$ 表示无雾霾条件下获取的图像；A 表示环境大气光值；$t(x,y)$ 表示大气透射率。

对式(6.7)进行调整，可得

$$J(x,y) = \frac{I(x,y) - A}{t(x,y)} + A \tag{6.8}$$

由式(6.8)可知，基于大气散射模型的图像雾霾消除，实际上是通过观察图像来估计未受雾霾影响的图像，本质上与 Retinex 理论一样，就是降低环境大气光值的影响。但是，大气散射模型要估计两个参数，环境大气光值 A 和大气透射率 $t(x,y)$。针对散射模型的图像雾霾消除算法，几乎都是在这个参数估计上下功夫。不同的估计值会产生不同的结果。He 等[8]提出的 DCP 算法就是典型代表。参数 $t(x,y)$ 的计算公式为

$$t(x,y) = \mathrm{e}^{-\beta d(x,y)} \tag{6.9}$$

式中，β 为大气光散射系数；$d(x,y)$ 为景深。

对于遥感图像，景深距离比较小，可以忽略，但是对于室外图像，景深距离一般比较大，需要有比较精确的估计，才会获得精确的处理结果。从大气散射模型的原理上可以看出，其不太适合处理遥感图像中的雾霾问题，更适合处理室外图像中的雾霾图像。

6.2.2　单尺度 Retinex 算法

在 Land[4]提出的基于中心环绕 Retinex 理论的基础上，Jobson 等[5]提出 SSR 算法。SSR 算法采用高斯函数来计算图像中的环境入射分量。二维高斯函数的表达式为

$$G(x,y) = \frac{1}{2\pi\sigma^2} \exp\left(-\frac{x^2 + y^2}{2\sigma^2} \right) \tag{6.10}$$

式中，σ 为高斯函数的 SD，也是其尺度参数。

令 $F(x,y) = G(x,y)$，则二维高斯函数 $G(x,y)$ 需满足式(6.11)所示的条件，即

$$\iint G(x,y)\mathrm{d}x\mathrm{d}y = 1 \tag{6.11}$$

依据式(6.5)，图像的反射分量可用式(6.12)表示，即

$$r(x,y) = \log\left[R(x,y)\right] = \log\left[I(x,y)\right] - \log\left[G(x,y) * I(x,y)\right] \tag{6.12}$$

式(6.12)没有考虑彩色图像，对于彩色图像的处理，按式(6.13)进行处理，即

$$r_i(x,y) = \log\left[R_i(x,y)\right] = \log\left[I_i(x,y)\right] - \log\left[G(x,y) * I_i(x,y)\right] \tag{6.13}$$

式中，$r_i(x,y)$ 表示处理后的反射分量图像；$I_i(x,y)$ 表示第 i 个颜色通道输入的雾霾图像，当 $i=1$ 时，表明输入的图像是灰度图像，当 $i=3$ 时，表明输入的图像是彩色图像。

在 SSR 算法中，尺度参数 σ 的不同取值会对算法性能产生较大的影响。通过选择合适的尺度参数值，SSR 算法能够达到预期的效果，但是尺度参数值的选择是关键步骤，一般要通过多次实验才能获得较满意的结果和相应的参数值。后续部分将对不同尺度参数值带来的不同效果进行详细讨论。尺度参数 σ 的值越大，那么掩膜半径越小，受周围像素的影响程度越小，估计的图像入射分量会比较平滑，处理后的图像色彩特性会明显增加。这会降低图像动态压缩范围，导致图像中的细节部分不能显示，使细节的增强效果变差。尺度参数 σ 的值越小，那么掩膜半径越大，邻近像素点之间的影响越大，图像整体性会较差，图像色彩保真效

果不好，出现失真的现象。由于增加了图像的动态范围压缩特性，图像的细节信息比较好，图像的信息熵比较高。

6.2.3 多尺度 Retinex 算法

利用 SSR 算法直接处理雾霾图像，效果往往不够理想，因为尺度参数的选择对处理结果有较大的影响，图像细节信息和颜色保真很难协调到最佳。为了克服这些问题，Jobson 等[6]提出 MSR 算法。MSR 算法的思想是把多个分量处理后的结果进行加权求和，作为新的处理结果。其数学模型表达式为

$$\begin{cases} r_{ni}(x,y) = \log\big[I_i(x,y)\big] - \log\big[G_n(x,y) * I_i(x,y)\big] \\ r_{mi}(x,y) = \sum_{n=1}^{N} w_n r_{ni}(x,y) \end{cases} \tag{6.14}$$

式中，i 为颜色通道数，$i \in \{1,2,3\}$，对应于彩色图像的 R 通道、G 通道和 B 通道；N 表示尺度参数值的个数，其取值通常设置三个范围，即低、中、高；$r_{ni}(x,y)$ 表示第 n 尺度下第 i 颜色通道的反射分量；$r_{mi}(x,y)$ 表示第 i 颜色通道经 Retinex 算法处理后的反射分量；w_n 表示尺度参数值的权值。

MSR 算法能够有效去除或降低雾霾的影响，提高图像的质量，但是有时会产生光晕现象。这种现象的产生与尺度参数值的选择有关，而且往往出现在像素灰度值变化较大的区域。当尺度参数值选择较大时，可以有效避免光晕现象，但同时会削弱图像去雾霾的效果。当尺度参数值选择较小时，去雾霾效果好，但会出现光晕现象。总体上，MSR 算法的去雾霾能力要比 SSR 算法强，效果也更好一些，但是图像色彩保真不理想，会出现偏暗的现象。

6.3 基于多尺度模型和直方图特征的遥感图像雾霾消除算法

为提高光学遥感图像的质量，降低雾霾的影响，更好地发挥其应用价值，本节从图像内容和辅助信息的角度，通过结合 Retinex 理论的多尺度模型和图像的直方图特征(multi-scale model and histogram characteristic, MSMHC)[35]，提出一种新的遥感图像雾霾消除算法，称为 MSMHC 算法。该算法首先对输入的遥感图像进行预处理，获取相应的辅助信息和初步内容信息，然后设置两种基于 MSR 算法的遥感图像处理方案，进行直方图处理和融合处理，最后根据输入图像的先验信息，决定是否需要进行转换处理。MSMHC 算法的优势体现在两个方面。一方面，可以处理不同类型的遥感图像，即灰度图像和彩色图像，具有较广的普

适性和实用性。另一方面，既能有效去除雾霾，又能保持丰富的几何细节信息。MSMHC 算法的主要创新如下。

(1) 从遥感图像的内容出发，针对不同类型的图像，设计不同的处理方式。

(2) 优化了 Retinex 理论和 HE 算法，减少了颜色偏移和细节信息损失。因为 Retinex 算法处理后的结果是对动态范围进行压缩，颜色整体偏暗；HE 处理的结果是对动态范围进行拉伸，颜色整体偏亮，两者结合可以实现优势互补，使处理结果更逼近图像的本来面目。

(3) 深入讨论了尺度参数个数设置对 MSR 算法的影响，并设计了两种不同尺度参数数目和数值的处理方式，不但增大了新算法的适用范围，而且能确保算法的有效性。

(4) 采用多尺度小波分解理论对不同的结果进行融合处理，提高处理的准确度。

(5) 三次设置多尺度概念和处理模式，能使图像有较高的信息量和较完整的细节信息，更加逼近场景的本来面目。

6.3.1　算法原理概述

目前，绝大多数有关雾霾图像增强或恢复的理论和算法都是针对室外图像提出的，也有学者研究了遥感图像雾霾消除[3,14,16,20,29]。虽然他们处理了遥感图像中的雾霾问题，但是处理的思路基本与室外图像处理思路一样。本节从遥感图像内容和特点的角度考虑雾霾消除问题，结合现有算法的优缺点和适用范围，提出 MSMHC 算法。该算法采用基于 Retinex 算法的图像增强理论和直方图特征，而不是基于大气散射物理模型和假设条件的算法。这是因为 Retinex 算法和直方图特征法均符合遥感图像的特点，有利于提高遥感图像的处理效果。基于大气散射物理模型的 DCP 算法是针对室外图像进行统计实验而提出的算法，适合室外图像处理，但是与遥感图像的特点相差甚远。图 6.1 为 MSMHC 算法原理流程图。MSMHC 算法主要包括以下步骤。

(1) 输入遥感图像。输入的遥感图像既可以是彩色图像，又可以是全色的灰度图像。

(2) 获取输入遥感图像的相关辅助信息。这里的辅助信息主要包括两方面的内容：第一，图像是彩色图像还是灰度图像；第二，图像覆盖区域主要是城镇区域还是乡村区域。

(3) 对输入的灰度图像进行预处理。如果输入的是灰度图像，为了与彩色图像进行相同的处理，需要对灰度图像进行预处理，把灰度图像转换成彩色图像。假设灰度图像用 $I(x,y)$ 表示，彩色图像用 $C(x,y)$ 表示，把灰度图像 $I(x,y)$ 分别赋予彩色图像的三个通道，即

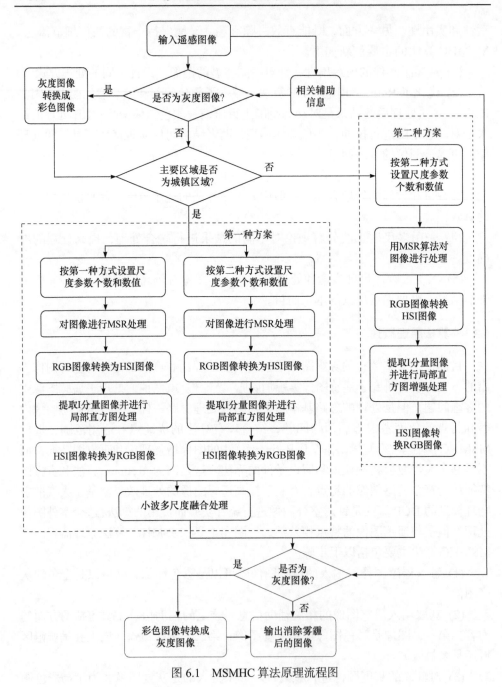

图 6.1　MSMHC 算法原理流程图

$$\begin{cases} C_{\mathrm{r}}(x,y) = I(x,y) \\ C_{\mathrm{g}}(x,y) = I(x,y) \\ C_{\mathrm{b}}(x,y) = I(x,y) \end{cases} \tag{6.15}$$

基于大气物理散射模型的算法一般不能处理灰度图像，如 DCP 算法及其改进算法。这些算法处理的对象是彩色图像，因为彩色图像的三个通道图像值要求不相等，而按式(6.15)获得的彩色图像是相等的，所以这是基于大气散射模型和假设条件的图像雾霾消除算法的一个明显的局限性。MSMHC 算法的一个优势是能有效处理灰度图像。

(4) 对遥感图像的内容进行初步判断。这里主要判断遥感图像获取的是自然环境区域还是大量人造目标区域。自然环境区域，如乡村、农田、山脉等对细节的恢复要求要低一些。对于大量人造目标区域，如城镇、港口等，其对图像细节的恢复有较高要求。这涉及用 Retinex 原理处理图像时，尺度参数的个数和数值的设置。

(5) 设置尺度参数的个数和相应的数值。用 Retinex 算法对图像进行增强处理的关键技术是尺度参数的设置。在 MSMHC 算法中，采用两种方式设置 MSR 算法尺度参数的个数和数值。第一种方式是设置 6 个尺度数，它们的值如表 6.1 所示。因为当尺度参数值较小时，有利于保护细节，所以这里尺度参数取值偏小。

表 6.1　第一种方式的尺度参数设置

尺度参数 σ	第一尺度	第二尺度	第三尺度	第四尺度	第五尺度	第六尺度
数值	20	40	60	80	100	120

在第一种方式中，为了保护更多细节，尺度参数值设置得偏低。为了更好地去除雾霾、避免光晕，尽可能使图像颜色保真，第二种方式中设置了较大的尺度参数值。具体情况如表 6.2 所示。为什么要设成两种不同数目尺度参数个数的方式，后面的实验部分将进行详细讨论。

表 6.2　第二种方式的尺度参数设置

尺度参数 σ	第一尺度	第二尺度	第三尺度	第四尺度	第五尺度	第六尺度	第七尺度	第八尺度	第九尺度
数值	32	64	128	256	512	1024	2048	4096	8192

(6) 设置补偿系数。虽然 MSR 算法能够有效去除雾霾，起到增强图像效果的作用，但是针对彩色图像，会发生图像颜色失真和扭曲的现象。为了尽量减

小图像颜色失真，需要对 Retinex 算法处理后的图像进行颜色补偿处理，数学公式为

$$r_i^*(x,y) = c_i(x,y) \cdot r_i(x,y) \tag{6.16}$$

$$c_i(x,y) = \beta \log \left[\frac{I_i(x,y)}{\sum_{i=1}^{3} I_i(x,y)} \right] \tag{6.17}$$

式中，$c_i(x,y)$ 表示第 i 个颜色通道的色彩补偿系数；β 表示一个补偿常数。

　　与尺度参数 σ 一样，色彩补偿系数 $c_i(x,y)$ 是 MSR 算法中的又一个重要参数，其值对处理结果有较大的影响。在其他条件不变的情况下，$c_i(x,y)$ 值越大，图像颜色失真越大，去雾霾效果越差，同时图像偏暗；当其值较小时，去雾霾效果差，图像偏亮。对于不同的场景，其影响效果的程度也不一样。经过大量的实验，并对实验结果进行比较分析可知，$c_i(x,y) \in [10,30]$ 比较合适，对不同的图像均能获得比较好的结果。在 MSMHC 算法中，其值设置为 20，即 $c_i(x,y) = 20$。

　　(7) 进行 HE 处理。因为 MSR 算法处理图像后整幅图像偏暗，而 HE 处理结果是整幅图像偏亮，因此将其结合来处理图像能实现优势互补。这是 MSMHC 算法的一个显著特点。如果没有 HE 处理，MSR 算法处理后图像的 SD 比较低，表明其细节信息不丰富，利用直方图均衡化处理后，SD 显著提高，同时信息熵也提高了。

　　对图像进行 HE 处理，不是直接对 RGB 彩色图像进行均衡处理。因为这样处理虽然会增强图像，提高图像质量和视觉效果，但是往往会使图像的颜色失真。我们先把 RGB 图像转换成 HSI 模型图像，再对 I 分量进行 HE 处理。这里采用的是局部 HE 处理，而不是全局 HE 处理。处理完后，再转换成 RGB 图像。I 分量反映的亮度信息不涉及颜色类型，因此不会使图像颜色失真。

　　(8) 利用小波多尺度分解进行融合处理。从前面的尺度参数设计可以看出，设计了两种不同方式：一种方式是基于获得尽可能多的细节信息；另一种方式是基于尽可能去除雾霾并使颜色保真。两种方式各有自己的优势和应用目的。如果把这两种方式的处理结果进行融合，将达到既去除雾霾又保持细节和颜色的目的。

　　小波变换多尺度融合的关键是融合规则的确定。本算法采用像素级的融合规则。首先把两幅图像分别进行小波多尺度变换，然后把各个对应分解尺度上的系数子图像进行融合处理，对低频系数子图像进行加权处理，高频系数子图像以取大舍小的原则进行处理。设 $I_1(x,y)$ 和 $I_2(x,y)$ 分别表示两幅按不同算法处理后的遥感图像，$F(x,y)$ 表示融合后的图像，则加权融合的数学模型为

$$F(x,y) = w_1 \cdot I_1(x,y) + w_2 \cdot I_2(x,y) \tag{6.18}$$

式中，w_1 和 w_2 分别表示图像 $I_1(x,y)$ 和图像 $I_2(x,y)$ 的融合权值，即加权系数，而且 $w_1 + w_2 = 1$。

如果 $w_1 = w_2 = 0.5$，则是平均加权，即均值处理。利用加权系数可以很好地去除原始图像中的冗余信息，对于差异性不大的原始图像，能够取得很好的效果。因为两种方式处理的是同一幅遥感图像，所以其差异非常小，用这种方式进行融合会比其他方式取得更好的效果。

对于每个分解尺度上的高频系数子图像，采用取大值原则进行融合处理，其数学模型为

$$F(x,y) = \begin{cases} I_1(x,y), & I_1(x,y) \geqslant I_2(x,y) \\ I_2(x,y), & I_1(x,y) < I_2(x,y) \end{cases} \tag{6.19}$$

取大值原则是忽略另外一幅原始图像的信息。如果两幅图像差异比较大，则融合效果通常不太理想。在 MSMHC 算法中，针对两种方式处理的结果进行融合处理，不论是低频系数融合还是高频系数融合，均能达到好的效果。相反，如果采用其他融合规则，如局部梯度法、方差法和对比度法，不但效果不太理想，而且对于同质的面目标区域，容易出错。

(9) 输出处理结果。根据辅助信息，如果最初输入的是灰度图像，还需转换成灰度图像输出；如果是彩色图像，就直接输出相应的结果。

6.3.2 实验结果与分析

1. 定量分析评价指标

实验结果除了主观评价，还有客观评价。主观评价主要依靠视觉效果进行判断，因此个人的主观意愿和经验占主导因素。客观评价是通过一些评价指标来判断处理结果的好坏，如亮度、对比度、标准差、平均值和信息熵等。SD 反映图像的亮度和对比度。信息熵包括图像中信息量的平均程度。PSNR 反映处理后的图像与原始图像之间的差异程度。结构相似性(structural similarity, SSIM)是衡量两幅图像之间相似性的指标。图像对比度(image contrast, IC)用于反映图像的清晰度。因此，实验采用 SD、IE、PSNR、SSIM、IC 参数对实验结果进行分析和评价。

标准差反映的是图像中像素点灰度值相对于整幅图像灰度均值的离散状况。本质上，SD 反映的是图像细节信息的离散程度，是对一定范围内对比度的直接衡量。标准差值越大，区域内的对比度越大，灰度动态范围就越大，表明图像反映的细节信息越丰富，图像渐变层次越多，图像视觉效果越好。对于彩色图像的

计算，可以先计算 R、G、B 三个颜色通道的分量值，然后相加取均值；可以先把彩色图像转换成灰度图像，再计算标准差。两种方式获得的结果差别不大，本节采用第二种方式进行量化分析。

信息熵反映的是图像平均信息量，是评价图像质量的重要指标。对于彩色图像，同样可以先转换成灰度图像，然后进行计算。根据信息熵理论，图像的信息熵越大，说明图像包含的信息量越大，图像中的细节信息越丰富。

PSNR 常用于处理后的图像与原始图像在质量方面的比较评价。PSNR 值用式(3.32)进行计算。PSNR 值越高，处理后的图像失真越小。

SSIM 是通过比较两幅图像的结构信息，判断其失真程度，从而客观评价图像质量的指标，其最大值为 1。SSIM 的定义可由式(6.20)进行描述，即

$$SSIM(X,Y) = [l(X,Y)]^{\alpha} \cdot [c(X,Y)]^{\beta} \cdot [s(X,Y)]^{\gamma} \tag{6.20}$$

式中，α、β 和 γ 分别表示每个成分的权值；$l(X,Y)$、$c(X,Y)$ 和 $s(X,Y)$ 分别代表亮度、对比度和结构，其中结构是主要因素，它们由式(6.21)进行计算，即

$$\begin{cases} l(X,Y) = \dfrac{2\mu_X \mu_Y + c_1}{\mu_X^2 + \mu_Y^2 + c_1} \\[3mm] c(X,Y) = \dfrac{2\sigma_X \sigma_Y + c_2}{\sigma_X^2 + \sigma_Y^2 + c_2} \\[3mm] s(X,Y) = \dfrac{\sigma_{XY} + c_3}{\sigma_X \sigma_Y + c_3} \\[3mm] \sigma_{XY} = \dfrac{1}{N-1}\sum_{i=1}^{N}(X_i - \mu_X)(Y_i - \mu_Y) \end{cases} \tag{6.21}$$

式中，X 和 Y 分别表示参考图像和被处理的图像；μ_X 和 μ_Y、σ_X^2 和 σ_Y^2、σ_{XY} 分别表示图像 X 和 Y 的均值、方差、协方差；N 表示图像中像素的个数；c_1、c_2 和 c_3 都是很小的正常数，用于避免分母为零带来的系统错误和不稳定性。当 $\alpha = \beta = \gamma = 1$ 和 $c_3 = c_2 / 2$ 时，式(6.20)可以简写为

$$SSIM(X,Y) = \frac{(2\mu_X \mu_Y + c_1)(2\sigma_{XY} + c_2)}{(\mu_X^2 + \mu_Y^2 + c_1)(\sigma_X^2 + \sigma_Y^2 + c_2)} \tag{6.22}$$

IC 是描述图像清晰度的参数，它被定义为黑与白的比例，即从黑到白的梯度水平，IC 越大，渐变越多，颜色越丰富，清晰度越高。IC 定义的数学表达式为

$$IC = \sum_{\delta} [\delta(i,j)]^2 P_{\delta}(i,j) \tag{6.23}$$

式中，i 和 j 分别表示相邻像素的灰度值；$\delta(i,j)=|i-j|$ 表示相邻像素灰度值的差；$P_\delta(i,j)$ 表示相邻像素之间灰度差为 $\delta(i,j)$ 的像素的概率。

2. 不同尺度参数值的比较实验

中心环绕高斯函数 $G(x,y)$ 中的尺度参数 σ 取值不同，直接影响 Retinex 算法去除雾霾的效果。实验通过设置不同的尺度参数值获得不同的去雾霾效果。实验结果如图 6.2～图 6.4 所示。图 6.2(a)为原始图像，覆盖区域主要是城镇，图 6.2(b)～(j)分别为不同尺度参数值所获得的处理结果。从图 6.2 可以看出，对于 SSR 算法，尺度参数取不同值对消除雾霾的结果有较大的影响。随着尺度参数值的增大，去雾霾效果逐渐增强，但是当尺度参数值增大到某个值时，尺度参数值再增大，图像增强和去除雾霾效果几乎不变。当尺度参数值小于 64 时，去雾霾效果不理想；当尺度参数值大于 512 时，去雾霾效果变化不大。

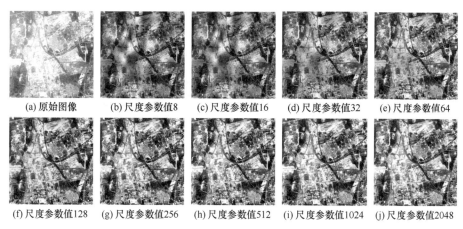

(a) 原始图像　　(b) 尺度参数值8　　(c) 尺度参数值16　　(d) 尺度参数值32　　(e) 尺度参数值64

(f) 尺度参数值128　　(g) 尺度参数值256　　(h) 尺度参数值512　　(i) 尺度参数值1024　　(j) 尺度参数值2048

图 6.2　SSR 算法中不同尺度参数值获得的结果

同样，通过定量指标分析也可以得出同样的结果，如图 6.3 和图 6.4 所示。图 6.3 为不同尺度参数值的 SSR 算法获得的标准差，横坐标 0 表示原始图像。从图 6.3 可以看到，原始图像的标准差值最低，只有 47.53，说明图像的质量最差，反映的细节信息最少。经 SSR 算法处理后，图像质量得到明显改善。当尺度参数值为 8 和 16 时，图像的标准差值都是 57.50，随着尺度参数值的增加，图像的标准差值也增加，当尺度参数值大于 512 时，图像标准差值几乎不变，保持在一个较稳定的常数。图 6.4 反映的是图像信息熵随不同尺度参数值的变化情况。与图 6.3 一样，当尺度参数值较小时，处理效果不太好，随着尺度参数值的增加，图像的信息熵也增加，但是增加到一定程度，其值不再增加，基本保持恒定。实验表明，SSR 算法处理图像的处理效果有一个极限值，达到极限值后，尺度参数值不再对图像处理效果产生影响，也就是说 SSR 算法消除图像雾霾的能力是有限的。这个实验中不同尺度的参数对遥感图像雾霾消除的影响可以为 MSR 算法选择尺度参数个数提供非常有益的帮助和理论依据。在 MSMHC 算法中，两种尺度参数设置方式的依据也来源于此实验。

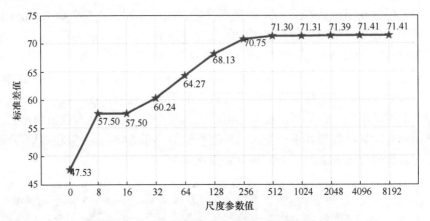

图 6.3　SSR 算法不同尺度参数值所获图像的标准差

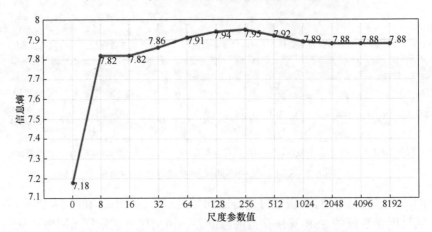

图 6.4　SSR 算法不同尺度参数值所获图像的信息熵

3. MSR 算法取不同参数个数的比较实验

不同尺度参数值对 SSR 算法的处理效果有一定的影响，同样对于 MSR 算法，尺度参数个数的不同也对 MSR 算法有较大的影响。一般情况下，MSR 算法中尺度参数个数通常设为 3，而且其取值区间通常为 [20,200]。在本实验中，3 个尺度参数值分别为 20、80 和 180。同时，设置了三种方案，即尺度参数个数分别为 3、6 和 9，标记为 MSR3 算法、MSR6 算法和 MSR9 算法。MSR6 算法和 MSR9 算法中尺度参数设置情况如表 6.1 和表 6.2 所示。实验数据和实验结果如图 6.5 所示，

其中图 6.5(a1)和图 6.5(a2)分别表示两幅不同的遥感图像，它们都来自 QuickBird
卫星。图 6.5(a)是原始图像，图 6.5(b)～图 6.5(d)分别表示 MSR3 算法、MSR6 算
法和 MSR9 算法获得的结果。从图 6.5 可知，视觉上 MSR9 算法获得的实验结果
要好于 MSR3 算法和 MSR6 算法。

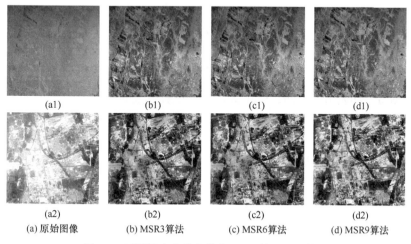

(a1)　　　　(b1)　　　　(c1)　　　　(d1)

(a2)　　　　(b2)　　　　(c2)　　　　(d2)

(a) 原始图像　　(b) MSR3算法　　(c) MSR6算法　　(d) MSR9算法

图 6.5　不同尺度参数个数的 MSR 算法处理结果

　　下面从定量指标方面进一步分析它们的性能。比较指标包括标准差和信息
熵，具体情况如表 6.3 所示。从表 6.3 可知，雾霾遥感图像经 MSR 算法处理后，
不论是哪种方式，其标准差和信息熵都得到了显著提高。例如，图 6.5(a1)原始
图像的 SD 和 IE 值分别为 18.23 和 6.21，经过 MSR6 算法处理后，它们的值分
别变为 40.66 和 7.38。这表明，图像的质量和视觉效果改善明显，如图 6.5 所
示。针对图 6.5(a1)，三种方式获得的图像标准差和信息熵差不多，只是 MSR9
算法的视觉效果要比其他两种方式好一些。同样，在图 6.5(a2)中，虽然三种方
式均能有效去除雾霾，并且它们的标准差和信息熵之间的差别不大(MSR9 算法
的值稍微大一点)，但是它们的视觉效果还是有区别的，MSR9 算法的视觉效果
最好。图 6.5(a1)图像覆盖区域是乡村，标准差最大的是 MSR6 算法，比第三
种方式要稍大一点，但是其视觉效果不如 MSR9 算法。图 6.5(a2)图像覆盖区
域是城镇，不论是标准差还是信息熵，都是 MSR9 算法最大，而且视觉效果最
好。对大量遥感图像去雾霾处理实验进行分析，反映的结果和规律与上述情况
差不多，所以在 MSMHC 算法中，设置了两种不同的处理方案。如果遥感图像
覆盖的区域主要是乡村等自然环境，则用 MSR9 算法进行处理，即第二种方案；
如果遥感图像覆盖的区域以城镇为主，为了更好地保留丰富的细节信息和信息
量，同时能有效去除雾霾，则采用 MSR6 算法和 MSR9 算法分别进行处理，然
后对处理结果进行融合。

表 6.3　不同尺度参数个数 MSR 算法的标准差和信息熵

方案	SD	IE	方案	SD	IE
图 6.5(a1)	18.23	6.21	图 6.5(a2)	47.53	7.18
MSR3 算法	40.61	7.38	MSR3 算法	65.20	7.93
MSR6 算法	40.66	7.38	MSR6 算法	64.91	7.92
MSR9 算法	40.42	7.39	MSR9 算法	68.75	7.96

从图 6.3 和表 6.3 可知，SSR 算法通过设置较大的尺度参数值可以获得较大的标准差值，而且比 MSR 算法的值要大。图像经 MSR 算法处理后，其信息熵会接近或超过 SSR 算法处理的最大值(7.95)。从图 6.2 和图 6.5 可知，SSR 算法的去雾霾能力比 MSR 算法差。

4. MSMHC 算法与 MSR 算法的比较

在前面提到，MSR 算法获得的图像的标准差比高尺度参数值 SSR 算法的低。在 MSMHC 算法中，HE 处理可以弥补 MSR 算法的不足。为了更加突出 MSMHC 算法的优势，本节单独讨论 MSMHC 算法和 MSR 算法的不同。

实验选择 MSR9 算法与 MSMHC 算法进行比较。结果如图 6.6 所示。实验的图像有乡村类型和城镇类型，图 6.6(a1)和图 6.6(a3)为城镇，图 6.6(a2)和图 6.6(a4)为乡村。图 6.6(a1)是室外图像，在文献[8]中用作标准图像，其他三幅图像(图 6.6(a2)～(a4))来自遥感卫星 QuickBird。图 6.6(a)为原始图像，图像被雾霾严重影响，用作消除雾霾的实验数据，图 6.6(b)为 MSR9 算法的结果，图 6.6(c)为 MSMHC 算法的结果。从图 6.6 可以看出，MSR9 算法和 MSMHC 算法都能有效消除图像中的雾霾，取得不错的效果。整体上，MSR9 算法处理后的图像偏暗，经 MSMHC 算法处理后的图像亮度适中，对比度更明显，细节信息更丰富，消除雾霾效果更好。下面比较它们的标准差和信息熵参数，具体结果如表 6.4 所示。

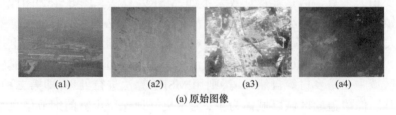

(a1)　　　　(a2)　　　　(a3)　　　　(a4)

(a) 原始图像

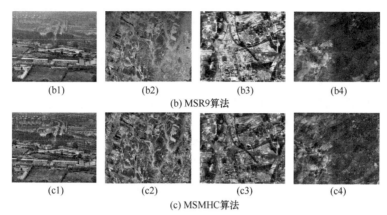

(b1)　　　　　　(b2)　　　　　　(b3)　　　　　　(b4)

(b) MSR9算法

(c1)　　　　　　(c2)　　　　　　(c3)　　　　　　(c4)

(c) MSMHC算法

图 6.6　MSR9 算法与 MSMHC 算法的比较结果

表 6.4　MSR9 算法和 MSMHC 算法的标准差和信息熵

参数	算法	图 6.6(a1)	图 6.6(a2)	图 6.6(a3)	图 6.6(a4)
	原始图像	22.00	18.23	47.53	42.34
SD	MSR9 算法	42.65	40.42	68.75	47.00
	MSMHC 算法	55.46	53.76	56.89	53.97
	原始图像	6.42	6.21	7.18	7.39
IE	MSR9 算法	7.45	7.39	7.96	7.46
	MSMHC 算法	7.76	7.74	7.80	7.68

从表 6.4 可知，雾霾遥感图像经 MSR9 算法和 MSMHC 算法处理后，标准差值显著提高，表明这两种算法既能有效消除雾霾，又能很好地保留细节信息，达到提高图像质量的目的。除了图 6.6(a3)遥感图像，其他图像被处理后，利用 MSMHC 算法处理的图像标准差值要高出 MSR9 算法许多。从信息熵来看，同样除了图 6.6(a3)，其他图像都是 MSMHC 算法比 MSR 算法高，表明 MSMHC 算法处理的效果优于 MSR9 算法。虽然对图 6.6(a3)处理后，MSR9 算法获得的参数值要比 MSMHC 算法高，但是其视觉效果没有 MSMHC 算法好，如图 6.6 所示。对于细节信息非常丰富且对比性特别强的图像，MSR9 算法获得的细节信息会比 MSMHC 算法稍微丰富，但是去雾霾能力要稍微差一些。所以，从整体上来说，MSMHC 算法的性能和适用范围要优于 MSR9 算法，在去除雾霾和细节信息保持方面能达到良好的折中效果。

5. MSMHC 算法与其他算法的比较

为验证所提 MSMHC 算法的优势，把它与典型的 DCP 算法、直方图均衡(histogram equalization, HE)算法、同态滤波(homomorphic filtering, HF)算法、亮度保持动态模糊直方图均衡(brightness preserving dynamic fuzzy histogram

equalization, BPDFHE)算法、SSR 算法和 MSR3 算法进行一系列对比实验。实验
结果如图 6.7 和图 6.8 所示。图 6.7 显示的是原始雾霾图像,图 6.7(b)和图 6.7(f)
为灰色图像,其余图像为彩色图像。图 6.7(a)、图 6.7(c)和图 6.7(l)所示的图像是
由普通相机获取的户外照片图像,其他图像都是遥感图像。图 6.7(i)~图 6.7(k)是
无人机获取的遥感图像,其他遥感图像来自 QuickBird 卫星。实验数据包含不同
类型的雾霾遥感图像,它们之间的差异也相当大。根据遥感图像覆盖的场景内容,
这些图像可以分为城市建筑(城镇)图像(图 6.7(a)~图 6.7(c)、图 6.7(g)、图 6.7(i)
和图 6.7(j))和自然环境图像(图 6.7(d)~图 6.7(f)、图 6.7(h)、图 6.7(k)和图 6.7(l))。
本节进行了大量对比实验,这里只给出几种典型图像的实验结果,如图 6.8 所示。
在本实验中,SSR 算法的尺度参数值设为 64,MSR 算法的尺度参数个数为 3,即
MSR3 算法,3 个不同的尺度参数值分别设为 20、80 和 180。图 6.8(a)~图 6.8(l)
表示不同的原始雾霾图像,它们分别对应于图 6.7(a)~图 6.7(l)。通过 DCP 算法、
SSR 算法、MSR3 算法、HE 算法、HF 算法、BPDFHE 算法和 MSMHC 算法获得的
实验结果分别如图 6.8(a)~图 6.8(g)所示。为了避免不确定的解释和理解,图 6.8(A)
处理的结果用图 6.8(A.a)~图 6.8(A.g)表示,图 6.8(B)处理的结果用图 6.8(B.a)~
图 6.8(B.g)表示,图 6.8(C)~图 6.8(L)的实验结果也用同样的方式表示。

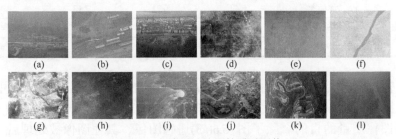

图 6.7　实验测试的原始雾霾图像

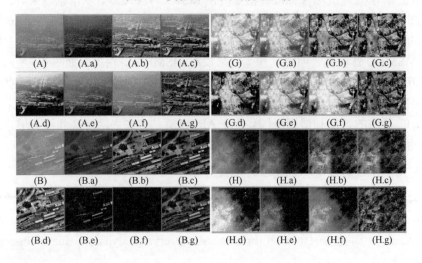

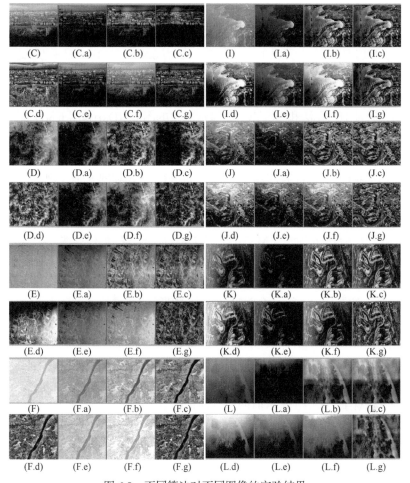

图 6.8　不同算法对不同图像的实验结果

　　图 6.8(A)是包含建筑物和农田等场景的室外图像。从图 6.8(A)可知，消除雾霾的最佳效果为图 6.8(A.g)，它是通过 MSMHC 算法获得的。DCP 算法处理的结果较暗，如图 6.8(A.a)所示。针对此图像，其他算法消除雾霾的效果并不理想。

　　图 6.8(B)所示图像中包含人造建筑，而图 6.8(F)所覆盖的区域是自然环境。它们都是灰度图像，但包含不同的场景。对于城镇图像的图 6.8(B)，这些算法都可以很好地消除雾霾，但是图 6.8(B.b)～图 6.8(B.d)和图 6.8(B.g)显示的消除雾霾效果要比其他算法好，尤其是细节和对比度方面，分别通过 SSR 算法、MSR3 算法、HE 算法和 MSMHC 算法获得。在图 6.8(F)中，通过 MSR3 算法、HE 算法和 MSMHC 算法获得的效果比较好，分别如图 6.8(F.c)、图 6.8(F.d)和图 6.8(F.g)所示，而其他算法消除雾霾的效果一般。

　　图 6.8(C)和图 6.8(L)是室外照片，其中图 6.8(C)主要是城市建筑区域，图 6.8(L)

是自然环境区域。对于图 6.8(C)，HE 算法、BPDFHE 算法和 MSMHC 算法雾霾消除效果优于其他算法，分别如图 6.8(C.d)、图 6.8(C.f)和图 6.8(C.g)所示。对于图 6.8(L)，MSMHC 算法实现了最佳效果，如图 6.8(L.g)所示，然后是 SSR 算法、MSR3 算法和 HE 算法。

图 6.8(D)、图 6.8(E)、图 6.8(H)和图 6.8(K)是自然环境区域的遥感图像。对于图 6.8(D)，通过 HE 算法和 MSMCHC 算法获得的图 6.8(D.d)和图 6.8(D.g)具有好的雾霾消除效果。但是，HE 算法的颜色失真较大，其他算法消除雾霾的效果并不理想。对于图 6.8(E)，效果最好的是 MSMHC 算法(图 6.8(E.g))，然后是 SSR 算法和 MSR3 算法，它们也获得了较好的雾霾消除效果，如图 6.8(E.b)和图 6.8(E.c)所示。HE 算法的结果有点太亮，如图 6.8(E.d)所示。其他三种算法(即 DCP 算法、HF 算法和 BPDFHE 算法)获得的图像细节不清楚。在图 6.8(H)和图 6.8(K)中，HE 算法的失真最严重，如图 6.8(H.d)和图 6.8(K.d)所示。MSMHC 算法是消除雾霾的最佳算法，相应的处理结果如图 6.8(H.g)和图 6.8(K.g)所示。这表明，MSMHC 算法不但可以有效消除遥感图像中的雾霾，而且可以获得良好的细节和清晰度。图 6.8(H)中其他算法的处理结果并不令人满意。在图 6.8(K)中，经 DCP 算法和 HF 算法获得的结果有些模糊，而经过 SSR 算法、MSR3 算法和 BPDFHE 算法处理基本上可以达到消除雾霾的效果。

在图 6.8(G)、图 6.8(I)和图 6.8(J)中，覆盖的地面场景主要是城市区域，但也包括一些绿化设施。对于图 6.8(G)，使用 DCP 算法、HF 算法和 BPDFHE 算法消除雾霾，雾霾消除的效果并不理想。另外四种算法都有很好的消除雾霾效果，最好的仍是 MSMHC 算法。它不但能很好地消除雾霾，而且能获得良好的几何细节信息和清晰度，失真度相对较小。在图 6.8(I)中有大面积的海洋和建筑物，除 DCP 算法和 HF 算法外，其他算法基本上可以有效消除雾霾，但是 HE 算法和 BPDFHE 算法得到的图像更亮，如图 6.8(I.d)和图 6.8(I.f)所示。SSR 算法、MSR3 算法和 MSMHC 算法把海浪视为物体的几何细节信息。在图 6.8(J)中，有河流、湖泊、道路、建筑物和自然景观，消除雾霾较好的算法是 SSR 算法、MSR3 算法和 MSMHC 算法，其中 MSMHC 算法效果最好、最清晰。

通过以上对比实验和结果分析，可以得出以下结论。

(1) 对于室外照片图像，DCP 算法和 BPDFHE 算法可以在一定范围内有效消除雾霾。DCP 算法处理后的图像更暗，而 BPDFHE 算法可以更好地保持图像的亮度，因此生成的图像更亮。BPDFHE 算法对于包括天空在内的室外照片图像，尤其是天空区域的较亮部分，可以获得最佳效果。HE 算法和 MSMHC 算法都能获得较好的实验结果，但是 HE 算法存在明显的颜色失真，对天空部分的处理非常困难。

(2) 对于灰度遥感图像，DCP 算法、HF 算法和 BPDFHE 算法消除雾霾的能力较差。然而，HE 算法和 MSMCHC 算法可以有效消除雾霾，并获得良好的清晰度和细节信息。

(3) 对于彩色遥感图像，除了包含海洋区域的图像，MSMHC 算法取得了良好的效果。HE 算法失真明显。目前，DCP 算法、HF 算法和 BPDFHE 算法不能很好地消除雾霾，这表明它们从遥感图像中消除雾霾的能力不强。SSR 算法和 MSR3 算法消除雾霾的能力也非常有限。MSMHC 算法一般能有效地消除雾霾。

(4) MSMHC 算法可以有效消除室外天空图像和海洋区域遥感图像中的雾霾，实验结果图像清晰，失真小，细节丰富。

(5) 在消除雾霾能力方面，MSR3 算法优于 SSR 算法。MSR3 算法获得的图像细节信息更丰富。对于室外图像，SSR 算法比 MSR3 算法获得的图像更好、更亮。

前面的实验主要是从视觉效果上对不同算法的实验结果进行主观上的判断和分析。实验结果如图 6.8 所示。接下来，用 SD、IE、PSNR、SSIM 和 IC 等参数对这些算法的性能进行定量比较与分析。这些参数值的统计分析结果分别在图 6.9～图 6.13 中显示。

SD 值的统计与比较如图 6.9 所示。由图 6.9 可知，对于所有图像，HE 算法的 SD 值较大。这表明，HE 算法可以调整灰度范围，使图像更清晰。以往的研究表明，该算法通常能有效地消除图像中的雾霾，尤其是灰度图像，但是对于彩色图像，其失真严重。对于具有更详细信息的图像，相对于 HE 算法，其 SD 值相对较小，如图 6.8(C)、图 6.8(D) 和图 6.8(G) 所示。除灰度图像，BPDFHE 算法得到的 SD 值相对较高，这表明它能更好地保持图像的亮度，但是不适合灰度图像处理。类似地，对于 MSMHC 算法，其获得的 SD 值也较大，表明其可以有效地消除图像中的雾霾。

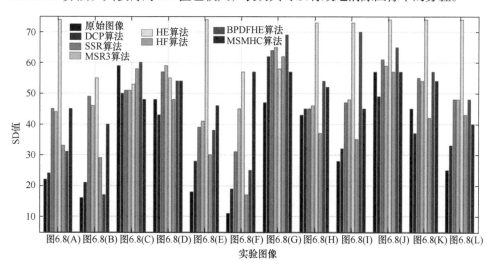

图 6.9 SD 值的统计与比较

图 6.10 显示了不同图像的 IE 值的统计与比较。从 IE 的角度来看，这些算法可以获得大量信息，表明它们可以消除图像中的雾霾。然而，对于灰度图像，

DCP 算法、HF 算法和 BPDFHE 算法的 IE 值相对较低，这表明它们对灰度图像中雾霾的消除能力不强。

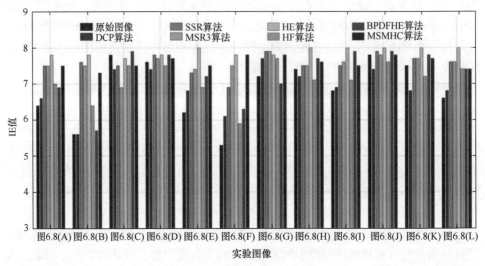

图 6.10 IE 值的统计与比较

图 6.11 显示的是实验图像的 PSNR 值的统计与比较。由于 PSNR 的物理意义是通过与原始图像比较获得的误差，所以原始图像的 PSNR 值是无穷大的。在图 6.11 中，无穷大的 PSNR 值用零代替。如果从图像中消除的雾霾量越少，则处理后的图像与原始图像之间的差异越小，并且 PSNR 值越大；相反，如果完全消除图像混浊，则处理后的图像与原始图像之间的差值越大，PSNR 值越小。从图 6.11

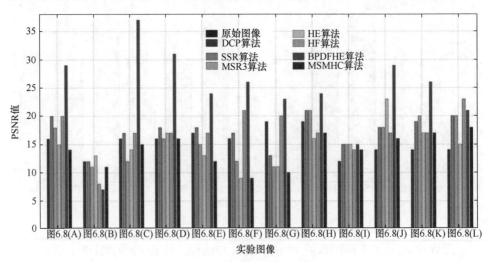

图 6.11 PSNR 值的统计与比较

可以看出，BPDFHE 算法处理的图像的 PSNR 值在任何实验中都是最大的。这表明，BPDFHE 算法能够有效地保持图像较好的亮度，但是处理后的图像与原始图像最接近，因此其消除雾霾能力较差。此外，HF 算法的 PSNR 值相对较大，其他算法得到的 PSNR 值相差不大。

SSIM 值的统计与比较如图 6.12 所示。SSIM 是评价处理后的图像与原始图像结构相似性的重要指标。因此，原始图像本身的 SSIM 值最大，等于 1。因为原始图像包含雾霾，如果雾霾消除到越小，则其与原始图像越相似，SSIM 值越大，即越接近 1。从图 6.12 可以看出，使用 DCP 算法、HF 算法和 BPDFHE 算法获得的 SSIM 值通常较大。这表明，这些算法处理后的图像更接近原始图像，说明它们消除雾霾的能力较差。图 6.12 有一个显著的特征，即经过 MSMHC 算法获得的 SSIM 值最小。结果表明，MSMHC 算法处理后的图像与原始图像有较大的差异。不同之处在于其有效消除了雾霾，提高了图像的对比度和清晰度。对于灰度图像，HE 算法和 MSMHC 算法可以获得相似的 SSIM 值。

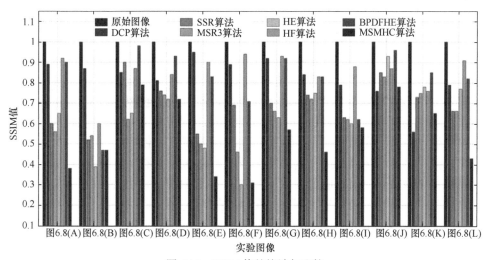

图 6.12　SSIM 值的统计与比较

图 6.13 显示了 IC 值的统计与比较。雾霾图像的典型特征是整个图像呈现灰白色，IC 降低，图像细节模糊。因此，原始雾霾图像的 IC 值非常低，如图 6.13 所示。很明显，IC 的最高值是 HE 算法和 MSMCHC 算法。对于灰度图像和室外照片图像，HE 算法的 IC 值较高，表明它能很好地消除雾霾，但是对于遥感图像，其消除雾霾的能力明显低于 MSMHC 算法。同时，在图 6.13 中还可以看到，通过 DCP 算法和 HF 算法获得的 IC 值相对较低，这表明虽然它们可以消除图像中的雾霾，但是获得的图像清晰度不高，细节也不是很清楚。

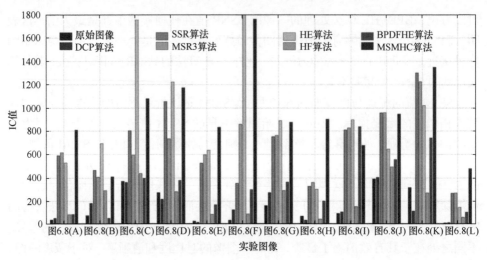

图 6.13 IC 值的统计与比较

为了进一步解释不同算法的性能和效果，本节选择两幅典型的遥感图像进行对比分析，分别如图 6.8(G)和图 6.8(H)所示。参数值分别如表 6.5 和表 6.6 所示。图 6.8(G)的成像场景为城镇区域。图 6.8(H)的成像场景为乡村区域。从表 6.5 和表 6.6 可知，MSMHC 算法的 IC 值和 IE 值相对较大，SSIM 值、SD 值和 PSNR 值相对较小，这表明该算法不但能有效消除雾霾，而且处理后的图像具有良好的细节信息和清晰度。HE 算法的参数值与 MSMHC 算法相似，但是在处理彩色图像时，颜色失真程度相对较大，如图 6.8(G.d)和图 6.8(H.d)所示。同时，DCP 算法和 HF 算法的 IC 值相对较小，这表明这两种算法在处理雾霾遥感图像后无法获得更清晰的图像或更高对比度的图像。对于图 6.8(G)和图 6.8(H)，SSR 算法和 MSR3 算法获得的各种参数值几乎相同，表明它们消除雾霾的能力相当。从参数值来看，BPDFHE 算法消除雾霾的能力居中，它的主要优点是可以保持良好的亮度，但是不能很好地消除图像中的雾霾。

表 6.5　图 6.8(G)的评价指标值

评价参数	SD 值	IE 值	PSNR 值	SSIM 值	IC 值
图 6.8(G)(原始图像)	48	7.2	∞	1	162
图 6.8(G.a)(DCP 算法)	62	7.7	19	0.92	274
图 6.8(G.b)(SSR 算法)	64	7.9	13	0.70	754
图 6.8(G.c)(MSR3 算法)	65	7.9	11	0.66	763
图 6.8(G.d)(HE 算法)	58	7.8	11	0.63	891
图 6.8(G.e)(HF 算法)	62	7.7	20	0.93	291
图 6.8(G.f)(BPDFHE 算法)	69	7.0	23	0.92	364
图 6.8(G.g)(MSMHC 算法)	57	7.8	10	0.57	877

表 6.6　图 6.8(H)的评价指标值

评价参数	SD 值	IE 值	PSNR 值	SSIM 值	IC 值
图 6.8(H)(原始图像)	43	7.4	∞	1	73
图 6.8(H.a)(DCP 算法)	45	7.2	19	0.84	38
图 6.8(H.b)(SSR 算法)	45	7.5	21	0.74	326
图 6.8(H.c)(MSR3 算法)	46	7.5	21	0.72	361
图 6.8(H.d)(HE 算法)	74	8.0	16	0.75	301
图 6.8(H.e)(HF 算法)	37	7.1	17	0.83	46
图 6.8(H.f)(BPDFHE 算法)	54	7.7	24	0.83	203
图 6.8(H.g)(MSMHC 算法)	51	7.6	17	0.46	903

MSMHC 算法是一种基于遥感图像内容、多尺度模型和直方图特征的新算法。实验结果表明，MSMHC 算法确实是一种可行且有效的遥感图像雾霾消除算法，不但能有效消除遥感图像中的雾霾、减少雾霾干扰、提高图像质量和利用价值，而且具有丰富的细节信息。当然，MSMHC 算法也有不足，如不适合处理包含大面积天空区域或海洋区域的遥感图像。

6.4　基于相位一致性和 Retinex 理论的城市遥感图像雾霾消除算法

遥感技术是现代城市发展、资源管理和环境监测的重要技术手段。遥感图像是智慧城市和数字城市的重要数据来源。雾霾天气的存在，严重影响遥感图像的质量，导致遥感图像模糊不清，细节信息丢失，对比度下降和颜色失真。因此，遥感图像雾霾的消除是遥感图像预处理的重要基础内容。遥感图像雾霾的消除既具有挑战性，又具有非常重要的应用价值，逐渐得到许多学者的重视。虽然图像雾霾消除算法很多，而且均能获得好的处理效果，但是处理的对象通常是室外彩色图像或者 RGB 图像。如果直接利用这些算法处理航天或航空遥感图像，并不能取得满意的效果。因为遥感图像与普通室外彩色图像存在较大差异，具体表现如下。

(1) 遥感图像是一种低分辨率图像。其空间分辨率相对较低，通常以米为单位。目前，开放式商业遥感图像的空间分辨率最高(0.31m)，但是户外图像的空间分辨率非常高，用像素表示。

(2) 遥感图像从空中获取，当成像传感器与地面垂直时，场景透射率差别不大，因此各景物受雾霾影响的程度差不多。对于室外照片，特别是包含天空背景的室外照片，景深长度非常大，受雾霾影响程度的差别比较大。

(3) 遥感图像是一种大尺度的区域成像。分辨率越低，覆盖区域面积越大。一幅遥感图像通常覆盖的场景面积很大，可达数万平方公里。户外图像的视野非常有限。

(4) 遥感成像技术获取俯视信息。它从太空观察地球表面，并获得俯视信息。户外图像通常是从地面获得平行信息，即物体一侧的信息。

(5) 遥感图像没有天空背景。大多数室外图像包含天空背景区域，但是遥感图像不包含天空区域。

(6) 有多种类型的遥感图像。目前的室外图像多是 RGB 彩色图像，遥感图像不仅包括单波段灰度图像和全色图像，还包括多波段合成的多光谱彩色图像或相机传感器直接获取的 RGB 图像。

(7) 从遥感图像中获得的特征清晰度相对稳定。在室外图像中，近场景的细节相对清晰，远场景的细节一般模糊，因此处理的重点是远场景部分，整个遥感图像区域的细节清晰度几乎相同。

(8) 城市遥感图像具有丰富的细节信息。城市遥感图像包含的几乎是人造建筑，细节信息丰富，轮廓清晰，而且边缘信息的突变或跃变比较剧烈。

(9) 城市遥感图像包含多种地物。这里通常有绿草、绿树、水池、河流、湖泊、房屋、校园、体育场、公园、广场和车辆。户外图像包含相对简单的地物类型。

室外照片和遥感图像获取的平台不同，导致获得的图像特征或信息也有较大的区别，所以虽然室外照片有好的雾霾消除算法，但是它们用于遥感图像雾霾消除的效果并不理想，特别是城市遥感图像。城市遥感图像覆盖的区域主要是城市建筑、道路和绿化，绝大部分是城市建筑。城市建筑在遥感图像中以灰色或白色的屋顶、立面和路面来体现，也有绿色、蓝色和红色等其他颜色。文献[8]提出的 DCP 算法满足先验假设条件，是一种非常有效的雾霾消除算法，已得到广泛的应用。可是，DCP 算法不太适合城市遥感图像，因城市遥感图像中的白色或灰色建筑物比较多，不符合 DCP 算法的先验假设条件，会影响其雾霾消除效果。城市遥感图像中的人造建筑，如房子和街道等，均能保持相位一致性特征，而且它们的存在和分布不会受到雾霾等因素的影响。利用相位一致性，能够有效提高对比度的细节信息，特别是人造目标。相位一致性是图像的重要性质，利用相位一致性模型可以很好地获得图像中地物目标的结构轮廓信息，并且不受图像亮度和对比度变化的影响。在研究马赫带效应的过程中，Morrone 等[39]发现信号的特征总是在傅里叶相位中最大叠合点处出现，并根据该规律提出相位一致性模型。相位一致性特征是对图像各个位置及各个频率成分的相位相似度进行度量的一种方式，能够很好地检测图像中的边缘信息和特征点信息，因此一些学者用相位一致性模型完成边缘和裂缝的检测[40-42]。由于相位一致性特征不受雾霾的影响，所以本节在文献[35]的基础上提出一种基于遥感图像相位一致性和多尺度统计特征结合的城市遥感图像雾霾消除(urban remote sensing haze removal, URSHR)算法[36]。

6.4.1　算法原理概述

图 6.14 为 URSHR 算法原理框图。URSHR 算法的主要步骤如下。

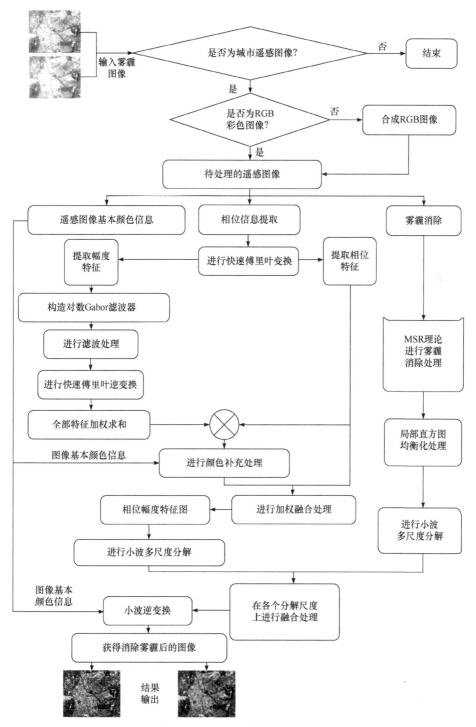

图 6.14　URSHR 算法原理框图

(1) 输入城市遥感图像。输入的城市遥感图像既可以是单波段灰色图像，也可以是多光谱图像或多个波段合成的彩色图像，还可以是由 CCD 相机获得的 RGB 真彩色图像。

(2) 获取图像的色彩信息。这里主要判断输入的图像是彩色图像还是全色的灰度图像，并保存相关的色彩信息，为后续色彩补充和输出结果提供信息。若是灰度图像，则进入步骤(3)；若是彩色图像，则进入步骤(4)。

(3) 把单波段灰色图像转换成彩色图像。对输入的灰度图像或全色图像进行彩色增强处理。输入的单波段灰度图像用 $I(m,n)$ 表示，转换后的 RGB 假彩色图像用 $\mathrm{IC}(m,n)$ 表示。转换的过程如式(6.15)所示，就是把灰度图像 $I(m,n)$ 的各个像素值同时分别赋给假彩色 RGB 图像 $\mathrm{IC}(m,n)$ 的三个通道，即 $\mathrm{IC_R}(m,n)$ 通道、$\mathrm{IC_G}(m,n)$ 通道和 $\mathrm{IC_B}(m,n)$ 通道。

像暗通道这样的典型算法，要求输入的图像不但是彩色图像，而且三个通道图像的像素值不相等。这是基于大气散射模型雾霾消除算法的不足。URSHR 算法通过式(6.15)把灰度图像转换成彩色图像，就可以直接进行处理。这表明，该算法不仅能处理彩色多光谱图像，同样能处理单波段灰度图像，具有较广的适用范围和较好的普适性。

(4) 对输入的城市遥感图像进行快速傅里叶变换。相位信息的获取是在频域中完成的，因此首先对原始图像进行快速傅里叶变换，把图像从空间域转换到频率域。

(5) 提取相位特征。相位一致性特征是城市遥感图像的重要内容，包含非常丰富且显著的边缘信息和轮廓信息，对城市建筑和目标检测具有非常重要的意义。图像相位一致性特征提取的具体过程可参阅文献[43]～[45]。获得的相位一致性特征将用于与幅度特征进行卷积和融合处理。

相位一致性模型是对图像的每个位置和频率分量的相位相似性的度量。它可以在不受图像亮度和对比度影响的情况下获得可靠的图像轮廓信息。为了方便地处理图像并提取图像的二维相位信息，式(6.24)给出了二维空间的相位一致性定义，即

$$\mathrm{PC}(x) = \frac{\sum_{n} W(x)\left|E_n(x) - T\right|}{\sum_{n} A_n(x) + \varepsilon} \qquad (6.24)$$

式中，$A_n(x)$ 是第 n 个余弦分量的振幅；$W(x)$ 是滤波器的权函数；T 是噪声估计值；ε 是一个很小的正常数，目的是防止分母为 0，一般设置为 0.001；$E_n(x)$ 是局部能量函数，且 $E_n(x) = A_n(x) \cdot \Delta\varphi_n(x)$，$\Delta\varphi_n(x)$ 是相移函数，可以通过式(6.25)计算，即

$$\Delta\varphi_n(x) = \cos[\varphi_n(x) - \overline{\varphi}(x)] - \left|\sin[\varphi_n(x) - \overline{\varphi}(x)]\right| \tag{6.25}$$

式中，$\varphi_n(x)$ 是点 x 处傅里叶变换的局部相位；$\overline{\varphi}(x)$ 是点 x 处所有傅里叶变换分量局部相位的加权平均值。

(6) 构造对数 Gabor 滤波器并提取图像幅度特征。图像幅度特征的提取与滤波是同时进行的。在频率域中，通过构造对数 Gabor 滤波器对频域中的幅度特征进行滤波，把获得的结果进行快速傅里叶逆变换。对不同方向的幅度特征进行加权求和，这里设置各权值相等，即求和均值平均。把获得的结果与相位特征进行卷积运算，结果作为最终的幅度特征，这样会使特征更加清晰。

(7) 对幅度特征进行颜色补偿。幅度特征经过频域的滤波和相位特征的卷积处理后，会产生一定程度的色彩失真，利用步骤(2)获取的颜色信息对幅度特征进行色彩补偿处理，如式(6.16)和式(6.17)所示。

(8) 获得相位幅度特征。按式(6.26)把相位特征和幅度特征融合在一起，即

$$F_{AP}(m,n) = \alpha F_A(m,n) + \beta F_P(m,n) \tag{6.26}$$

式中，$F_{AP}(m,n)$ 表示融合后的相位幅度特征；$F_A(m,n)$ 表示幅度特征；$F_P(m,n)$ 表示相位特征；α 和 β 表示加权系数，且 $\alpha + \beta = 1$。

一般情况下 $\alpha = \beta = 0.5$，但是经过大量实验发现，β 值稍大可以有效增强边缘细节信息。但是，它的值不能太大，否则会产生过度增强的效果。经过均衡考虑，我们设 $\alpha=0.45$、$\beta=0.55$。

(9) 用 MSR 理论对城市遥感图像进行雾霾消除处理。有关 MSR 的理论知识和实现过程，可以参阅相关参考文献。

(10) 进行局部 HE 处理。用 MSR 算法对图像进行雾霾消除，虽然能够获得比较好的效果，但是处理后的图像整体色调有点偏暗，接着用 HE 进行处理，可以弥补这个不足。直方图处理图像能调整图像中灰度的分布状况，使处理后的图像色调偏亮。所以，MSR 算法和 HE 处理结合，可实现优势互补。当用直方图原理对图像进行处理时，为避免图像颜色失真，先把 RGB 图像转换成 HSI 图像，然后对 HIS 图像中的 I 分量进行处理，处理结束后，再把 HSI 图像转换成 RGB 图像。

(11) 进行小波多尺度分解和融合处理。采用小波多尺度分析理论对前面获得的相位幅度特征图和雾霾消除结果图进行融合处理，得到最后的结果，既可以实现雾霾消除，又可以保持丰富的细节信息和清晰的对比度。

用小波分别对它们进行多尺度分解，在各个分解尺度上分别进行融合处理和小波逆变换，就获得了最后的结果。融合规则的确定是用小波多尺度分解理论进行特征融合的关键技术。在本节所提算法中，采用像素级进行融合处理，两幅图像被分解后可以分别获得若干个高频系数子图像和低频系数子图像。对于低频系

数子图像，采取系数加权的形式进行融合处理；对于高频系数子图像，采取抓大舍小的原则进行处理。设 $I_1(m,n)$ 和 $I_2(m,n)$ 分别表示两幅按不同算法处理后的遥感图像，$I_F(m,n)$ 表示融合后的图像，低频系数的加权融合规则数学模型为

$$I_F(m,n) = w_1 I_1(m,n) + w_2 I_2(m,n) \tag{6.27}$$

式中，w_1 和 w_2 分别表示图像 $I_1(m,n)$ 和图像 $I_2(m,n)$ 的融合权值，即加权系数，而且 $w_1 + w_2 = 1$。

如果 $w_1 = w_2 = 0.5$，则是平均加权，即均值处理。利用加权系数可以很好地去除原始图像中的冗余信息，对于差异性不大的原始图像，能够取得很好的效果。在 URSHR 算法中，两种不同方式处理的特征图来源于同一幅遥感图像，所以其差异非常小，用这种方式融合会比其他方式取得更好的效果。

对于每个分解尺度上高频系数子图像的融合，采用抓大舍小的原则进行融合处理，其融合规则数学模型为

$$I_F(m,n) = \begin{cases} I_1(m,n), & I_1(m,n) \geqslant I_2(m,n) \\ I_2(m,n), & I_1(m,n) < I_2(m,n) \end{cases} \tag{6.28}$$

(12) 输出结果。根据获取的图像色彩信息，如果最初输入的是灰度图像，还需转换成灰度图像输出；如果是彩色图像，则直接输出相应的结果。

6.4.2　实验结果与分析

1. 城市遥感图像的雾霾消除实验

为了验证 URSHR 算法的可行性，用实际的城市遥感图像进行对比实验，并对不同算法进行比较。实验结果如图 6.15 所示。选择用于对比实验的算法包括 HE 算法、DCP 算法、BPDFHE 算法、MSMHC 算法，以及新提出的 URSHR 算法。实验选择的图像都是城市遥感图像，都不同程度地受到雾霾的影响。图 6.15(A)~图 6.15(J)分别代表不同的原始城市遥感图像，其中图 6.15(A)和图 6.15(B)是由无人机获取的遥感图像，它们的空间分辨率为 2m，图像大小分别为 795×553 和 490×330。图 6.15(C)是由 QuickBird 卫星获取的图像，空间分辨率为 2.5m，图像大小为 612×612。图 6.15(D)~图 6.15(J)是由 WorldView-3 卫星获取的图像，它们经过处理，空间分辨率为 5m，图 6.15(D)和图 6.15(E)的图像大小为 400×400，其他图像的大小为 700×700。图 6.15(A.a)~图 6.15(J.e)分别表示不同算法获得的实验结果，它们分别是 DCP 算法、BPDFHE 算法、HE 算法、MSMHC 算法、URSHR 算法。从图 6.15 可以看出，对于全部的城市遥感图像，DCP 算法处理效果不太理想，不能很好地消除遥感图像中的雾霾，如图 6.15(a)所示。因为 DCP 算法是针对室外图像提出的，而且是基于大气散射模型的，其中大气透射率

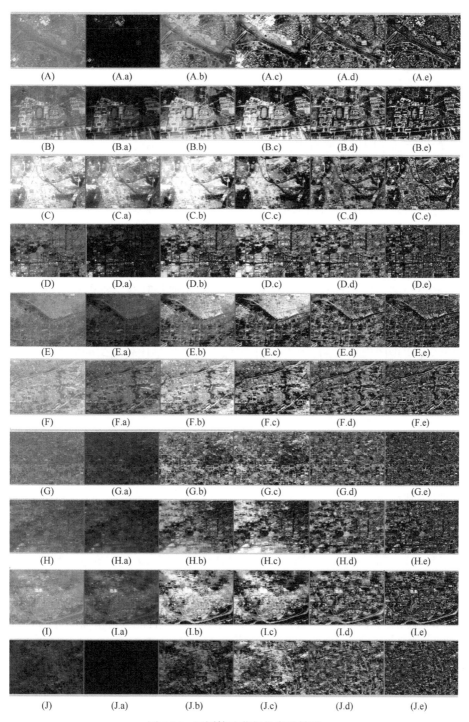

图 6.15　不同算法获得的实验结果

$t(m,n)$ 用景深计算。对于遥感图像，景深距离比较小，可以忽略，但是对于室外图像，景深距离一般比较大，影响不均匀，必须进行较准确的估计才会获得好的结果。这里用 DCP 算法消除遥感图像雾霾时，统一设置相同的参数，这或许是参数估计不准确会带来的不好的实验结果。同时，城市遥感图像中包含的地物主要是人造建筑，含有大量的白色或灰色墙体和屋顶，不满足 DCP 算法的先验假设条件，同样也会影响 DCP 算法的性能和效果。另外，经 DCP 算法处理后的城市遥感图像色彩有点偏暗。从实验结果看，BPDFHE 算法均能保持较好的亮度，如图 6.15(A.b)～图 6.15(J.b)所示。从视觉上看，虽然 BPDFHE 算法能获得较高的亮度和较好的色调，但是对于图像中雾霾的消除，显然效果比较差。这表明，该算法可以用来增强图像色调，特别是阴影和逆光处理，但是雾霾消除能力较弱。

HE 算法是一种非常有效的图像增强算法，经常用来衡量其他算法的好坏。从图 6.15(A.c)～图 6.15(J.c)可以看到，城市遥感图像被 HE 算法处理后，色调都会变得明亮，这一点与 BPDFHE 算法非常相似。其在雾霾消除方面，有时效果非常不错，如对图 6.15(A)～图 6.15(G)的处理，但是对于图 6.15(H)～图 6.15(J)，其消除雾霾的效果不太理想。HE 算法是通过调整图像灰度动态范围的情况实现图像增强的，所以如果图像中包含的是比较均匀的薄雾霾，它能进行有效消除。如果图像中包含的雾霾较厚或者分布不均匀，则 HE 算法就很难把雾霾消除。此外，在图 6.15 中，经 HE 算法处理后的图像颜色有点失真和过增强。

MSMHC 算法是一种较好的遥感图像雾霾消除算法，而且对于其他陆地自然场景的遥感图像，也能获取较好的雾霾消除结果，不足之处是，对于城市遥感图像，包含了较多突变的边缘信息，容易产生光晕现象，这在图 6.15(A. d)～图 6.15(J. d)中可以明显看到。

对于城市雾霾遥感图像，除了有效消除雾霾，还要尽可能地保留较丰富的细节信息和边缘信息，这对后续的地物特征提取和解译具有重要意义。从图 6.15(A.d)～图 6.15(J. d)可知，虽然 MSMHC 算法能有效消除雾霾，但是细节信息不够丰富，而且有光晕现象。因此，本节提出专门针对城市遥感图像雾霾消除的 URSHR 算法。图 6.15(e)所示的实验结果表明，URSHR 算法确实是一种有效的城市遥感图像雾霾消除算法，不但能消除雾霾，而且能获得增强的边缘等细节信息。

从视觉效果来判断，针对城市遥感图像中的雾霾消除，URSHR 算法的效果最好，接着是 MSMHC 算法和 HE 算法。然而，随着雾霾浓度的变化，HE 算法的消除效果也不一样，最后是 BPDFHE 算法和 DCP 算法。下面用定量指标对这五种算法的性能进一步分析和评价。针对图 6.15 所示的各幅图像，分别计算各个评价指标参数值，然后进行比较分析，结果如图 6.16～图 6.18 所示。

如图 6.16 所示，原始图像的 SSIM 值是 1，URSHR 算法的 SSIM 值最小。这表明，URSHR 算法处理的图像与原始图像有很大的不同，但更接近不受雾霾影响的图像，具有很强的消除雾霾能力，能够取得好的雾霾消除效果。较小的 SSIM 值是 HE 算法和 MSMHC 算法，表明这两种算法消除雾霾的能力一般。DCP 算法得到的 SSIM 值与原始图像非常接近，表明 DCP 算法不适合处理城市遥感图像中的雾霾问题。BPDFHE 算法的 SSIM 值处于中间，表明其消除雾霾的能力处于中等状态。

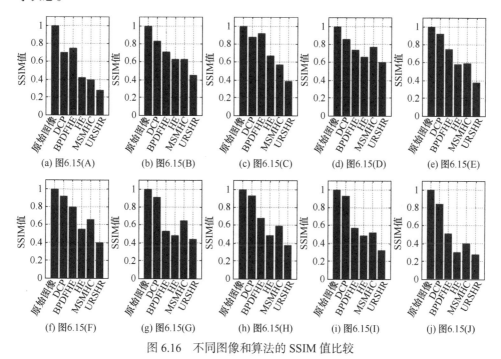

图 6.16　不同图像和算法的 SSIM 值比较

CR 值可以充分反映图像细节的层次感，即图像细节信息的清晰度。如图 6.17 所示，除了 DCP 算法，其他算法可以获得较高的 CR 值，尤其是 HE 算法和 URSHR 算法。一般来说，MSMHC 算法可以获得相对稳定的图像 CR 值，但是该值不是特别高，因此细节信息不太清楚。对于城市遥感图像的处理，URSHR 算法可以获得最高的 CR 值和最佳的清晰度。URSHR 算法处理的图像的 CR 值通常是原始图像的几十倍，是其他算法的几倍。这表明，经 URSHR 算法处理后的图像与原始图像有很大不同，不但能有效地消除雾霾，而且能获得更清晰的细节信息。因此，URSHR 算法是一种有效的雾霾消除算法，也适合城市遥感图像的处理。同时，URSHR 算法在清晰度和梯度水平感方面非常好。

　　此外，在图 6.17 中还发现一个异常现象，即图 6.15(D)和图 6.15(G)中 HE 算法的 CR 值略高于 URSHR 算法。这包括两方面的原因：一方面，HE 算法通过调整和拉伸这两幅图像的灰度值范围来提高对比度，达到消除雾霾的目的；另一方面，这两幅图像的雾霾分布比较均匀且相对较薄，这恰好是 HE 算法消除雾霾的最佳条件，因此可以获得最佳效果和良好对比度。

　　由于 PSNR 值是由滤波后图像与原始图像进行比较获得的，所以原始图像的 PSNR 值都是无限大的。为了便于比较分析，将原始图像的 PSNR 值设置为最大常数，这里将该值设置为 24，如图 6.18 所示。分析表明，PSNR 值越大，雾霾消除能力越差。通过 BPDFHE 算法获得的图像的 PSNR 值几乎是最大的，这表明尽管 BPDFHE 算法可以很好地保持图像的亮度，但是雾霾消除能力较弱。其次，DCP 算法的 PSNR 值较大，接下来是 MSMHC 算法和 HE 算法，最小的 PSNR 值是 URSHR 算法。这进一步表明，URSHR 算法具有最强的雾霾消除能力。从噪声消除的角度来看，URSHR 算法是一种非常有效的城市遥感图像雾霾消除和预处理算法。

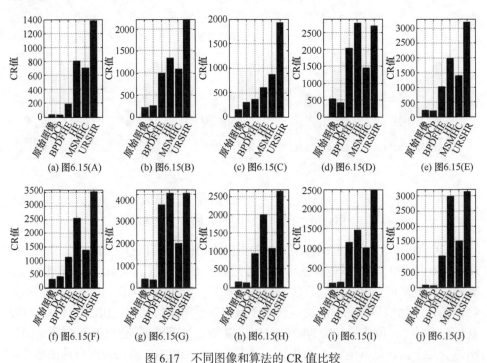

图 6.17　不同图像和算法的 CR 值比较

　　由以上三个评价参数可知，URSHR 算法处理的城市遥感雾霾图像不但具有最低的 PSNR 值和 SSIM 值，而且几乎所有的 CR 值都最高。这充分表明，该算法能够有效消除雾霾，获得丰富的细节信息和良好的清晰度。

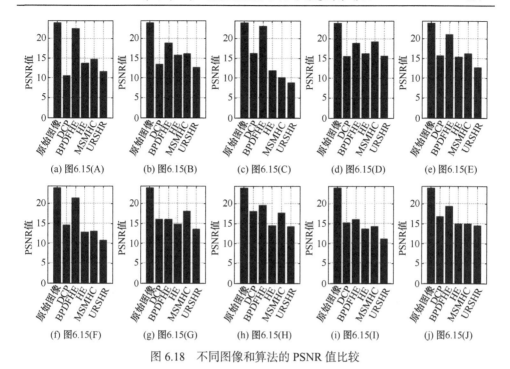

(a) 图6.15(A)　　(b) 图6.15(B)　　(c) 图6.15(C)　　(d) 图6.15(D)　　(e) 图6.15(E)

(f) 图6.15(F)　　(g) 图6.15(G)　　(h) 图6.15(H)　　(i) 图6.15(I)　　(j) 图6.15(J)

图 6.18　不同图像和算法的 PSNR 值比较

2. 全色和多光谱城市遥感图像的雾霾消除实验

上面讨论的是城市区域的彩色遥感图像雾霾消除对比实验。接下来对全色、单波段和多光谱遥感图像的雾霾消除进行比较，它们都是非常重要的遥感图像数据类型。为了满足科学研究的需要，遥感卫星通常可以同时获得多光谱遥感图像和全色图像，但它们的空间分辨率不同。全色图像的空间分辨率高于多光谱遥感图像。实验使用 GeoEye-1 卫星和 WorldView-3 卫星的两组图像。它们都是高分辨率卫星，包括一幅全色遥感图像和四幅多光谱遥感图像，如图 6.19 所示。原始图像的尺寸太大，因此被剪切为 1000×1000。图 6.19(a)所示的遥感图像来自 GeoEye-1 卫星。图 6.19(a1)是第二个波段的多光谱遥感图像，空间分辨率为 2m。图 6.19(a2)是同一区域的全色图像，空间分辨率为 0.5m。图 6.19(a3)是由第 1、2、3 单波段合成的彩色图像。图 6.19(a4)是由第 3、2、1 单波段合成的彩色图像。图 6.19(a5)是由第 3、2、4 单波段合成的彩色图像。波段的顺序依次表示 R、G 和 B 通道图像。图 6.19(a6)所示的图像是由所有四个单波段多光谱遥感图像合成的假彩色图像。图 6.19(a3)～图 6.19(a6)所示的四幅图像的空间分辨率为 2m。图 6.19(b)所示的图像来自 WorldView-3 卫星。其中，全色图像(图 6.19(b1))的空间分辨率为 0.31m，其他多光谱遥感图像(图 6.19(b2)～图 6.19(b5))的空间分辨率为 1.24m。图 6.19(b2)是第 1 波段图像，图 6.19(b3)是由第 1、2、3 单波段合成的彩

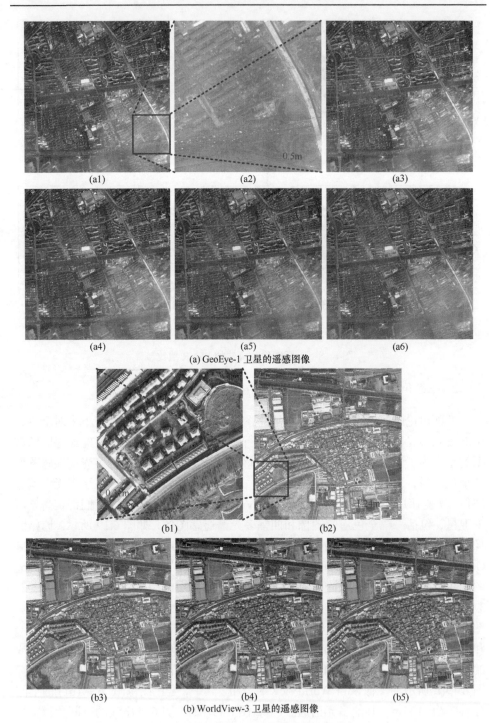

(a1)　　　　　　　　(a2)　　　　　　　　(a3)

(a4)　　　　　　　　(a5)　　　　　　　　(a6)

(a) GeoEye-1 卫星的遥感图像

(b1)　　　　　　　　　　　　(b2)

(b3)　　　　　　　　(b4)　　　　　　　　(b5)

(b) WorldView-3 卫星的遥感图像

图 6.19　全色和多光谱遥感图像的实验数据

色图像，图 6.19(b4)是由第 4、2、1 单波段合成的彩色图像。图 6.19(b5)是由第 1～
4 单波段合成的假彩色图像。图 6.19(a)所示的遥感图像中有较多的雾霾，而且分布
不均匀。在图 6.19(b)中，图像包含的雾霾相对均匀且非常薄。这两组数据分别采用
DCP 算法、BPDFHE 算法、HE 算法、MSMHC 算法和 URSHR 算法进行处理和比
较。如图 6.20 所示，图 6.20(A)～图 6.20(K)为原始图像，图 6.20(B)和图 6.20(G)为
全色图像，图 6.20(A)和图 6.20(H)为单个波段的多光谱遥感图像，图 6.20(C)～
图 6.20(F) 和图 6.20(I) ～ 图 6.20(K)为彩色多光谱遥感图像，图 6.20(A.a)～
图 6.20(K.a)、图 6.20(A.b)～图 6.20(K.b)、图 6.20(A.c)～图 6.20(K.c)、图 6.20(A.d)～
图 6.20(K.d)和图 6.20(A.e)～图 6.20(K.e)分别代表 DCP 算法、BPDFHE 算法、HE
算法、MSMHC 算法和 URSHR 算法获得的实验结果。

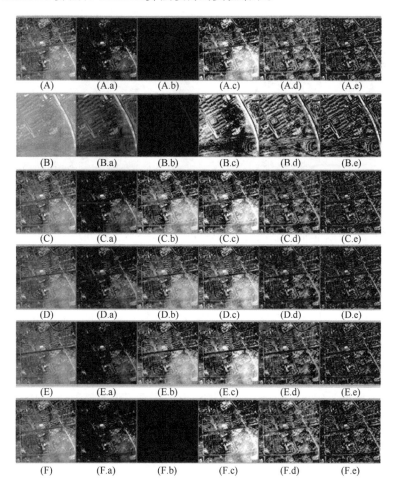

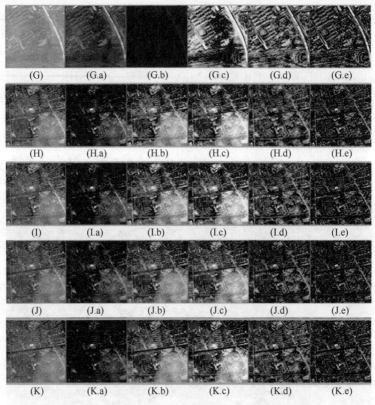

图 6.20　全色图像和多光谱遥感图像的实验结果

从图 6.20 可以非常明显地看到，BPDFHE 算法不适合处理全色和单波段遥感图像。这些图像是通过 BPDFHE 算法处理的，不但清晰度明显降低，而且色调也变得非常暗。对于彩色多光谱遥感图像，BPDFHE 算法可以保持和增强图像的亮度，也可以保持雾霾的亮度，因此在多光谱遥感图像中消除雾霾的能力比较弱，如图 6.20(b)所示。当全色图像和灰度图像中存在较多雾霾时，DCP 算法也不适合对它们进行处理，因为这类图像不满足 DCP 算法的前提条件。对于彩色多光谱遥感图像，DCP 算法可以消除一些雾霾，但消除效果和能力非常有限，如图 6.20(a)所示。对于使用 HE 算法处理雾霾图像，当图像中的雾霾比较均匀时，可以获得较好的消除效果，如图 6.20(G.c)~图 6.20(K.c)所示。当图像中的雾霾分布不均匀时，处理效果并不理想，如图 6.20(A.c)~图 6.20(F.c)所示。HE 算法通过拉伸图像的灰度范围实现图像增强和雾霾消除。在有雾霾的区域，图像相对明亮，所以使用 HE 算法时，这部分会变得更亮，而黑暗区域会更暗，导致最终效果不佳。对于 MSMHC 算法，无论是全色图像、灰度图像和彩色多光谱遥感图像，还是均匀雾霾图像或非均匀雾霾图像，都可以很好地消除图像中的雾霾，如图 6.20(A.d)~

图 6.20(K.d)所示。同时，也可以在图 6.20(A.d)~图 6.20(F.d)中看到，当边缘信息的两侧值相差较大时，容易出现光晕现象。URSHR 算法不但可以有效消除全色图像和单波段多光谱遥感图像中的雾霾，而且可以获得非常好的细节信息和对比度，如图 6.20(A.e)~图 6.20(K.e)所示。同时，URSHR 算法对于任意顺序不同单波段合成的彩色多光谱图像，以及所有单波段图像合成的假彩色图像，都能获得良好的实验结果。这充分表明，多光谱图像获取系统中波段数目和波段顺序不会影响 URSHR 算法的有效性。

图 6.20(G)是全色图像，空间分辨率为 0.31m，其他图像(图 6.20(H)~图 6.20(K))的空间分辨率为 1.24m。图 6.20(H)是单波段灰度图像，其他图像(图 6.20(I)~图 6.20(K))是单波段多光谱遥感图像合成的 RGB 彩色图像。它们都来自 WorldView-3 卫星。由于这 5 幅图像具有典型的代表性，所以把它们的参数结果列出来，如表 6.7 所示。可以看出，除了 BPDFHE 算法对全色图像和灰度图像的异常处理，在其他情况下，URSHR 算法的 SSIM 值和 PSNR 值最小，CR 值最大。例如，在图 6.20(J.e)中，URSHR 算法的 SSIM 值、PSNR 值和 CR 值分别为 0.65、13.91 和 2343。

表 6.7　滤波后全色和多光谱遥感图像不同参数结果的比较

图像	算法	PSNR 值	SSIM 值	CR 值
图 6.20(G.a)	DCP	13.65	0.80	1209
图 6.20(G.b)	BPDFHE	7.52	0.34	223
图 6.20(G.c)	HE	19.56	0.86	1995
图 6.20(G.d)	MSMHC	17.38	0.85	1589
图 6.20(G.e)	URSHR	12.85	0.60	3304
图 6.20(H.a)	DCP	13.04	0.85	1357
图 6.20(H.b)	BPDFHE	6.72	0.39	306
图 6.20(H.c)	HE	14.65	0.77	2714
图 6.20(H.d)	MSMHC	13.76	0.77	2050
图 6.20(H.e)	URSHR	10.32	0.53	3788
图 6.20(I.a)	DCP	16.87	0.91	858
图 6.20(I.b)	BPDFHE	21.17	0.86	1699
图 6.20(I.c)	HE	18.53	0.84	1861
图 6.20(I.d)	MSMHC	16.00	0.83	1379
图 6.20(I.e)	URSHR	12.73	0.62	2304
图 6.20(J.a)	DCP	17.02	0.89	808
图 6.20(J.b)	BPDFHE	21.87	0.88	1692

图像	算法	PSNR 值	SSIM 值	CR 值
图 6.20(J.c)	HE	21.00	0.88	1724
图 6.20(J.d)	MSMHC	17.12	0.86	1294
图 6.20(J.e)	URSHR	13.91	0.65	2343
图 6.20(K.a)	DCP	15.56	0.88	892
图 6.20(K.b)	BPDFHE	20.63	0.86	1901
图 6.20(K.c)	HE	19.96	0.86	1895
图 6.20(K.d)	MSMHC	18.28	0.90	1098
图 6.20(K.e)	URSHR	14.18	0.66	2271

　　通过视觉分析和判断可以得出结论，URSHR 算法非常适合处理城市区域的全色图像或多光谱遥感图像中的雾霾。下面使用定量评估因子 PSNR、SSIM 和 CR 对图 6.20 所示的实验结果图像进行比较和分析，这些图像的评估参数值分别如图 6.21～图 6.23 所示。

　　由于原始图像的 PSNR 值是无限大的，为了便于比较分析，在图 6.21 中，把该值设置为 22，大于其他图像的 PSNR 值。对于彩色多光谱遥感图像，BPDFHE 算法的 PSNR 值较大，这表明其消除雾霾的能力相对较弱。正如之前分析的，BPDFHE 算法不适合处理全色图像和单波段灰度图像，因此处理后的图像质量非常差，导致其 PSNR 值非常低。在其他正常情况下，城市区域多光谱遥感图像中最低 PSNR 值是由 URSHR 算法获得的，如图 6.21 所示。实验结果表明，URSHR 算法消除雾霾的能力较强，消除效果较好，其次是 MSMHC 算法和 DCP 算法。

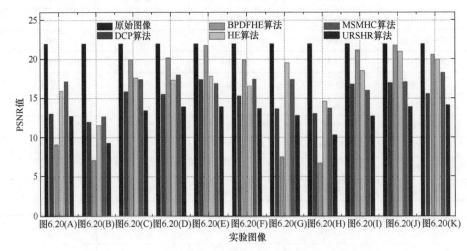

图 6.21　全色图像和多光谱遥感图像的 PSNR 值比较

在图 6.22 所示的 SSIM 值中，URSHR 算法的值最小，表明它与原始图像的差距最大，雾霾消除效果最明显、最干净。SSIM 值最大的是 DCP 算法，表明其整体结构最接近原始图像，对城市区域全色图像和多光谱遥感图像的雾霾消除效果不理想。MSMHC 算法、BPDFHE 算法和 HE 算法的 SSIM 值接近，表明雾霾的去除效果相似或相近。

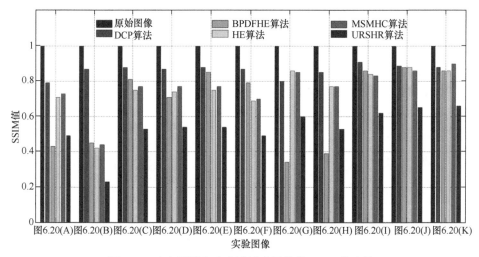

图 6.22　全色图像和多光谱遥感图像的 SSIM 值比较

全色图像和多光谱遥感图像的 CR 值比较如图 6.23 所示。在这两种情况下，URSHR 算法的 CR 值都是最大的，表明它可以有效地保留图像的细节信息，提高图像的清晰度。这两幅实验图像的空间分辨率非常高。结果表明，URSHR 算法

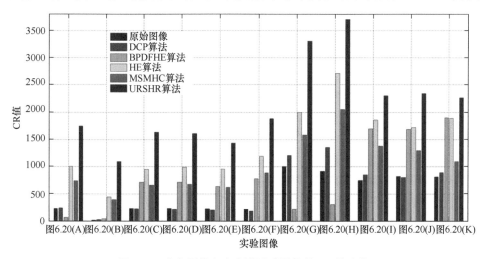

图 6.23　全色图像和多光谱遥感图像的 CR 值比较

可以用于处理高分辨率城市遥感图像中的雾霾。其次，HE 算法获得的图像具有较高的 CR 值，但与 URSHR 算法相比，存在较大的距离。这表明，HE 算法提高图像清晰度的能力有限。

图像细节信息保持能力一般用边缘保存指数 ESI 来描述，ESI 值越高，表明保存边缘的效果越好。边缘保存指数分为水平 ESI 和垂直 ESI。根据式(4.12)的定义，ESI 是消除雾霾的图像与原始图像的比率。因此，原始图像本身的 ESI 值等于 1。与原始图像相比，如果雾霾消除了，那么图像就具有更多的细节信息，其 ESI 值就大。为了便于分析，计算边缘保存指数时，将水平 ESI 和垂直 ESI 相结合，即最后的 ESI 值是水平 ESI 和垂直 ESI 之和。所有实验图像(图 6.20(A)～图 6.20(K))的 ESI 值如图 6.24 所示。

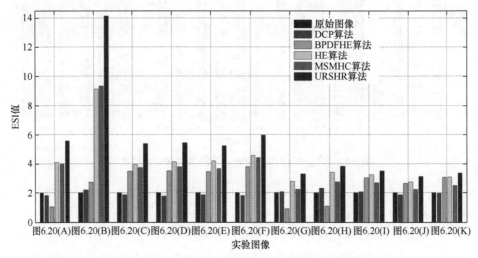

图 6.24　全色图像和多光谱遥感图像的 ESI 值比较

从图 6.24 可以看到，对于图 6.20(B)图像，HE 算法、MSMHC 算法和 URSHR 算法获得的 ESI 值高。由图 6.20(B)可知，该图像中含有大量雾霾，仅这三种算法能有效消除雾霾并获得更详细的细节信息。因此，它们的 ESI 值比较高，尤其是 URSHR 算法。在其他图像中，URSHR 算法的 ESI 值仍然最高。这充分说明，城市遥感雾霾图像经过 URSHR 算法处理后，雾霾确实被消除了，处理后的图像中还保留着大量的几何细节信息。对于彩色图像，BPDFHE 算法、HE 算法和 MSMHC 算法可以获得接近的 ESI 值，但对于灰度图像或全色图像，BPDFHE 算法的 ESI 值相对较低。这表明，BPDFHE 算法不是很稳定。此外，DCP 算法的 ESI 值与原始图像非常接近，说明消除雾霾的效果不是很好。

通过以上详细分析可以得出结论，URSHR 算法能够有效消除高分辨率全色图像和多光谱城市遥感图像中的雾霾，不但消除效果好，而且保留了丰富的细节信息，使对比度得到显著提高。此外，URSHR 算法具有更好的鲁棒性。

3. 相位一致性特征获取实验

如前所述，MSMHC 算法是一种很好的遥感图像雾霾消除算法，但是该算法也存在缺陷。例如，对于城市遥感图像，如果存在一些细节或边缘突变，算法很容易产生图像光晕现象。在雾霾消除方面，MSMHC 算法优于 HE 算法，但有时在细节信息保持方面并不优于 HE 算法。针对 MSMHC 算法的不足，根据城市遥感图像的特点，提出利用图像的相位一致性特征辅助去除城市遥感图像的雾霾。相位一致性特征反映物体特征的空间分布，并且不受雾霾的影响。获取图像的相位一致性特征是 URSHR 算法的重要组成部分，也是 URSHR 算法的关键步骤。因此，下面的实验将讨论城市遥感图像的相位一致性特征提取，结果如图 6.25 所示。其中，图 6.25(a)是原始图像，图 6.25(b)是相位一致性特征图像，图 6.25(c)是通过 URSHR 算法获得的结果图像。通过相位和幅度特征的卷积和融合处理得到相位一致性特征图，并对彩色图像进行颜色补充处理。相位一致性特征的特点

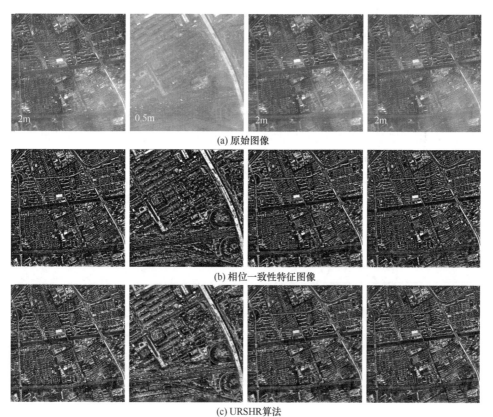

(a) 原始图像

(b) 相位一致性特征图像

(c) URSHR算法

图 6.25　相位一致性特征提取结果图

是轮廓信息非常清晰，类似于边缘锐化处理。由于提取的是相位一致性信息，主要提取边缘信息和轮廓信息，其他信息被严重丢弃，因此 URSHR 算法利用这一优势来增强雾霾图像的细节信息。

4. 室外图像雾霾消除比较实验

URSHR 算法是专门针对城市遥感图像提出的，由于其利用了图像的相位一致性特征，所以在处理城市遥感图像时有较好的优势。下面讨论两种非城市遥感图像的情况，第一种情况是室外照片，第二种情况是成像场景区域不是城市的遥感图像。

首先分析室外照片雾霾消除情况。实验结果如图 6.26 所示。其中，图 6.26(A)和图 6.26(B)分别表示两幅室外雾霾照片，图像尺寸分别为 400×280 和 426×373。图 6.26(A.a)和图 6.26(B.a)～图 6.26(A.e)和图 6.26(B.e)分别表示 DCP 算法、BPDFHE 算法、HE 算法、MSMHC 算法和 URSHR 算法滤波后的结果。从图 6.26 可知，URSHC 算法也能处理包含人造建筑较多的室外图像，只是处理的远景部分不够理想，如图 6.26(e)所示。其他四种算法都能在一定程度上消除室外图像中的雾霾。如表 6.8 所示，所获图像的评价结果反映的规律与前面城市区域遥感图像的一样。BPDFHE 算法处理后的 PSNR 值最高，分别为 22.79(图 6.26(A.b))和 27.14(图 6.26(B.b))，表明其消除雾霾能力差。PSNR 值最小的是 DCP 算法或 URSHR 算法获得的图像，分别为 8.85(图 6.26(A.a)) 和 9.77(图 6.26(B.e))。SSIM 还是 URSHR 算法的最小，说明其与原始图像差别最大。对比度也是 URSHR 算法最大，DCP 算法最小，最大值差不多是最小值的 50 倍，表明 URSHR 算法获得的细节信息具有非常强的层次感。同样，URSHR 算法处理后的图像 SSIM 值最小，它们分别为 0.34(图 6.26(A.e))和 0.18(图 6.26 (B.e))，表明算法具有较强的消除雾霾能力。因此，URSHR 算法也能处理部分室外雾霾图像，只是远景部分的处理结果比较差，不太理想。此时，MSMHC 算法可以获得更好的结果，如图 6.26(A.d)、图 6.26(B.d)和表 6.8 所示。

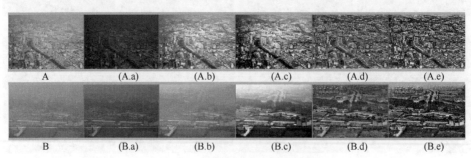

图 6.26　室外雾霾图像的实验结果

表 6.8　室外图像处理结果的不同参数比较

图像	算法	PSNR 值	SSIM 值	SD 值	IE 值	CR 值
图 6.26(A.a)	DCP	8.85	0.61	30	6.89	337
图 6.26(A.b)	BPDFHE	22.79	0.86	48	7.59	1200
图 6.26(A.c)	HE	13.54	0.59	74	7.94	2811
图 6.26(A.d)	MSMHC	13.12	0.62	52	7.71	1863
图 6.26(A.e)	URSHR	9.17	0.34	75	7.70	5969
图 6.26(B.a)	DCP	14.30	0.84	24	6.59	55
图 6.26(B.b)	BPDFHE	27.14	0.76	30	6.87	87
图 6.26(B.c)	HE	13.13	0.53	74	7.99	539
图 6.26(B.d)	MSMHC	13.00	0.34	44	7.47	810
图 6.26(B.e)	URSHR	9.77	0.18	63	7.6	2568

6.5　本 章 小 结

　　雾霾是一种恶劣天气现象，严重影响光学设备的图像质量和目标跟踪。现代城市的扩张和集中使得雾霾对城市遥感的影响更加严重。本章重点研究遥感图像雾霾消除的相关理论和算法。雾霾天气影响遥感图像的质量，因此遥感图像雾霾消除本质上就是低质量遥感图像的增强与恢复。根据遥感图像的内容、模型和特征，我们提出一种新的 MSMHC 算法。该算法基于遥感图像内容、多尺度模型和直方图特征。MSMHC 算法不但能有效消除遥感图像中的雾霾，减少雾霾干扰，提高图像质量和利用价值，而且具有丰富的细节信息。对于 MSMHC 算法，它不是处理包含大面积天空或海洋图像的最佳算法。根据城市遥感的目的和特点，我们提出一种基于图像相位一致性的雾霾消除新算法，即 URSHR 算法。URSHR 算法能够获得更好的细节信息和高对比度，具有很强的消除雾霾能力。无论是低分辨率还是高分辨率的城市遥感图像，全色图像还是单波段图像，合成多光谱彩色图像还是 RGB 图像，算法都能达到预期的效果。

参 考 文 献

[1] Wadud A A, Kabir M, Dewan M H, et al. A dynamic histogram equalization for image contrast enhancement[J]. IEEE Transactions on Consumer Electronics, 2007, 53(2): 593-600.

[2] Liu S L, Rahman M A, Liu S C, et al. Image dehazing from the perspective of noise filtering[J]. Computers and Electrical Engineering, 2017, 62: 345-359.

[3] Long J, Shi Z, Tang W, et al. Single remote sensing image dehazing[J]. IEEE Geoscience and Remote Sensing Letters, 2014, 11 (1): 59-63.

[4] Land E H. The Retinex theory of color vision[J]. Scientific American, 1977, 237(6): 108-128.

[5] Jobson D J, Rahman Z. Properties and performance of a center/surround Retinex[J]. IEEE Transactions on Image Processing, 1997, 6 (3):451-454.

[6] Jobson D J, Rahman Z, Wooden G A. A multiscale Retinex for bridging the gap between color images and the human observation of scenes[J]. IEEE Transactions on Image Processing, 1997, 6(7): 965-976.

[7] Fu X Y, Sun Y, Li W M H, et al. A novel Retinex based approach for image enhancement with illumination adjustment[C]//Proceeding of 2014 IEEE International Conference on Acoustics, Speech and Signal Processing, 2014: 1190-1194.

[8] He K M, Sun J, Tang X O. Single image haze removal using dark channel prior[J]. IEEE Transactions on Pattern Analysis and Machine Intelligence, 2011, 33(12): 2341-2353.

[9] Singh D, Kumar V. Dehazing of remote sensing images using improved restoration model based dark channel prior[J]. The Imaging Science Journal, 2017, 65(5): 282-292.

[10] Fu Z Z, Yang Y J, Shu C, et al. Improved single image dehazing using dark channel prior[J]. Journal of Systems Engineering and Electronics, 2015, 26(5): 1070-1079.

[11] Tan R T. Visibility in bad weather from a single image[C]//Proceeding of 2008 IEEE Conference on Computer Vision and Pattern Recognition, 2008:1-8.

[12] Fattal R. Single image dehazing[J]. ACM Transactions on Graphics, 2008, 27 (3):1-9.

[13] Schechner Y Y, Narasimhan S G, Nayar S K. Polarization-based vision through haze[J]. Applied Optics, 2003, 42(3):511-525 .

[14] Makarau A, Richter R, Muller R, et al. Haze detection and removal in remotely sensed multispectral imagery[J]. IEEE Transactions on Geosciences and Remote Sensing, 2014, 52(9): 5895-5905 .

[15] Kopf J, Neubert B, Chen B, et al. Deep photo: model-based photograph enhancement and viewing[J]. ACM Transactions on Graphics, 2008, 27(5): 1-10.

[16] Pan X X, Xie F Y, Jiang Z G, et al. Haze removal for a single remote sensing image based on deformed haze imaging model[J]. IEEE Transactions on Signal Processing Letters, 2015, 22(10): 1806-1810.

[17] Li L R, Sang H S, Zhou G, et al. Instant haze removal from a single image[J]. Infrared Physics & Technology, 2017, 83: 156-163.

[18] Li Y N, Miao Q G, Liu R Y, et al. A multi-scale fusion scheme based on haze-relevant features for single image dehazing[J]. Neurocomputing, 2018, 283: 73-86.

[19] Zhu Q, Mai J, Shao L. A fast single image haze removal algorithm using color attenuation prior[J]. IEEE Transactions on Image Processing, 2015, 24 (11): 3522-3533 .

[20] Liu Q, Gao X, He L, et al. Haze removal for a single visible remote sensing image[J]. Signal Processing, 2017, 137: 33-43.

[21] Gibson K B, Vo D T, Nguyen T Q. An investigation of dehazing effects on image and video coding[J]. IEEE Transactions on Image Processing, 2012, 21 (2): 662-673.

[22] Cai B, Xu X, Jia K, et al. Dehazenet: an end-to-end system for single image haze removal[J]. IEEE Transactions on Image Processing, 2016, 25 (11): 5187-5198.

[23] Zhu Y Y, Tang G Y, Zhang X Y, et al. Haze removal method for natural restoration of images with sky[J]. Neurocomputing, 2018, 275: 499-510.

[24] Tang K, Yang J, Wang J. Investigating haze-relevant features in a learning framework for image dehazing[C]//Proceeding of 2014 IEEE Conference on Computer Vision and Pattern Recognition, 2014: 2995-3002 .

[25] Ren W, Liu S, Zhang H, et al. Single image dehazing via multi-scale convolutional neural networks[C]//Proceeding of 2016 European Conference on Computer Vision, 2016: 154-169.

[26] Galdran A. Image dehazing by artificial multiple-exposure image fusion[J]. Signal Processing, 2018, 149: 135-147.

[27] Ancuti C O, Ancuti C. Single image dehazing by multi-scale fusion[J]. IEEE Transactions on Image Processing, 2013, 22(8): 3271-3282.

[28] Wang G, Ren G, Jiang L, et al. Single image dehazing algorithm based on sky region segmentation [J]. Information Technology Journal, 2013, 12(6): 1168-1175.

[29] Chen C H, Liu Y, Cui Q. Remote sensing image defog algorithm based on saturation operation and dark channel theory[J]. Computer Engineering and Applications, 2018, 54(5): 174-179.

[30] Zhao C L, Dong J W. Image enhancement algorithm of haze weather based on dark channel and multi-scale Retinex[J]. Laser Journal, 2018, 39(1): 104-109.

[31] Land E H. An alternative technique for the computation of the designator in the Retinex theory of color vision[C]//Proceedings of the National Academy of Sciences of the United States of America, 1986, 83(10):3078-3080.

[32] Jobson D J, Rahman Z, Wooden G A. Retinex image processing: improved fidelity to direct visual observation [C]//Color and Imaging Conference, 1996: 36-41.

[33] Barnard K, Funt B. Analysis and improvement of multi-scale Retinex[C]//Color and Imaging Conference, 1997: 221-226.

[34] 黄世奇, 段向阳, 李丹, 等. 基于灰度和模型的遥感图像雾霾去除算法[C]//第十五届国家安全地球物理专题研讨会, 2019: 118-125.

[35] Huang S Q, Li D, Zhao W W, et al. Haze removal algorithm for optical remote sensing image based on multi-scale model and histogram characteristic[J]. IEEE Access, 2019, 7: 104179-104196.

[36] Huang S Q, Liu Y, Wang Y T, et al. A new haze removal algorithm for single urban remote sensing image[J]. IEEE Access, 2020, 8: 100870-100889.

[37] Land E H, McCann J J. Lightness and Retinex theory[J]. Journal of the Optical Society of America, 1971, 61(1):1-11.

[38] McCartney E J. Optics of the Atmosphere: Scattering by Molecules and Particles[M]. New York: John Wiley and Sons, 1976.

[39] Morrone M C, Owens R A. Feature detection from local energy[J]. Pattern Recognition Letters, 1987, 6(5): 303-313.

[40] Chen M, Zhu Q, Zhu J, et al. Interest point detection for multispectral remote sensing image

using phase congruency in illumination space[J]. Acta Geodaetica et Cartographica Sinica, 2016, 45(2): 178-185.

[41] Lin Y C, Fu X Y, Wang F, et al. An oil spill segmentation algorithm for SAR imagery based on phase congruency[J]. Science of Surveying and Mapping, 2016, 41(3): 91-95.

[42] Kuang J, Zhang Y S, Zhao J B. Automatic detection of rock mass fissure based on image processing of phase congruency[J]. Computer Engineering and Applications, 2018, 54(24): 193-197.

[43] Kovesi P. Image features from phase congruency[J]. Journal of Computer Vision Research, 1999, 1(3): 1-26.

[44] Kovesi P. Phase congruency detects corners and edges[C]//Proceedings of the Seventh International Conference on Digital Image Computing: Techniques and Applications, 2003: 309-318.

[45] Ahmed Z, Sayadi M, Faniech F. Satellite images features extraction using phase congruency model[J]. International Journal of Computer Science and Network Security, 2009, 9(2): 192-197.

第7章 多尺度窗口特征提取与遥感图像处理

7.1 引 言

不论是人工智能还是大数据技术,不论是5G通信还是新一代电子信息技术,数据始终是核心,研究始终围绕数据的获取、处理和应用展开。图像数据既是重要的表现方式,又是信息来源,因此对图像进行处理的目的就是提取重要且有价值的信息,完成此任务的过程就是图像处理和分析。其中,图像处理的目的就是提高图像的视觉效果和使用价值,图像分析就是把图像中有意义的信息以特征图或专题图的形式展示出来。对图像的处理,可以是单幅图像的处理,也可以是多幅图像或图像序列的处理;既可以是整幅图像的处理,也可以是图像的某个区域的处理。对多幅图像的处理,基本的数学运算是加减乘除,此时整幅图像就是一个尺度,一个窗口。实际应用中往往不是对整幅图像感兴趣,而是只对图像的区域感兴趣,例如图像目标检测和图像分割,只要一个局部窗口把感兴趣的目标圈出来或分割出来即可。由于目标大小不同,对目标区域进行提取时需要根据目标半径的大小设置不同的窗口,即多尺度窗口。多尺度窗口在图像处理和应用中发挥着重要的作用。基于多尺度窗口的邻域运算是图像处理的重要运算方式,其与基本的数学运算构成图像的整个运算方式和内容体系。图像空间域的滤波、图像局部特征的提取、图像特征图的提取,以及前沿热门的深度卷积神经网络等都是基于多尺度窗口的邻域运算。因此,本章主要探讨多尺度窗口在遥感图像处理和特征提取中的应用情况,包括基于多尺度窗口的红外遥感图像滤波和高光谱遥感图像的多尺度特征提取及分类[1,2]。

7.2 邻域运算与多尺度滤波窗口理论

图像的邻域运算是指输出图像中每个像素是由对应的输入像素及其邻域内的像素共同决定时的图像运算。邻域运算与基于像素级的点运算一起构成最基本、最重要的图像处理算法。图像中的邻域是指某像素周围具有一定形状规则区域内的全部像素。因此,图像像素点的邻域是一个远比图像本身尺寸小的规则像素块,如 2×2、3×3 和 4×4 等正方形或用来近似表示圆及椭圆等形状的多边形。图 7.1 为像素邻域示意图。在信号与系统的分析中,最基本的运算就是相关与卷积运算。

在实际的图像处理中，这种相关和卷积运算表现为邻域运算，因此图像邻域运算本质上就是离散信号的卷积运算，是图像邻域块像素值与模板或卷积核的卷积运算。图像邻域运算在图像空间域处理中的主要应用是空间域平滑、空间域锐化、空间域边缘提取。

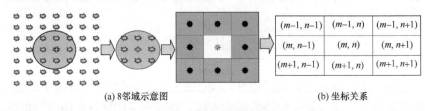

(a) 8邻域示意图　　　　　　　　　　　　(b) 坐标关系

图 7.1　像素邻域示意图

1. 图像邻域运算原理

从信号处理的角度来说，图像邻域运算实质上是一种卷积运算。图像的卷积运算是通过模板操作完成的，即图像中某像素的邻域像素与模板元素进行卷积运算。模板是一个二维矩阵，例如式(7.1)就是一个模板，每个值称为元素，元素值可以看作权值，也可以看作其他图像的像素值，可以是正值，也可以是负值。模板的形式多种多样，在信号处理中，这个模板就是一个核函数。在一个系统中，输出信号等于输入信号与冲激响应的卷积。在图像处理中，这个输入信号就是某个像素的邻域，也是一个二维矩阵，其大小需与模板的大小相同。

$$H_1 = \frac{1}{9}\begin{bmatrix} 1 & 1 & 1 \\ 1 & 1 & 1 \\ 1 & 1 & 1 \end{bmatrix},\ H_2 = \frac{1}{4}\begin{bmatrix} 1 & 1 \\ 1 & 1 \end{bmatrix},\ H_3 = \begin{bmatrix} 0 & -1 & 0 \\ -1 & 4 & -1 \\ 0 & -1 & 0 \end{bmatrix} \tag{7.1}$$

假如某像素 P 的邻域用 T 表示，模板矩阵用 H 表示，则输出像素值就是 T 和 H 的卷积结果，即

$$I_P = T * H \tag{7.2}$$

式中，I_P 表示像素 P 的新值。

2. 邻域窗口

遥感图像与普通的数字图像一样。在计算中，单波段灰度图像就是一个二维数值矩阵，每个栅格就是一个像素，实质上就是像素的空间位置。每个像素都有一个相应的灰度值，称为数值(digital number, DN)。彩色的多光谱图像可以用三个矩阵表示，每个矩阵对应 R、G、B 颜色通道。在处理单波段遥感图像时，如空间域滤波，通常需要预先定义一个邻域窗口。这个邻域窗口就是用来告诉程序，以多大的范围来定义邻域，即用来进行邻域运算的单元。邻域窗口的大小和形状依据卷积模板来确定，为了便于计算，通常情况下，邻域窗口的大小一般设为奇

数，因为偶数大小的邻域窗口没有唯一的中心像元。常用的邻域窗口有 3×3、5×5、7×7 等，不同大小的邻域窗口构成不同尺度的滤波器，可以提取到不同尺度的特征。图 7.2 定义了一个以像素 R_{33} 为中心的 3×3 邻域窗口。

R_{11}	R_{12}	R_{13}	R_{14}	R_{15}
R_{21}	R_{22}	R_{23}	R_{24}	R_{25}
R_{31}	R_{32}	R_{33}	R_{34}	R_{35}
R_{41}	R_{42}	R_{43}	R_{44}	R_{45}
R_{51}	R_{52}	R_{53}	R_{54}	R_{55}

图 7.2　3×3 邻域窗口

邻域窗口的移动方式有两种，即平移和跳跃。这是邻域窗口运算时的移动方式。在处理一幅图像时，一般是把邻域窗口从左到右或者从上到下进行移动。平移窗口是指每计算完一个像素的邻域，移动到其旁边的下一个像素进行计算。跳跃窗口是指在计算完一个像素的邻域后，跳动到与这个邻域窗口不相交的下一个邻域窗口进行运算。在实际应用中，平移窗口使用比较多，跳跃窗口丢失较多的信息，所以使用较少。图 7.3 是邻域窗口移动的例子，其中图 7.3(a)是窗口平移，图 7.3(b)是窗口跳跃。在图 7.3(a)中，首先以 R_{32} 像素为中心像元进行 3×3 的邻域运算，计算完后，中心像素往右滑动一个像素，即重新以 R_{33} 像素为中心像元进行一个 3×3 的邻域计算，计算完后再向右滑动一个像素，以 R_{34} 像素为中心像元进行邻域计算，依此类推。在图 7.3(b)中，首先以 R_{22} 像素为中心像元，计算一个 3×3 的邻域窗口，计算完成后，像素中心跳跃到 R_{25}，即以 R_{25} 为中心像元重新计算一个 3×3 的邻域窗口。一般情况下，跳跃至少一个以上的像素，也就是说新的像元中心和上一个像元中心至少隔开一个像素，而不是紧挨着，但是滑动窗口一般是紧挨着的。需要注意的是，跳跃窗口的运算一般会把计算结果赋值给窗口内的所有像元，再跳到下一个位置，而不是仅赋值给中心像元。

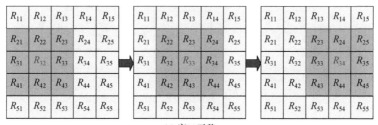

(a) 窗口平移

R_{11}	R_{12}	R_{13}	R_{14}	R_{15}	R_{16}
R_{21}	R_{22}	R_{23}	R_{24}	R_{25}	R_{26}
R_{31}	R_{32}	R_{33}	R_{34}	R_{35}	R_{36}
R_{41}	R_{42}	R_{43}	R_{44}	R_{45}	R_{46}
R_{51}	R_{52}	R_{53}	R_{54}	R_{55}	R_{56}

图 7.3　邻域窗口的移动方式

3. 卷积运算

图像的邻域运算是通过模板运算实现的,模板运算的数学含义就是卷积运算。假设有两个离散序列信号 $f_1(n)$ 和 $f_2(n)$,它们之间的卷积公式为

$$f_1(n) * f_2(n) = \sum_{m=-\infty}^{\infty} f_1(m) f_2(n-m) \tag{7.3}$$

卷积是一种用途广泛的算法,可以完成各种处理变换,如信号处理中非常重要的卷积定理。图像的邻域运算本质上是离散信息(数据)的卷积运算,只不过是以二维数据矩阵的形式表示的。图 7.4 为图像模板卷积运算示意图,其中图 7.4(a)为卷积原理,图 7.4(b)为卷积运算实例。

从图 7.4 可知,邻域中的每个像素(假定邻域大小为 3×3,应与卷积核的大小相同)分别与卷积核中的每个元素相乘,乘积以所得结果为中心像素的新值。

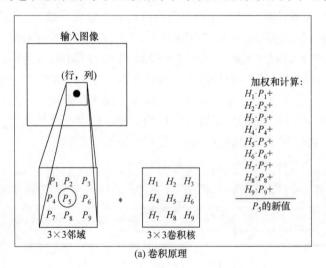

(a) 卷积原理

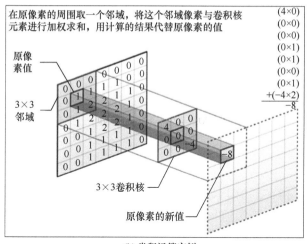

(b) 卷积运算实例

图 7.4 图像模板卷积运算示意图

原像素不一定在邻域中心,为了便于计算,通常取以某像素为中心的邻域。卷积核中的元素称为加权系数(也称卷积系数)。卷积核中的卷积系数大小及排列顺序决定了对图像进行区域处理的类型,如滤波、锐化增强、边缘提取等。

当在图像上移动模板(卷积核)至图像的边界时,在原始图像中找不到与卷积核中加权系数相对应的像素。这种现象在图像的上下左右四个边界上均会出现,称为卷积运算的图像边界问题。卷积窗口大小不同,即不同尺度的窗口,边缘处理的像素数量是不同的。

4. 多尺度滤波窗口

图像在获取、处理和传输过程中会受到各种因素的干扰,这些干扰信号不是用户所需求的,反而影响图像的质量、视觉效果和应用。因此,需把这些随机干扰信号去除,这就是滤波。图像滤波是指在尽量保留图像细节特征的条件下对目标图像的噪声进行抑制,是图像预处理中不可缺少的操作。其处理效果的好坏将直接影响后续图像处理与分析的有效性和可靠性。图像滤波的本质是突出图像中目标区域的空间细节信息,抑制或去除图像中的噪声和一些无关的信息。消除图像中噪声成分的过程称为图像的平滑化或滤波操作。常用的滤波器是一种方框滤波器,即用一种 Box 模板对图像进行模板操作(卷积运算)的图像平滑算法。Box 模板是指模板中所有系数都取相同值的模板,其数学模型为

$$H = a \begin{bmatrix} 1 & 1 & \cdots & 1 \\ 1 & 1 & \cdots & 1 \\ \vdots & \vdots & & \vdots \\ 1 & 1 & \cdots & 1 \end{bmatrix} \tag{7.4}$$

式中，a 为不同的常数值，当对 a 进行归一化处理时，就是均值滤波。右边矩阵的大小不同，构成不同尺度的滤波器，常用模板的大小为 3×3、5×5、7×7 等。

5. 均值滤波

均值滤波是指在图像上对待处理的某个像素给定一个模板。该模板包括其周围的邻近像素，是用模板中全体像素的均值替代原像素值的算法。均值滤波是方框滤波归一化的特殊情况，是一种线性滤波。输出图像的每个像素是核窗口内输入图像对应像素的平均值(所有像素加权系数相等)。均值滤波本身存在固有的缺陷，即它不能很好地保护图像细节信息，在图像去噪的同时也破坏了图像的细节信息，从而使图像变得模糊，不能很好地去除噪声点，特别是椒盐噪声。

邻域均值滤波的数学含义可用式(7.5)表示，即

$$g(m,n) = \frac{1}{M} \sum_{(i,j) \in S} f(i,j) \tag{7.5}$$

式中，$g(m,n)$ 表示像素点 (m,n) 的灰度值；S 表示以 (m,n) 为中心的邻域的集合；M 表示集合 S 内点的个数；(i,j) 表示集合 S 内的任一点；$f(i,j)$ 表示该点的灰度值或者权值。

以模板形式表示邻域均值运算，选择 3×3 的卷积核模板，即

$$H_0 = \frac{1}{9} \begin{bmatrix} 1 & 1 & 1 \\ 1 & 1 & 1 \\ 1 & 1 & 1 \end{bmatrix} \tag{7.6}$$

输入图像的二维数值图如图 7.5 所示。邻域均值运算结果如图 7.6 所示。在图 7.5 中，从第二行第二列开始进行滤波处理，此时以像素 (2,2) 为中心取一个 3×3 的邻域，$g(2,2) = 2$，即该像素的灰度值为 2。把邻域集合 S 用矩阵表示，即

$$S = \begin{bmatrix} 1 & 2 & 1 \\ 1 & 2 & 2 \\ 5 & 7 & 6 \end{bmatrix} \tag{7.7}$$

1	2	1	4	3
1	2	2	3	4
5	7	6	8	9
5	7	6	8	8
5	6	7	8	9

图 7.5 输入图像的二维数值图

1	2	1	4	3
1	2	4	4	4
5	4	5	6	9
5	6	7	8	8
5	6	7	8	9

图 7.6 输入图像邻域均值运算结果

对式(7.7)和式(7.6)进行卷积运算,计算后获得的结果为 2,将该值代替原来的数值。计算完后,窗口向右滑动一个像素,依此类推。不同的滤波窗口大小,滤波效果是不一样的,实验结果如图 7.7 所示。随着滤波窗口尺寸的增大,滤波效果会变好,但是图像的细节信息逐渐被模糊。

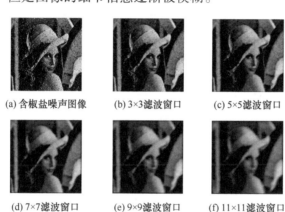

(a) 含椒盐噪声图像 (b) 3×3滤波窗口 (c) 5×5滤波窗口

(d) 7×7滤波窗口 (e) 9×9滤波窗口 (f) 11×11滤波窗口

图 7.7 不同大小滤波窗口的滤波结果

6. 高斯滤波

高斯滤波也是一种线性滤波,能够有效抑制图像噪声。高斯滤波的作用原理与邻域均值滤波类似,都是取滤波窗口内像素的均值作为输出。其窗口模板的系数和均值滤波不同,均值滤波的模板系数都是相同的,即 1;高斯滤波的模板系数随着距离模板中心的增大而减小。所以,高斯滤波相比于均值滤波对图像的模糊程度更小,更适合于抑制服从正态分布的噪声。

高斯滤波器是一类根据高斯函数的形状来选择权值的线性平滑滤波器,与高斯分布(正态分布)有一定的关系。设一个二维高斯函数的表达式为

$$h(x, y) = \exp\left(-\frac{x^2 + y^2}{2\sigma^2}\right) \tag{7.8}$$

式中，(x, y) 为点坐标，在图像处理中可认为是整数；σ 为标准差。

要想得到一个高斯滤波器模板，可以对高斯函数进行离散化，然后把得到的高斯函数值作为模板的系数。例如，要产生一个 3×3 的高斯滤波器模板，以模板的中心位置为坐标原点进行取样。高斯滤波器模板在各个位置的坐标如图 7.8 所示，此处 x 轴水平向右，y 轴竖直向下。

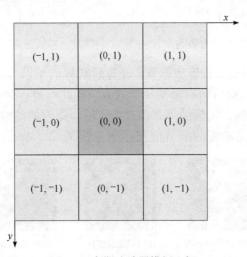

图 7.8 高斯滤波器模板坐标

这样将各个位置的坐标代入高斯分布函数中，得到的值就是模板的系数。对于窗口模板的大小为 $(2k+1)\times(2k+1)$，模板中各个元素值的计算公式为

$$H_{i,j} = \frac{1}{2\pi\sigma^2} \exp\left[-\frac{(i-k-1)^2 + (j-k-1)^2}{2\sigma^2}\right] \tag{7.9}$$

按这种方式计算出来的模板有两种形式，即小数和整数。

(1) 小数形式的模板，就是直接计算得到的值，没有经过任何处理。

(2) 整数形式的模板，需要进行归一化处理，将模板左上角的值归一化为 1。当使用整数形式的模板时，需要在模板的前面加一个系数 a，也就是模板系数和的倒数，$a = 1/\sum\limits_{(i,j)\in w} W_{i,j}$。

按上述原理生成一个 3×3 的高斯滤波器模板，设标准差 $\sigma = 0.8$，得到的模板 H_0 为

$$H_0 = \begin{bmatrix} 1 & 2.1842 & 1 \\ 2.1842 & 4.7707 & 2.1842 \\ 1 & 2.1842 & 1 \end{bmatrix} \tag{7.10}$$

对式(7.10)右边的元素取整数，就是高斯滤波器模板的整数形式，即

$$H = \frac{1}{16} \begin{bmatrix} 1 & 2 & 1 \\ 2 & 4 & 2 \\ 1 & 2 & 1 \end{bmatrix} \tag{7.11}$$

　　式(7.11)就是一个典型的高斯滤波器模板,它是一个加权的均值滤波器。由上述高斯滤波器的实现过程可知,高斯滤波器模板的生成最重要的参数就是高斯函数的标准差 σ。标准差代表着数据的离散程度,如果 σ 值较小,那么生成的模板的中心系数较大,而周围的系数较小,这样对图像的平滑效果就不是很明显;反之,如果 σ 值较大,则生成的模板的各个系数相差不是很大,对图像的平滑效果比较明显。

　　除了邻域均值滤波器和高斯滤波器是线性滤波器,还有中值滤波器、最大值滤波器、最小值滤波器,以及 K 近邻均值滤波器等非线性滤波器。它们都是通过多尺度的滤波窗口来实现噪声的平滑的,原理与均值滤波器类似,只是取值的原则不同,同样,不同大小的滤波窗口会影响滤波结果。另外,图像的锐化增强和边缘提取通常也是基于多尺度的模板(卷积核)的,可以通过相应的卷积运算实现边缘提取或锐化增强。

7.3　特征窗引导的红外图像增强算法

　　随着红外成像技术的不断发展与推广应用,红外图像已在许多领域得到广泛应用,如森林防火、医疗诊断、行车辅助、电力检修、夜视和机场安检等。红外图像反映的是目标与背景之间红外辐射差异的空间分布,辐射强度由被观测目标的温度及其辐射率决定。红外图像对物体之间的温度差异特别敏感,即使是微弱的差异也能在红外图像中得到充分反映。红外图像利用像素灰度值的大小表示温度差异。红外图像的优点是具有全天时获取数据的能力,其缺点也很明显,易受成像区域复杂场景和操作过程的影响,经常导致红外图像中一些边缘信息的丢失、对比度低和大量噪声的存在[3],严重降低红外图像的质量,为后续的处理和应用带来不便。因此,抑制红外图像中的噪声、提高对比度是红外图像预处理的重要内容。近年来,许多学者提出各种不同的红外图像增强算法,这些算法基本上集中在空间域和频域。

　　通常情况下,基于空间域的遥感图像平滑增强算法在平滑噪声的同时很难保持图像边缘信息。针对这个问题,学者提出一系列边缘保持滤波算法,如双边滤波算法[4,5]和引导滤波算法[6-9]。引导滤波算法在去噪的同时可以保持图像边缘信息,并且它的计算复杂度低,能有效抑制梯度反转现象。因此,引导滤波算法在图像增强、图像融合、特征提取等方面均有研究和应用[10-15]。但是,直接对图像进行引导滤波处理,在剧烈突变的边缘处容易出现光晕现象。针对上述问题,在文献[16]的基础上，本节提出一种自适应加权引导滤波的红外图像增强(adaptive weighted guided filter for infrared image enhancement，AWGFIIE)算法[1]。该算法具有以下几个方面的优点：第一，降低了对噪声的敏感性，利用邻域内像素的梯度求得图像梯度，可以达到降低图像对噪声敏感性的目的；第二，压缩了阈值选择的范围，利用最大类间方差法确定梯度图像的最佳分割阈值，缩小阈值的取值范围，减少运算时间，达到提高算法效率的目的；第三，自适应调整正则化参数的权值，将权值模型引入正则化参数，实现参数的自适应调整，达到有效降低红外图像噪声，减少图像边缘处产生伪影和光晕现象，提高红外图像质量。

7.3.1　引导滤波器

引导滤波器(guided filter, GF)是一种非常有效的边缘保持滤波器，性能优于双边滤波器。GF 通过局部线性模型把引导图像的信息巧妙地加入输入图像中，使输出图像获得了某些增强特征，如边缘信息的保持和增强，其核心技术是一个线性移可变的滤波方程[17]。GF 通过输入引导图像指导输入图像完成滤波过程。在实现过程中，认为引导图像的像素点与输出图像的像素点之间是线性关系，输入图像与输出图像之间是空间滤波关系，因此最终得到的输出图像在结构上与输入图像大体相似，在纹理细节部分与引导图像类似。

一幅图像一般可以认为由背景层和前景层(目标或细节)两层构成[18,19]，因此图像的滤波和增强处理几乎都是尽量抑制背景层信息或者增强前景层信息，大多数情况下是对两者进行折中，同样，GF 也遵循这样的思维。假设待滤波的输入图像用 I 表示，引导的图像用 G 表示，滤波处理后的图像用 F 表示。根据图像引导滤波的思想，引导图像 G 和输出图像 F 之间在局部滤波窗口 W 中存在线性关系，而且这种线性关系模型可以用式(7.12)表示。

$$F_i = a_k G_i + b_k, \quad i \in W_k \tag{7.12}$$

式中，a_k 和 b_k 表示线性系数，在滤波窗口 W_k 中，它们是常数；滤波窗口 W_k 的大小为 $r \times r$，以像素 k 为中心。

从式(7.12)可知，只要求出线性系数 a_k 和 b_k 的值，再通过引导图像的像素值 $G_i(m,n)$，就可以获得滤波后图像的像素值 $F_i(m,n)$。

在滤波窗口 W_k 中，为了使输入图像 I 和输出图像 F 之间的差值最小，可通过构建代价函数 $E(\cdot)$ 实现，其数学模型为

$$E(a_k, b_k) = \sum_{i \in W_k} \left[(F_i - I_i)^2 + \varepsilon a_k^2 \right] = \sum_{i \in W_k} \left[(a_k G_i + b_k - I_i)^2 + \varepsilon a_k^2 \right] \tag{7.13}$$

式中，ε 是大于零的正则化参数，目的是防止系数 a_k 出现过大的值，保持整体数据稳定。

系数 a_k 和 b_k 可通过最小二乘法求解，即

$$\begin{cases} a_k = \dfrac{\dfrac{1}{|\omega|}\sum\limits_{i\in W_k} G_i I_i - \mu_k \overline{I}_k}{\sigma_k^2 + \varepsilon} \\[2mm] b_k = \overline{I}_k - a_k \mu_k \end{cases} \tag{7.14}$$

式中，μ_k 和 σ_k^2 分别表示引导图像 G 的局部滤波窗口 W_k 中所有像素的均值和方差；$|\omega|$ 表示 W_k 中像素的个数，值为 $r \times r$；$\overline{I}_k$ 表示输入图像 I 中对应 W_k 大小的局部窗口中所有像素的均值。

在处理过程中，随着滤波窗口 W_k 的移动，像素 i 包含在多个覆盖它的不同滤波窗口 W_k 中。因为不同滤波窗口包含的像素值不同，所以通过式(7.14)计算的每个窗口中系数 a_k 和 b_k 的值也不相同。为了使 a_k 和 b_k 的值更加准确，需对包含像素 i 所有滤波窗口 W_k 中获得的相应值进行求和与平均处理。因此，对式(7.12)进行变换就可得到输出图像 F_i 的表达式，即

$$F_i = \overline{a}_k G_i + \overline{b}_k, \quad i \in W_k \tag{7.15}$$

式中

$$\begin{cases} \overline{a}_k = \dfrac{1}{|\omega|}\sum\limits_{k\in W_k} a_k \\[2mm] \overline{b}_k = \dfrac{1}{|\omega|}\sum\limits_{k\in W_k} b_k \end{cases} \tag{7.16}$$

在引导滤波过程中，滤波窗口 W_k 的大小 r 和正则化参数 ε 是两个非常重要的参数，它们取不同的值将影响最终的滤波结果。滤波窗口越大，平滑的效果越明显；滤波窗口越小，细节保持越多。正则化参数越大，正则化能力越强，但对滤波效果的影响有限。

7.3.2　加权引导滤波器

在引导滤波原理中，正则化参数是一个常数，而且对整幅图像进行滤波处理时，使用的是同一局部线性模型，因此滤波后图像中像素灰度值变化比较大的区域容易出现光晕、伪影现象。为解决引导滤波的这个问题，有学者提出基于正则化加权的引导滤波算法[9,20,21]，并取得一定的优化效果。

典型的改进算法是文献[20]提出的一种加权引导滤波算法。该算法为了获得更好的边缘信息，对边缘信息进行加权处理，并将其并入 GF 中形成加权引导滤波器。正则化参数引入权值因子的具体计算公式为

$$\varepsilon' = \varepsilon / \Gamma_G(i) \tag{7.17}$$

$$\Gamma_G(i) = \frac{1}{N} \sum_{i=1}^{N} \frac{\sigma_{G,1}^2(i) + \alpha}{\sigma_{G,1}^2(i') + \alpha} \tag{7.18}$$

文献[20]以引导图像中的一个像素在 3×3 窗口内的局部方差计算图像边缘的权值。这里 G 为引导图像，$\sigma_{G,1}^2(i)$ 是引导图像 G 在中心像素 i 处 3×3 邻域内的方差，而 $\sigma_{G,1}^2(i')$ 为整幅引导图像的方差。α 为正常数，目的是调节权值的大小，同时防止分母为 0，其值为 $(0.001 \times L)^2$。L 是图像灰度值的动态范围。N 为图像像素总个数，i' 为遍历图像中的所有像素。

由于加权引导滤波算法对图像边缘的处理没有明确的约束条件，所以在一些情况下不能很好地保留图像的边缘信息。因此，文献[8]在文献[20]的基础上引入一阶边缘约束条件，提出一种梯度域的加权引导滤波(gradient domain weighted guided filtering, GDWGF)算法，构建新的代价函数 $E(\cdot)$，其具体的定义如式(7.19)所示，即

$$E_{GD}(a_k, b_k) = \sum_{i \in W_k} \left[(a_k G_i + b_k - I_i)^2 + \frac{\varepsilon}{\Gamma_G}(a_k - \gamma_k)^2 \right] \tag{7.19}$$

式中，Γ_G 是由窗口 $(2r+1) \times (2r+1)$ 内所有像素的局部方差来确定的，代表图像在不同尺度空间的边缘感知权重，在某一像素的邻近 2 个尺度的方差都非常大时，就认为该像素为边缘像素；γ_k 是边缘感知约束项，如果像素点是边缘点，则其值接近 1，如果像素点是平滑区域，则其值为 0，γ_k 的值可由式(7.20)计算，即

$$\gamma_k = 1 - \frac{1}{1 + \exp[\eta(\chi_k - \mu_\chi)]} \tag{7.20}$$

式中，χ_k 的含义和计算与 $\sigma_{G,1}^2(i)$ 一样；μ_χ 是全部 χ_k 的平均值；η 是一个常系数，即

$$\eta = \frac{4}{\mu_\chi - \min(\chi_k)} \tag{7.21}$$

针对局部方差与边缘区域对应性不完全一致问题，文献[9]在文献[20]的基础上提出基于 LOG 算子的加权引导滤波(LOG weighted guided filtering, LOGWGF)算法。该算法通过局部 LOG 边缘算子代替局部方差，可以进一步提高边缘信息提取的准确度。通过式(7.22)可以得到其权值因子，即

$$\Gamma_{GL}(i) = \frac{1}{N} \sum_{i'=1}^{N} \frac{|\mathrm{LOG}(i)| + \gamma_L}{|\mathrm{LOG}(i')| + \gamma_L} \tag{7.22}$$

式中，$\mathrm{LOG}(i)$ 表示 LOG 算子获取的边缘信息；γ_L 表示常数因子，取 LOG 图像最大绝对值的 1/10，可以根据图像特征自适应变化。

为进一步提高引导滤波的性能，文献[21]提出一种基于单演相位一致性改进的

加权引导滤波 (modified phase congruency weighted guided filtering, MPCWGF)算法。因为梯度只针对水平方向和垂直方向的特征进行检测，而相位一致性可以检测任何相位角的视觉特征[22]，所以其对图像特征检测具有较好的性能[23]。同样，相位一致性边缘检测的精度还高于 LOG 算子。文献[21]提出用相位一致性代替方差和 LOG 算子来提取图像的边缘特征。基于相位一致性的特征权重函数的定义为

$$\Gamma_{\text{GMPC}}(i) = \frac{1}{N}\sum_{i'=1}^{N}\frac{|\text{MPC}(i)|+\gamma}{|\text{MPC}(i')|+\gamma} \tag{7.23}$$

式中，$\text{MPC}(i)$ 是中心位置为 i 的单演相位一致性值；i' 是 3×3 窗口像素索引值；γ 是一个常量，其值通常为对应 MPC 值的 1/10。

文献[9]在获取 LOG 边缘信息时，为了提高信息的获取精度，采用两次高斯滤波，导致图像信息的弱化和损失。为了解决此问题，文献[16]提出一种融合梯度信息的加权引导滤波(fusion gradient information weighted guided filtering, FGIWGF)算法。首先利用一阶差分法确定最终的图像边缘区域信息，然后利用单阈值判断图像边缘区域和非边缘区域。该算法同时引入了指数权值模型来进一步增强图像的边缘信息，代价函数的定义为

$$E_{\text{FGI}}(a_k, b_k) = \sum_{i\in W_k}\left[(a_k G_i + b_k - I_k)^2 + \frac{\varepsilon}{\varphi(i)}a_k^2\right] \tag{7.24}$$

式中，$\varphi(i)$ 为指数型权重因子，即

$$\varphi(i) = \beta + |g_i - t|^{s(i)} \tag{7.25}$$

式中，g_i 为梯度；$s(i)$ 为权重因子的指数项；β 为常数项，用来防止被除数为零；t 为动态阈值。

g_i 和 $s(i)$ 的计算公式为

$$g_i = \sqrt{\left(\frac{\partial G_i}{\partial x}\right)^2 + \left(\frac{\partial G_i}{\partial y}\right)^2} \tag{7.26}$$

$$s(i) = -\text{sgn}(g_i - t)\cdot\frac{g_i}{t} \tag{7.27}$$

式中，G 为引导图像。

7.3.3　算法原理概述

引导滤波算法中有两个重要的参数，即正则化参数 ε 和滤波窗口大小 r，虽然它们在每次处理时是确定的常数，但是当它们取不同的值时，会给滤波带来影响，因此针对这两个参数的一系列改进算法被提出。同样，本节也对正则化参数进行深入研究，并结合红外图像的特点，把引导滤波思想引入红外图像增强

处理中，解决红外图像中的噪声消除和细节信息保持问题，达到提高红外图像质量的目的，因此提出一种自适应加权引导滤波的红外图像增强算法。其原理框图如图 7.9 所示。其主要实现步骤如下。

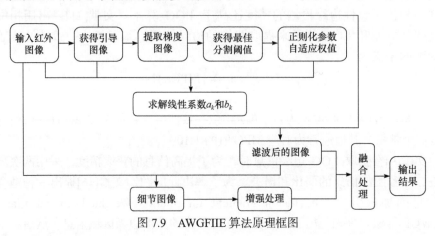

图 7.9　AWGFIIE 算法原理框图

(1) 输入待处理的红外图像 I。

(2) 获得引导图像 G。引导图像是通过对原始输入图像进行滤波处理后获得的。由于红外图像整体存在对比度低的缺点，所以利用典型的 Retinex 滤波算法[24]对原始输入图像 I 进行处理，增大图像的对比度，同时将处理后的图像作为引导图像 G。

(3) 提取梯度图像 g。由于引导图像 G 相比于原始图像 I 质量有所改善，对比度有所增大，所以用引导图像来提取梯度图像 g。对于一幅二维图像 $f(x,y)$，它在像素点 (x,y) 处的变化率定义为梯度，梯度是一个矢量，其幅度通常用式 (7.28)表示，即

$$g[f(x,y)] = \sqrt{\left(\frac{\partial f}{\partial x}\right)^2 + \left(\frac{\partial f}{\partial y}\right)^2} = \sqrt{(g_x)^2 + (g_y)^2} \tag{7.28}$$

式中，g_x 和 g_y 分别表示水平方向和垂直方向的梯度。

对于数字图像，梯度采用离散形式，因此通常采用差分运算代替微分运算。本节采用 3×3 邻域内的一阶偏导有限差分法来计算图像梯度信息，计算公式为

$$\begin{cases} g_0 = f(x+1,y-1)+2f(x+1,y)+f(x+1,y+1)-f(x-1,y-1)-2f(x-1,y)-f(x-1,y+1) \\ g_{45} = f(x-1,y)+2f(x-1,y+1)+f(x,y+1)-f(x,y-1)-2f(x+1,y-1)-f(x+1,y) \\ g_{90} = f(x-1,y+1)+2f(x,y+1)+f(x+1,y+1)-f(x-1,y-1)-2f(x,y-1)-f(x+1,y-1) \\ g_{135} = f(x,y+1)+2f(x+1,y+1)+f(x+1,y)-f(x-1,y)-2f(x-1,y-1)-f(x,y-1) \end{cases}$$
$$\tag{7.29}$$

式中，g_0、g_{45}、g_{90} 和 g_{135} 分别表示在 $0°$、$45°$、$90°$ 和 $135°$ 四个方向的一阶导数微分。然后由它们来计算水平方向和垂直方向的梯度，即

$$g_x = g_0 + \sqrt{2}(g_{45} + g_{135})/2 \tag{7.30a}$$

$$g_y = g_{90} + \sqrt{2}(g_{135} - g_{45})/2 \tag{7.30b}$$

为了加强梯度信息，加大了相应的权值，如权值系数变成了 2。

(4) 获取梯度图像的最佳分割阈值 t。文献[16]把引导图像梯度场的变化范围作为阈值来区分图像中的边缘区域和非边缘区域，算法的普适性较差。为了更有效地区分图像中的边缘区域和非边缘区域，本节采用最大类间方差 Otsu 算法[25]确定梯度图像 g 的最佳分割阈值，然后利用它来判断图像的边缘区域与非边缘区域。

最大类间方差 Otsu 算法通过循环求取不同分割条件下的最大类间方差，寻找最优分割阈值，实现对图像的良好分割[26]。为了提高最大类间方差 Otsu 算法的运算速率，本节对最大类间方差 Otsu 算法进行了改进。

因为一幅图像中不可能每处都是边缘像素，所以算法将最大类间方差 Otsu 算法的阈值范围缩小，通过减小计算量来提高算法的运算速率。设梯度图像 g 的大小为 $M \times N$，灰度值分为 $0 \sim (L-1)$ 级，采用整幅图像的平均灰度值 T_0 作为最大类间方差 Otsu 算法的初始阈值，其计算公式为

$$T_0 = \frac{1}{M \times N} \sum_{x=1}^{M} \sum_{y=1}^{N} g(x,y) \tag{7.31}$$

式中，$g(x,y)$ 表示梯度图像中像素点 (x,y) 的灰度值。

用式(7.31)计算出来的阈值 T_0 把梯度图像分割成两部分，然后根据红外图像的特点，梯度大于 T_0 的部分设置为边缘区域 C_1，再计算 C_1 区域的灰度均值，即

$$T_{C_1} = \frac{1}{M_{C_1}} \sum_{x=1}^{M} \sum_{y=1}^{N} g_{C_1}(x,y) \tag{7.32}$$

式中，$g_{C_1}(x,y)$ 是经过初始阈值 T_0 分割后区域 C_1 各像素点的灰度值；M_{C_1} 是区域 C_1 的总像素数。

因此，将最大类间方差 Otsu 算法的阈值范围确定为 $[T_0, T_{C_1}]$。在阈值范围确定后，就可在阈值范围 $[T_0, T_{C_1}]$ 利用最大类间方差 Otsu 算法的思想求得最佳分割阈值 t。

(5) 获得正则化参数 ε 的自适应权重值。用式(7.25)计算正则化参数的自适应权值。

(6) 求解线性系数 a_k 和 b_k。把自适应权值函数 $\varphi(i)$ 代入式(7.14)中，就可以得到计算线性系数 a_k 和 b_k 的改进模型，即

$$\begin{cases} a_k = \dfrac{\dfrac{1}{|\omega|}\sum_{i\in W_k} G_i I_i - \mu_k \overline{I}_k}{\sigma_k^2 + \varepsilon/\varphi(i)} \\ b_k = \overline{I}_k - a_k \mu_k \end{cases} \tag{7.33}$$

(7) 滤波处理。利用前述步骤获得引导图像 G，以及线性系数 a_k 和 b_k，并把它们代入式(7.15)中，就可以获得引导滤波后的图像 F。

(8) 获取细节信息层。把引导滤波处理后的图像 F 与原始输入图像 I 进行差值运算，就可获得相应的细节信息图像 C，具体的计算公式为

$$C = I - F \tag{7.34}$$

(9) 对细节信息图像 C 进行增强处理。针对红外图像存在弱小细节目标模糊的特点，需要对细节信息进行增强处理。算法引入了基于内容自适应放大因子作为图像中目标细节信息的放大系数，其数学模型为

$$C' = \beta C \tag{7.35}$$

式中，β 为细节信息的增强权值，即

$$\beta = \frac{\overline{a}_k}{1 - \overline{a}_k} \tag{7.36}$$

式中，$\overline{a}_k$ 为线性系数 a_k 的平均值

(10) 进行融合处理。把滤波后的平滑图像 F 和图像目标细节信息增强后的图像 C' 进行融合，就可以获得增强后的红外图像 I_E，计算数学公式如式(7.37)所示，这里融合权值系数都取 1，相当于进行了相加运算，即

$$I_E = F + C' \tag{7.37}$$

(11) 输出处理结果。

7.3.4 实验结果与分析

为了验证本节提出的 AWGFIIE 算法的有效性，用多幅红外图像和不同滤波算法进行比较实验。实验的原始图像如图 7.10 所示，它们都是由红外相机拍摄的不同场景的红外图像。从图 7.10(a)～图 7.10(f)，它们的大小分别为 360×290、370×300、240×300、240×300、250×300 和 290×230。从图 7.10 可知，这些图像都不同程度地包含了噪声，而且图像的对比度比较低。用来进行比较的算法有 AWGFIIE 算法、GF 算法[6]、GDWGF 算法[8]、FGIGF 算法[23]、LOGWGF 算法[9]、MPCWGF 算法[21]和 Retinex 算法[24]。用上述算法和实验数据进行比较实验，结果如图 7.11 所示。

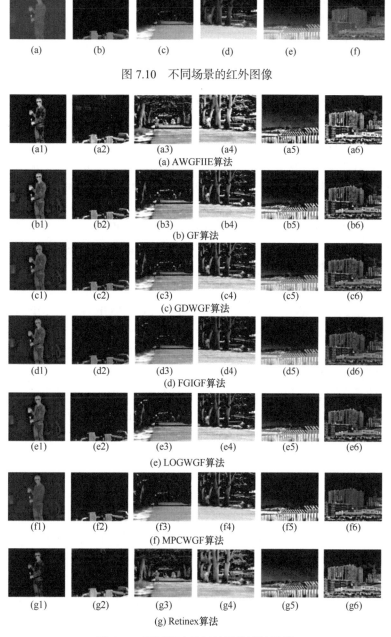

图 7.10　不同场景的红外图像

(a1)　(a2)　(a3)　(a4)　(a5)　(a6)
(a) AWGFIIE算法

(b1)　(b2)　(b3)　(b4)　(b5)　(b6)
(b) GF算法

(c1)　(c2)　(c3)　(c4)　(c5)　(c6)
(c) GDWGF算法

(d1)　(d2)　(d3)　(d4)　(d5)　(d6)
(d) FGIGF算法

(e1)　(e2)　(e3)　(e4)　(e5)　(e6)
(e) LOGWGF算法

(f1)　(f2)　(f3)　(f4)　(f5)　(f6)
(f) MPCWGF算法

(g1)　(g2)　(g3)　(g4)　(g5)　(g6)
(g) Retinex算法

图 7.11　不同算法的红外图像滤波结果

在引导滤波算法中有两个可调节参数，分别为滤波窗口大小 r 和正则化参数 ε，它们取不同的值时对实验结果将产生不同的影响。为了便于分析，在本次实验中，凡涉及引导滤波算法，滤波窗口大小和正则化参数都设置为同样的值，分别为 16 和 0.01。不同参数值对图像处理结果的影响将在后面的内容中进行详细讨论。在图 7.11 中，图 7.11(a1)～图 7.11(a6)、图 7.11(b1)～图 7.11(b6)、图 7.11(c1)～图 7.11(c6)、图 7.11(d1)～图 7.11(d6)、图 7.11(e1)～图 7.11(e6)、图 7.11(f1)～图 7.11(f6)和图 7.11(g1)～图 7.11(g6)与图 7.10(a)～图 7.10(f)所示的原始图像依次对应。

纵观实验结果，Retinex 算法处理后的图像均能保持较高的对比度，如图 7.11(g)所示。从视觉效果上看，虽然 Retinex 算法均能获得较高的亮度和对比度，但是对于图像中弱小细节的增强，其效果显然比较差。这说明，该算法可以增强图像的对比度和亮度，然而对于增强图像中的弱小细节，并不是它的优势，因此其对图像的整体增强效果不是很理想。从图 7.11 可以看出，对于全部红外图像，GF 算法处理后图像的目标细节部分有所增强。GF 算法对图像整体设置了相同的正则化参数，导致图像的各个区域都进行了相同程度的滤波，所以产生了光晕现象。因此，研究者针对 GF 算法的不足提出一系列的改进算法。这些算法均会不同程度地降低图像中的光晕现象。

图 7.11(c)～图 7.11(f)所示的图像均是前面提到的改进算法的实验结果。从图 7.11 可知，经 GDWGF 算法、FGIGF 算法、LOGWGF 算法和 MPCWGF 算法处理后图像中的光晕现象均在一定程度上得到缓解，因为这些改进算法都引入了边缘感知权重模型，能够实现对图像不同区域进行自适应调节滤波，但是这些改进算法对图像中目标细节的增强效果并不理想。因此，本节在此基础上提出针对增强红外图像弱小细节和减弱光晕现象的 AWGFIIE 算法。从图 7.11(a)所示的实验结果可知，AWGFIIE 算法确实是一种有效的红外图像增强算法，不仅能增强图像中的弱小细节和对比度，还能够有效降低图像中的光晕现象。

通过对上述实验结果的比较分析，可以得出如下结论，Retinex 算法可以有效提升图像的对比度，但是对于图像细节的增强效果不明显。对于红外图像细节增强和光晕现象的改善，AWGFIIE 算法的效果最好，其次是 FGIGF 算法，其他几种算法的效果稍微逊色一点。所以，AWGFIIE 算法在增强图像细节的同时，能够有效地抑制图像边缘处光晕现象的产生，并且在小目标和几何细节信息的增强上也有较好的效果。

7.4　多尺度窗口特征引导的高光谱图像分类算法

高光谱遥感是一种利用成像光谱仪对地面目标信息进行连续成像的探测技术。与其他遥感图像相比，高光谱图像能够较为准确地反映目标在图像空间的状态和光谱空间的特征，而且能够更加合理、有效地分析和处理这些光谱数据。因此，高光谱成像技术在地物目标识别和分类方面更有优势，得到广泛应用[27-33]。

但是高光谱图像也存在波段众多、相关性强和数据冗余度高等问题，而特征的有效提取算法是解决这些问题的主要途径。

特征提取的目的是使用不同的算法选取包含信息量大的波段或者特征来降低数据的冗余性。常见的基于光谱特征提取的算法有 PCA 算法、独立成分分析(independent component analysis, ICA)和线性判别分析 (linear discriminant analysis, LDA)等[34]。这些降维算法都是通过线性变换来提取高光谱图像的光谱特征的。其中，PCA 是常用的线性特征提取算法，该算法使用变换矩阵对数据进行变换，保留数据中对方差贡献最大的特征，然后实现数据降维。在此基础上，一系列 PCA 改进算法被提出[35-39]。同样，ICA 被认为是 PCA 的扩展，它是基于数据相互独立的假设，也用于高光谱图像特征提取[40-42]。

上述算法在提取特征时只考虑图像的光谱信息，忽略了空间特征的存在。影像空间特征主要包含区域形状特征、纹理特征、形态滤波特征等。由于高光谱图像具有空谱一体化的特性，所以如果同时利用高光谱图像的空间信息和光谱信息对其特征进行提取，效果会更好。目前，结合高光谱图像空间信息与光谱信息的特征提取算法是高光谱遥感领域研究的热点和前沿技术问题[43-47]。常用的空间特征提取算法有 DWT、Gabor 滤波、稀疏表示和局部二值模式(local binary pattern, LBP)等。例如，LBP 是一种纹理特征提取算法，广泛用于高光谱图像空间信息与光谱信息的特征提取[48]。文献[48]提出一种双通道卷积神经网络(convolutional neural network, CNN)和 LBP 相结合的高光谱图像分类算法，取得了较好的分类效果。文献[49]提出一种基于超像素和多核稀疏表示的高光谱图像分类算法，可以达到预期的分类效果。

以上研究提取的空间特征均为单一尺度特征。由于单一尺度特征很难准确表达地物类间差异并区分地物边界，所以多尺度特征提取思路在高光谱图像处理领域得到广泛应用[50-53]。多尺度特征提取的核心思想是实现图像信息不同尺度的抽取。其中，控制尺度的参数有以下几种，经过设计的滤波器组、不同大小的结构元素和不同大小的处理窗口等。例如，形态学滤波利用大小不同的结构元素对图像进行开运算和闭运算，可以较好地消除噪声。但是，传统的形态学滤波无法在实现地物平滑的同时有效地保留地物边缘结构信息。引导滤波算法具有保边平滑的特性[6]，并且引导滤波算法已在图像融合、图像增强和遥感图像特征提取等方面得到广泛应用[10-14]。把引导滤波思想引入高光谱图像特征提取，我们提出一种多尺度引导的特征提取及分类(multi-scale guided feature extraction and classification, MGFEC)算法[2]。该算法首先使用 PCA 算法对高光谱数据进行降维处理。然后，利用引导滤波算法，通过设置不同大小的滤波窗口，实现高光谱图像的多尺度空间结构提取，达到保留更多边缘信息的目的。最后，把提取的多尺度特征输入支持向量机(support vector machine, SVM)分类器中进行分类。

7.4.1　算法原理概述

高光谱图像数据立方体的特点是波段多、相关性大，因此通常需要进行降维处理。同样，MGFEC算法首先利用PCA对高光谱图像数据进行降维处理，然后提取前三个主成分特征图，并把它们作为输入图像，同时把第一主成分图像作为引导图像。通过设置不同滤波窗口的大小完成引导滤波处理，获得各主成分的多尺度特征图。在各特征图中随机提取 k 个块区域作为卷积核模板，与各自特征图进行卷积运算，进一步提取深层的多尺度特征。最后，用分类器对特征图进行分类处理，实现高光谱图像的分类。MGFEC算法原理框图如图 7.12 所示，具体的实施步骤如下。

(1) 输入高光谱图像数据。将原始高光谱数据记为 X，其中 $X \in \mathbb{R}^{m \times n \times L}$，$m \times n$ 表示每幅波段图像的大小，L 表示光谱的维数。

(2) 对高光谱图像数据进行降维处理。采用PCA算法对高光谱图像数据进行降维处理，获得各个主成分特征图。由于前 3 个主成分包含95%以上的信息，所以抽取前 3 个主成分特征图进行后续处理。PCA算法通过正交变换将一组可能存在相关性的变量数据转换为一组线性不相关的变量，转换后的变量称为主成分。PCA算法的具体计算过程如下。

① 令原始的高光谱图像数据用矩阵 X 表示，如式(7.38)所示。每个波段图像按行展开成一个行向量，作为矩阵 X 的一行。

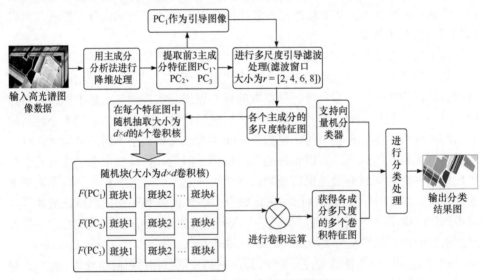

图 7.12　MGFEC 算法原理框图

$$X=\begin{bmatrix} x_{11} & \cdots & x_{1N} \\ \vdots & & \vdots \\ x_{L1} & \cdots & x_{LN} \end{bmatrix} \tag{7.38}$$

式中，L 表示波段的个数；N 表示图像的大小，即 $N=m\times n$。

② 对高光谱图像数据进行标准化处理得到矩阵 A，计算公式如下：

$$A=\begin{bmatrix} a_{11} & \cdots & a_{1N} \\ \vdots & & \vdots \\ a_{L1} & \cdots & a_{LN} \end{bmatrix} \tag{7.39}$$

式中，$a_{ij}=x_{ij}-\mu_i$，$i=1,2,\cdots,L$，$j=1,2,\cdots,N$，$\mu_i=\dfrac{1}{N}\displaystyle\sum_{j=1}^{N}x_{ij}$，是指原始高光谱图像数据 X 中第 i 行的均值。

③ 计算标准化后矩阵 A 的协方差矩阵 R，即

$$R=\begin{bmatrix} r_{11} & \cdots & r_{1N} \\ \vdots & & \vdots \\ r_{L1} & \cdots & r_{LN} \end{bmatrix} \tag{7.40a}$$

$$r_{ik}=\frac{\displaystyle\sum_{i=1}^{L}\left(a_{ij}-\overline{a_i}\right)\left(a_{ik}-\overline{a_k}\right)}{\sqrt{\displaystyle\sum_{i=1}^{L}\left(a_{ij}-\overline{a_i}\right)^2\left(a_{ik}-\overline{a_k}\right)^2}} \tag{7.40b}$$

式中，$j,k=1,2,\cdots,N$；$a_i=\dfrac{1}{L}\displaystyle\sum_{i=1}^{L}a_{ij}$。

④ 计算协方差矩阵 R 的特征值，以及相应的特征向量。利用特征方程 $|R-\lambda I_L|=0$ 得到协方差矩阵 R 的 L 个特征值，由大到小排列后是 $\lambda_1 \geqslant \lambda_2 \geqslant \cdots \geqslant \lambda_L \geqslant 0$，与之对应的特征向量为 $v_1,v_2,\cdots,v_L$。

⑤ 将与前 3 个特征值对应的特征向量组成矩阵 V，即

$$V=\begin{bmatrix} v_{11} & v_{12} & v_{13} \\ \vdots & \vdots & \vdots \\ v_{N1} & v_{N2} & v_{N3} \end{bmatrix} \tag{7.41}$$

⑥ 输出降维后的数据，即 $\mathrm{PC}=V^{\mathrm{T}}\cdot X$，其表达式为

$$\mathrm{PC}=\begin{bmatrix} \mathrm{PC}_{11} & \cdots & \mathrm{PC}_{1N} \\ \mathrm{PC}_{21} & \cdots & \mathrm{PC}_{2N} \\ \mathrm{PC}_{31} & \cdots & \mathrm{PC}_{3N} \end{bmatrix}=\left[\mathrm{PC}_1,\mathrm{PC}_2,\mathrm{PC}_3\right]^{\mathrm{T}} \tag{7.42}$$

式中，PC_1、PC_2 和 PC_3 分别为第 1 主成分、第 2 主成分和第 3 主成分。

由于高光谱图像数据中相邻波段间具有强的相关性，所以需要对各个主成分

进行白化处理，使不同波段之间的方差相似，从而达到降低不同波段之间冗余性的目的，方便后续特征提取。这里的白化处理是指 PCA 白化，即对 PCA 降维后数据每一维的特征进行方差归一化处理，也就是对各个特征轴上的数据除以对应的特征值。特征值等于数据在旋转后坐标上对应维度的方差，进而得到在各个特征轴上都归一化的结果，具体计算公式为

$$\mathrm{PC}_{\mathrm{white},w} = \frac{PC_w}{\sqrt{\lambda_w}}, \quad w \in [1,2,3] \tag{7.43}$$

式中，λ_w 是主成分变换后得到的矩阵 PC 中第 w 维特征向量对应的特征值。

(3) 获取多尺度引导特征图。对前 3 个主成分进行引导滤波处理。首先，构建引导图像，把步骤(2)中获得的第 1 主成分 PC_1 作为引导图像，把 $\mathrm{PC}_1 \sim \mathrm{PC}_3$ 分别作为输入图像。其次，将滤波窗口大小分别设置为 2、4、6 和 8。再次，对不同主成分特征图分别进行不同尺度的引导滤波处理。处理的结果是，每个主成分图像均能提取到 4 幅不同尺度的特征图。最后，将所有向量与各主成分进行堆叠组成多尺度引导滤波特征集。

多尺度引导滤波特征 $F(\mathrm{PC}_i)$ 可以通过式(7.44)表示，即

$$\begin{cases} F(\mathrm{PC}_i) = \{f_G^1(\mathrm{PC}_i), f_G^2(\mathrm{PC}_i), \cdots, f_G^r(\mathrm{PC}_i)\} \\ r \in [2,4,6,8] \end{cases} \tag{7.44}$$

式中，$f_G^r(\mathrm{PC}_i)$ 表示由引导图像 G 对第 i 个主成分 PC_i 在滤波窗口大小为 r 时获得的多尺度滤波特征。

对前 3 个主成分分别进行多尺度引导滤波，得到 $F(\mathrm{PC}_i)$。将向量堆叠组合成降维后高光谱图像数据的多尺度引导滤波特征集，即

$$\begin{cases} F = \{F(\mathrm{PC}_1), F(\mathrm{PC}_2), \cdots, F(\mathrm{PC}_i)\} \\ i \in [1,2,3] \end{cases} \tag{7.45}$$

(4) 获取随机斑块。从多尺度引导滤波特征集 F 中随机选择 k 个像素，在每个像素周围取窗口大小为 $d \times d \times 12$ 的图像块，得到 k 个图像块。其中，d 为随机斑块的窗口大小。

(5) 进行卷积运算，获得最终特征集。将步骤(4)得到的 k 个随机斑块作为卷积核，分别与特征集 F 进行卷积运算，得到 k 个 $m \times n \times 12$ 的特征图。将得到的 k 个特征图堆叠，输出最终的特征集 $F \in M^{m \times n \times 12 \times k}$。

(6) 输入分类器，得到分类结果。将特征及其对应的类别信息输入分类器进行模型训练及结果预测。由于 SVM 是一个广泛应用的分类器，在分类精度方面要优于大多数分类器，所以本节使用 SVM 分类器对降维和滤波后的特征集进行分类训练。分类流程如下。

① 数据集划分阶段。从各类地物中随机选取 75% 的样本作为训练样本，剩

余样本作为测试样本。

②　用训练得到的模型对整个数据进行分类，得到分类结果。

7.4.2　实验结果与分析

为了验证 MGFEC 算法的有效性，利用实际的高光谱图像数据和不同特征提取算法进行比较实验。第一组实验所用的高光谱图像数据是由 AVIRIS 传感器获取的，拍摄区域是 Indian Pines，图像大小为 145×145，光谱成像波长范围为 0.4～2.5nm，共有 224 个波段，其中有效波段 200 个。图 7.13(a)是由波段 29、波段 42 和波段 89 合成的假彩色图像。图 7.13(b)是该数据的地面真实分类图，共有 16 种农作物类别。具体情况如表 7.1 所示。第二组数据拍摄区域是 Salinas Valley，也由 AVIRIS 传感器拍摄。数据的空间分辨率是 3.7m，图像大小是 512×217。原始数据共有 224 个波段，去除水汽吸收严重的波段后，还剩下 204 个波段。该数据成像区域包含 16 种农作物类别，如表 7.2 所示。图 7.14 表示该高光谱图像数据，其中图 7.14(a)是由波段 29、波段42 和波段 89 合成的假彩色图像，图 7.14(b)是地面真实分类图。

(a) 波段29、波段42和波段89合成的假彩色图像　　　　(b) 地面真实分类图

图 7.13　Indian Pines 图像与真实分类图

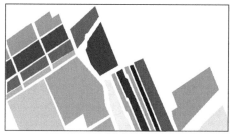

(a) 波段29、波段42和波段89合成的假彩色图像　　　　(b) 地面真实分类图

图 7.14　Salinas Valley 图像与真实分类图

表 7.1　Indian Pines 数据类别信息

序号	地物类型	颜色	像素个数	序号	地物类型	颜色	像素个数
1	紫花苜蓿		46	10	大豆田		972
2	玉米田 1		1428	11	粉碎大豆田		2455
3	玉米田 2		830	12	清理大豆田		593
4	玉米田		237	13	小麦		205
5	牧场		483	14	森林		1265
6	树		730	15	草树、建筑物		386
7	收割牧场		28	16	砂砾、钢铁		93
8	干草料堆		478	17	背景		10776
9	燕麦		20	—	—	—	—

表 7.2　Salinas Valley 数据类别信息

序号	地物类型	颜色	像素个数	序号	地物类型	颜色	像素个数
1	西兰花绿杂草		2009	10	杂草玉米田		3278
2	花椰菜绿杂草		3726	11	生菜长叶4周		1068
3	休耕田		1976	12	生菜长叶5周		1927
4	休耕犁		1394	13	生菜长叶6周		916
5	光滑休耕田		2678	14	生菜长叶莴苣7周		1070
6	碎秸		3959	15	未开发土地		7268
7	芹菜		3579	16	垂直梯田		1807
8	葡萄		11271	17	背景		56975
9	开发土壤		6203	—	—	—	—

在本节对比实验中，除了 MGFEC 算法，还有 PCA 算法、扩展形态轮廓 (extended morphological profile, EMP)法[54]和随机斑块网络(random patch network, RPNet)法[55]。利用上述算法和实验数据进行比较实验，实验结果如图 7.15～图 7.18 所示。实验参数的设置情况如下。

(1) MGFEC 算法。对于 GF，有两个关键参数需要设置，分别为滤波窗口的大小 r 和正则化参数 ε。将正则化参数 ε 统一设置为 1×10^{-4}。MGFEC 算法通过控制滤波窗口的大小来提取高光谱图像不同尺度空间的结构信息。为了使结果具有可比性，将滤波窗口大小 r 分别设置为 2、4、6、8。7.4.1 节介绍算法原理和实现步骤时，选取的像素个数 k 值为 20，即随机抽取图像随机斑块的个数，同时每个随机斑块的大小 d 设置为 21。

　　(2) EMP 算法。通过采用不同大小的结构元素对原始图像进行开运算、闭运算，实现多尺度结构特征的提取。为便于比较分析，实验把滤波窗口的大小 r 分别设置为 2、4、6、8，采用每个滤波窗口对每个主成分波段进行形态滤波处理。

　　(3) RPNet 算法。基于深度学习的 RPNet 算法，直接从图像中提取随机斑块作为卷积核。此过程无须任何训练，原始图像与不同尺度卷积核进行卷积运算，则可获得多尺度卷积特征，使 RPNet 算法具有多尺度的优点。本节算法选取的卷积核的个数 k 为 20，卷积窗口大小 d 为 21。

　　图 7.15 是多尺度特征的比较实验，使用的数据是 Indian Pines 地区的高光谱数据。其中，图 7.15(a) 是用 PCA 算法获得的第 1 主成分图像 PC_1 和第 2 主成分图像 PC_2，如图 7.15(a1) 和图 7.15(a2) 所示。这里分别用 MGFEC 算法和 EMP 算法对第 2 主成分特征图提取多尺度特征。第 1 主成分图像 PC_1 仅是在 MGFEC 算法提取特征时作为引导图像。MGFEC 算法和 EMP 算法获得的多尺度特征如图 7.15(b) 和图 7.15(c) 所示。图 7.15(b1)～图 7.15(b4) 分别表示滤波窗口大小为 2、4、6 和 8 时 MGFEC 算法获得的多尺度特征图。同理，图 7.15(c1)～图 7.15(c4) 分别表示滤波窗口大小为 2、4、6 和 8 时 EMP 算法获得的多尺度特征图。

(a1)　　　　　　　　　　(a2)

(a) Indian Pines 的 PCA 法降维结果

(b1)　　　　　(b2)　　　　　(b3)　　　　　(b4)

(b) MGFEC 算法提取的多尺度特征图

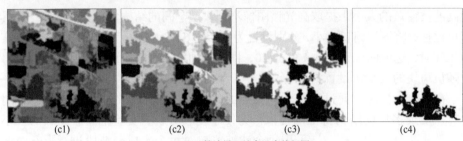

(c1) (c2) (c3) (c4)

(c) EMP算法提取的多尺度特征图

图 7.15　不同算法提取多尺度特征结果

从图 7.15 可知，当滤波窗口大小为 2 和 4 时，两种算法基本能够较好地提取地物的结构特征。但是，当滤波窗口大小为 6 和 8 时，其提取的效果都比较差，此时 MGFEC 算法要好于 EMP 算法，可以较好地保留图像主要的边缘信息。同时可以看到，随着尺度的增大，这两个算法获取特征的效果越来越差。通过这个特征提取比较实验可以得出结论：引导滤波算法比形态学滤波算法具有更强的保留地物边缘信息的能力。因此，MGFEC 算法采用引导滤波原理来提取多尺度特征。

图 7.16(a)和图 7.16(b)分别表示不同区域的高光谱图像数据，依次对应图 7.13 和图 7.14 所示的数据。图 7.16(a1)～图 7.16(a4)、图 7.16(b1)～图 7.16(b4)分别表示用 PCA 算法、EMP 算法、RPNet 算法和 MGFEC 算法对相同区域的高光谱图像数据进行提取后的分类实验结果，图 7.16(a5)和图 7.16(b5)为地面真实分类图。

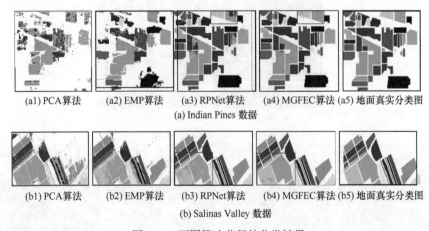

(a1) PCA算法　(a2) EMP算法　(a3) RPNet算法　(a4) MGFEC算法 (a5) 地面真实分类图

(a) Indian Pines 数据

(b1) PCA算法　(b2) EMP算法　(b3) RPNet算法　(b4) MGFEC算法 (b5) 地面真实分类图

(b) Salinas Valley 数据

图 7.16　不同算法获得的分类结果

从图 7.16(a)可以看出，在 Indian Pines 场景下，PCA 算法仅利用光谱特征，分类结果不是很准确，同时出现椒盐噪声，如图 7.16(a1)和图 7.16(b1)所示。这说明，仅利用光谱特征并不能对地物进行精确分类。所以，研究者对高光谱图像提出一系列的空-谱特征联合的分类算法。这些算法均可以不同程度地消除分类结果中的椒盐噪声。EMP 算法和 RPNet 算法结合了图像空间信息，并引入多尺度特征空间，所以分类结果有了明显提升，同时改善了图中的椒盐噪声，如图 7.16(a2)、图 7.16(b2)和图 7.16(a3)、图 7.16(b3)所示。MGFEC 算法可以获得较好的分类结果，而且几乎没有椒盐噪声，如图 7.16(a4)、图 7.16(b4)所示。这是因为 MGFEC 算法引入了引导滤波原理来提取特征，可以在实现地物平滑的同时较好地保留地物的边缘信息。

对于图 7.16(b)所示的 Salinas Valley 区域高光谱图像数据，这四种算法均能获得大部分分类正确的结果，但是 PCA 算法和 EMP 算法的椒盐噪声比较严重，而 RPNet 算法和 MGFEC 算法获得的分类效果比较平滑和准确，接近地面真实情况。

为了更加清晰地对比实验结果，把部分实验结果进行了放大显示(图 7.16(a3)、图 7.16(b3)和图 7.16(a4)、图 7.16(b4)中方框标出的区域)，具体情况如图 7.17 和图 7.18 所示。图 7.17 显示的是图 7.16(a)部分实验结果的放大。其中，图 7.17(a)和图 7.17(b)分别为 RPNet 算法和 MGFEC 算法处理后的结果。同样，图 7.18 是图 7.16(b)中部分结果的放大效果，其物理含义与图 7.17 中定义的一样。从图 7.17 和图 7.18 可以看出，MGFEC 算法获得的分类结果比 RPNet 算法更准确、更光滑。特别是针对形状边界比较明显的目标地物，有较好的识别结果，能够更好地反映出地物的真实分布情况。

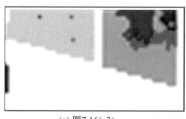
(a) 图7.16(a3)

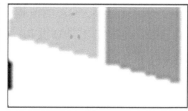
(b) 图7.16(a4)

图 7.17　图 7.16(a3)和图 7.16(a4)方框区域的放大

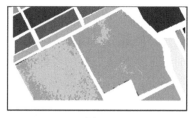
(a) 图7.16(b3)

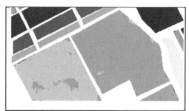
(b) 图7.16(b4)

图 7.18　图 7.16(b3)和图 7.16(b4)方框区域的放大

通过对上述实验结果进行比较和分析，可以得出以下结论。从整体分类效果来看，MGFEC 算法和 RPNet 算法的分类效果都比较好，比较接近真实地物类型的分布，而 PCA 算法和 EMP 算法的分类效果比较差。针对区域比较大同质块状面目标，经 MGFEC 算法获得的分类效果要比 RPNet 算法好，同时分类图的质量更高。所以，MGFEC 算法针对边界明显的高光谱地物分类具有较好的分类效果。

上述实验结果的分析和算法性能的比较都是基于图像的视觉效果进行的。下面用定量指标对实验算法的性能进一步分析和评价。定量评价指标包括图像分类的整体精度(overall accuracy, OA)、图像中的每类精度(per-class accuracy, PA)和 Kappa 系数。

这三个评价参数的定义和计算都基于一个混淆矩阵。该混淆矩阵是一个方阵。假设高光谱图像包含 c 类地物，则它是 $c \times c$ 大小的方阵。其中，对角线上的元素 u_{ii} 表示每类地物被正确分类的像元个数，其他元素表示某类错分为另一类的像元个数。

(1) OA。OA 指的是高光谱图像中正确分类像素的总和除以样本总数，具体计算公式为

$$OA = \frac{1}{N} \sum_{i=1}^{c} u_{ii} \qquad (7.46)$$

式中，N 表示图像像素的总数；u_{ii} 表示正确分类的像素个数；c 表示地物的种类个数。

正确分类的精度越高，OA 的值越大，最大值是 1。

(2) PA。第 i 类地物的类别精度 PA_i 指的是混淆矩阵中每行对角线上的元素除以这一行的总元素个数，计算公式为

$$PA_i = u_{ii} / \sum_{j=1}^{c} u_{ij} \qquad (7.47)$$

式中，u_{ij} 表示其他 j 类错分为 i 类的像素个数。

PA 值越大，表明某类的分类精度越准确，最大值为 1。

(3) Kappa 系数。Kappa 系数是研究者为了弥补整体分类精度作为评价分类精度不够而提出的。它利用整个混淆矩阵的信息。总体分类精度只考虑对角线方向上被正确分类的像素数，而 Kappa 系数同时考虑对角线以外的各种漏分像素和错分像素，其取值范围为[-1,1]，通常大于零。它是一个一致性检验指标，用于衡量各类分类精度。一致性就是分类图像与参考图像(地面真实分类图像)是否一致，其值越大表明一致性越高，分类精度越高。Kappa 系数的计算公式为

$$\text{Kappa} = \frac{N\sum_{i=1}^{c} u_{ii} - \sum_{i=1}^{c}\left(\sum_{j=1}^{c} u_{ij} \sum_{j=1}^{c} u_{ji}\right)}{N^2 - \sum_{i=1}^{c}\left(\sum_{j=1}^{c} u_{ij} \sum_{j=1}^{c} u_{ji}\right)} \tag{7.48}$$

式中，N 表示图像中所有像素个数的总和；u_{ij}、u_{ii} 和 u_{ji} 表示混淆矩阵中的元素。

图 7.19 为不同算法在 Indian Pines 数据集上的各类别分类精度比较。在图 7.19 中，横坐标中的数字"1~16"代表该数据集上对应地物的类别，纵坐标表示类别精度 PA 值。Indian Pines 数据集的图像均包含 16 种不同地物类别，因此图 7.19 中"1~16"与表 7.1 中的"1~16"依次对应。可以看出，在 Indian Pines 数据集中，经 MGFEC 算法和 RPNet 算法获得的 PA 值均明显高于用 PCA 算法和 EMP 算法所获得的值。这说明，从每类的分类效果看，MGFEC 算法和 RPNet 算法的分类效果优于其他两种算法。但是，对于某些地物类别，如图 7.19 中的类别 2、类别 10 和类别 11(即表 7.1 中的类别 2、类别 10 和类别 11)，基于 MGFEC 算法获得的值相比于 RPNet 算法也有比较明显的提高。这表明，MSGFF 算法对这 3 类地物的识别和分类效果要优于 RPNet 算法，原因是这 3 类地物在图像中都存在较明显的边界。MGFEC 算法适合边界明显且规则的地物分类，它能够在对地物进行平滑的同时保留图像空间边缘信息。这就是 MGFEC 算法的优点，因为利用引导滤波原理可以加强边缘信息和纹理特征，所以有利于提高这类地物的分类精确和准确性。

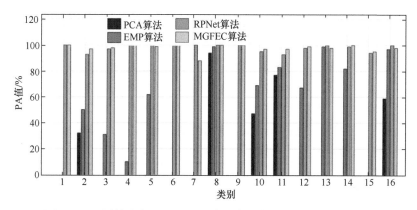

图 7.19　不同算法在 Indian Pines 数据集上各类别的分类精度比较

表 7.3 为各算法在不同数据集下的 OA 值和 Kappa 系数值。从表 7.3 可以看到，对于这两组高光谱图像数据，仅用光谱特征的 PCA 算法获得的 OA 值是最小的，Kappa 系数值几乎也是最小的。这说明，PCA 算法的整体分类效果比较差，与地面真实类型的一致性相差比较大。EMP 算法的 OA 值和 Kappa 系数值都比

PCA 算法要高一些，说明它的分类精度有所改善，但是它们两者在一个数量级，也在同一个水平上，算法的效果和性能的差别不是很大。剩下的 RPNet 算法和 MGFEC 算法的 OA 值和 Kappa 系数值都得到显著提高，在 90%以上，表明其分类性能和精度都不错。这两种算法均引入了空间特征，其分类精度也有了明显提升。相比之下，MGFEC 算法的参数值要略高于 RPNet 算法。在 Indian Pines 和 Salinas Valley 数据集中，MGFEC 算法的 OA 值分别高于 RPNet 算法 1.591%和 0.741%。这表明，MGFEC 算法适合对高光谱图像数据进行有效分类，而且分类精度和效果都不错，与地面真实分类情况有较好的一致性。

表 7.3　不同算法在不同数据集下的 OA 值和 Kappa 系数值

算法	参数	Indian Pines	Salinas Valley
PCA 算法	OA	62.819%	79.014%
	Kappa	0.137	0.398
EMP 算法	OA	76.346%	86.551%
	Kappa	0.281	0.331
RPNet 算法	OA	96.464%	95.451%
	Kappa	0.959	0.949
MGFEC 算法	OA	98.055%	96.192%
	Kappa	0.977	0.957

7.5　本章小结

本章主要介绍多尺度窗口特征提取和遥感图像处理及应用。针对红外图像边缘信息丢失、对比度低和边缘模糊等问题，提出 AWGFIIE 算法。该算法能有效克服引导滤波算法处理后的红外图像边缘位置会出现伪影、光晕现象，不但能提高红外图像的质量，而且对图像中小目标的增强具有更好的效果。针对高光谱图像分类中单一尺度特征无法有效表达地物类间差异和区分地物边界的问题，提出采用引导滤波原理实现多尺度特征的提取和分类，即 MGFEC 算法。该算法不仅可以获得影像不同尺度的结构信息和深层次特征，还有利于高光谱图像的分类处理，达到提高高光谱图像分类精度和分类质量的目的。

参 考 文 献

[1] Lu Y, Huang S Q, Wang W Q, et al. Infrared image enhancement algorithm based on adaptive weighted guided filter[J]. The Journal of China Universities of Posts and Telecommunications, 2022, 29 (2): 73-84.

[2] Huang S Q, Lu Y, Wang W Q, et al. Multi-scale guided feature extraction and classification

algorithm for hyperspectral images[J]. Scientific Reports, 2021,11:18396.

[3] Chen J Y, Yang X M, Lu L, et al. A novel infrared image enhancement based on correlation measurement of visible image for urban traffic surveillance systems[J]. Journal of Intelligent Transportation Systems, 2020, 24(3): 290-303.

[4] Tu W C, Lai Y A, Chien S Y. Constant time bilateral filtering for color images[C]//IEEE International Conference on Image Processing, 2016: 3309-3313.

[5] Zhao C, Wan X, Yan Y. Spectral-spatial classification of hyperspectral images based on joint bilateral filter and stacked sparse autoencoder[C]//2017 First International Conference on Electronics Instrumentation & Information Systems, 2017: 1-5.

[6] He K, Sun J, Tang X. Guided image filtering[J]. IEEE Transactions on Pattern Analysis and Machine Intelligence, 2013, 35(6):1397-1409.

[7] Wang C, Wang Y, Jia W, et al. Fusion of infrared and visible images based on fuzzy logic and guided filtering[C]//International Conference on Robots & Intelligent System, 2020: 80-83.

[8] Kou F, Chen W H, Wen C Y, et al. Gradient domain guided image filtering[J]. IEEE Transactions on Image Processing, 2015, 24(11): 4528-4539.

[9] 龙鹏, 鲁华祥. LoG 边缘算子改进的加权引导滤波算法[J]. 计算机应用, 2015, 35(9): 2661-2665.

[10] Tao C, Zhu H, Sun P, et al. Hyperspectral image recovery based on fusion of coded aperture snapshot spectral imaging and RGB images by guided filtering[J]. Optics Communications, 2020, 458: 124804.

[11] Guo Y, Yin X, Zhao X, et al. Hyperspectral image classification with SVM and guided filter[J]. EURASIP Journal on Wireless Communications and Networking, 2019, (1): 1-9.

[12] Lv D, Jia Z, Yang J, et al. Remote sensing image enhancement based on the combination of nonsubsampled shearlet transform and guided filtering[J]. Optical Engineering, 2016, 55(10): 103104.

[13] Liu S, Liu T, Gao L, et al. Convolutional neural network and guided filtering for SAR image denoising[J]. Remote Sensing, 2019, 11(6): 702.

[14] Wang X, Bai S, Li Z, et al. The PAN and MS image fusion algorithm based on adaptive guided filtering and gradient information regulation[J]. Information Sciences, 2021, 545: 381-402.

[15] Ren L, Pan Z, Cao J, et al. Infrared and visible image fusion based on weighted variance guided filter and image contrast enhancement[J]. Infrared Physics & Technology, 2021, 114: 103662.

[16] 谢伟, 余瑾, 涂志刚, 等. 消除光晕效应和保持细节信息的图像快速去雾算法[J]. 计算机应用研究, 2019, 36(4): 1228-1231.

[17] Karumuri R, Kumari S A. Weighted guided image filtering for image enhancement[C]//The 2nd International Conference on Communication and Electronics Systems, 2017: 545-548.

[18] Duan P, Kang X, Li S, et al. Fusion of multiple edge-preserving operations for hyperspectral image classification[J]. IEEE Transactions on Geoscience and Remote Sensing, 2019, 57(12): 10336-10349.

[19] Wang Z, Bovik A C, Sheikh H R, et al. Image quality assessment: from error visibility to structural similarity[J]. IEEE Transactions on Image Processing, 2004, 13(4): 600-612.

[20] Li Z G, Zheng J H, Zhu Z J, et al. Weighted guided image filtering[J]. IEEE Transactions on Image Processing, 2015, 24(1): 120-129.

[21] 袁宇丽, 罗学刚. 相位一致性加权的引导图像滤波去噪算法[J]. 信阳师范学院学报(自然科学版), 2017, 30(3): 464-468.

[22] Morrone M C，Owens R A. Feature detection from local energy[J]. Pattern Recognition Letters, 1994, 6(5): 51-52.

[23] Kovesi P. Phase congruency: a low-level image invariant[J]. Psychological Research，2000, (64): 136-148.

[24] Rahman Z, Jobson D J, Woodell G A. Multi-scale Retinex for color image enhancement[J]. IEEE Transactions on Image Processing, 1996, 6(7):1003-1006.

[25] Otsu N A. Threshold selection method from gray-level histograms[J]. IEEE Transaction on Systems, Man and Cybernetics, 1979, 9(1): 62-66.

[26] Liu Y, Yu N, Fang Y, et al. Low resolution cell image edge segmentation based on convolutional neural network[C]//IEEE 3rd International Conference on Image, Vision and Computing, 2018: 321-325.

[27] Ghamisi P, Yokoya N, Li J, et al. Advances in hyperspectral image and signal processing: a comprehensive overview of the state of the art[J]. IEEE Geoscience and Remote Sensing Magazine, 2017, 5(4): 37-78.

[28] Li S, Song W, Fang L, et al. Deep learning for hyperspectral image classification: an overview[J]. IEEE Transactions on Geoscience and Remote Sensing, 2019, 57(9): 6690-6709.

[29] Manolakis D, Marden D, Shaw G A. Hyperspectral image processing for automatic target detection applications[J]. Lincoln Laboratory Journal, 2003, 14(1): 79-116.

[30] Dópido I, Li J, Marpu P R, et al. Semisupervised self-learning for hyperspectral image classification[J]. IEEE Transactions on Geoscience and Remote Sensing, 2013, 51(7): 4032-4044.

[31] Sun H, Zheng X, Lu X. A supervised segmentation network for hyperspectral image classification[J]. IEEE Transactions on Image Processing, 2021, 30: 2810-2825.

[32] Cai W, Liu B, Wei Z, et al. TARDB-Net: triple-attention guided residual dense and BiLSTM networks for hyperspectral image classification[J]. Multimedia Tools and Applications, 2021, 80(7): 11291-11312.

[33] Medus L D, Saban M, Francés-Víllora J V, et al. Hyperspectral image classification using CNN: application to industrial food packaging[J]. Food Control, 2021, 125: 107962.

[34] 刘代志, 黄世奇, 王艺婷，等. 高光谱遥感图像处理与应用[M]. 北京：科学出版社, 2016.

[35] Kang X, Duan P, Li S. Hyperspectral image visualization with edge-preserving filtering and principal component analysis[J]. Information Fusion, 2020, 57: 130-143.

[36] Machidon A L, Del Frate F, Picchiani M, et al. Geometrical approximated principal component analysis for hyperspectral image analysis[J]. Remote Sensing, 2020, 12(11): 1698.

[37] Franchi G, Angulo J. Morphological principal component analysis for hyperspectral image analysis[J]. ISPRS International Journal of Geo-Information, 2016, 5(6): 83.

[38] Cavalli R M, Licciardi G A, Chanussot J. Detection of anomalies produced by buried

archaeological structures using nonlinear principal component analysis applied to airborne hyperspectral image[J]. IEEE Journal of Selected Topics in Applied Earth Observations and Remote Sensing, 2012, 6(2): 659-669.

[39] 何元磊, 黄世奇, 易世华, 等. 一种基于噪声调节主成分分析的高光谱图像波段选择方法[C]//国家安全地球物理研讨会, 2010: 245-250.

[40] Wang J, Chang C I. Independent component analysis-based dimensionality reduction with applications in hyperspectral image analysis[J]. IEEE Transactions on Geoscience and Remote Sensing, 2006, 44(6): 1586-1600.

[41] Jayaprakash C, Damodaran B B, Viswanathan S, et al. Randomized independent component analysis and linear discriminant analysis dimensionality reduction methods for hyperspectral image classification[J]. Journal of Applied Remote Sensing, 2020, 14(3): 36507.

[42] Chen S, Cao Y, Chen L, et al. Geometrical constrained independent component analysis for hyperspectral unmixing[J]. International Journal of Remote Sensing, 2020, 41(17): 6783-6804.

[43] Hang R, Liu Q, Song H, et al. Matrix-based discriminant subspace ensemble for hyperspectral image spatial-spectral feature fusion[J]. IEEE Transactions on Geoscience and Remote Sensing, 2015, 54(2): 783-794.

[44] Feng J, Chen J, Liu L, et al. CNN-based multilayer spatial-spectral feature fusion and sample augmentation with local and nonlocal constraints for hyperspectral image classification[J]. IEEE Journal of Selected Topics in Applied Earth Observations and Remote Sensing, 2019, 12(4): 1299-1313.

[45] Zeng H, Xie X, Ning J. Hyperspectral image denoising via global spatial-spectral total variation regularized nonconvex local low-rank tensor approximation[J]. Signal Processing, 2021, 178: 107805.

[46] Xue J Z, Zhao Y Q, Bu Y Y, et al. Spatial-spectral structured sparse low-rank representation for hyperspectral image super-resolution[J]. IEEE Transactions on Image Processing, 2021, 30(2): 3084-3097.

[47] Wang Y T, Huang S Q, Liu Z G, et al. Target detection for hyperspectral image based on multi-scale analysis[J]. Journal of Optics, 2017, 46(1) : 75-82.

[48] 魏祥坡, 余旭初, 张鹏强, 等. 联合局部二值模式的 CNN 高光谱图像分类[J]. 遥感学报, 2020, 24(8): 1000-1009.

[49] Li D, Wang Q, Member I, et al. Superpixel-feature-based multiple kernel sparse representation for hyperspectral image classification[J]. Signal Processing, 2020, 176: 107682.

[50] 任守纲, 万升, 顾兴健, 等. 基于多尺度空谱鉴别特征的高光谱图像分类[J]. 计算机科学, 2018, 45(12): 243-250.

[51] Tu B, Li N, Fang L, et al. Hyperspectral image classification with multi-scale feature extraction[J]. Remote Sensing, 2019, 11(5): 534.

[52] Duan P, Kang X, Li S, et al. Noise-robust hyperspectral image classification via multi-scale total variation[J]. IEEE Journal of Selected Topics in Applied Earth Observations and Remote Sensing, 2019, 12(6): 1948-1962.

[53] Mu C, Guo Z, Liu Y. A multi-scale and multi-level spectral-spatial feature fusion network for

hyperspectral image classification[J]. Remote Sensing, 2020, 12(1): 125.

[54] Benediktsson J A, Palmason J A, Sveinsson J R. Classification of hyperspectral data from urban areas based on extended morphological profiles[J]. IEEE Transactions on Geoscience and Remote Sensing, 2005, 43(3): 480-491.

[55] Xu Y, Du B, Zhang F, et al. Hyperspectral image classification via a random patches network[J]. ISPRS Journal of Photogrammetry and Remote Sensing, 2018, 142: 344-357.

第8章 基于深度卷积神经网络的遥感图像处理

8.1 引　　言

目前，人类社会已进入人工智能、大数据和新一代电子信息技术深度融合的数字智能时代。大数据和人工智能是新时代推动科技、经济和社会发展的重要动力，对人类社会生产生活的影响日益凸显。人工智能是研究计算机模拟人的某些思维过程和智能行为(如学习、推理、思考、规划等)的学科，主要包括计算机实现智能的原理和制造类似于人脑智能的计算机,使计算机能实现更高层次的应用。机器学习是人工智能的核心内容，深度学习是机器学习的分支，是实现人工智能技术的一种重要方法。随着智能传感技术和物联网技术的发展及应用，各种类型的数据不断产生，因此诞生了处理大量数据的云计算和大数据技术。基于深度学习的神经网络技术在大数据处理和云技术方面发挥了非常重要的作用，深度学习的使用在过去十年中迅速增长。预计到 2028 年，深度学习的市场规模将达到 930亿美元。深度学习是机器学习的一个子集，它使用神经网络执行学习和预测。深度学习在文本、时间序列和计算机视觉等方面都表现出惊人的能力。深度学习的成功主要来自大数据的可用性和计算能力。深度神经网络是深度学习的基础，又称为深度前馈网络(deep feedforward network, DFN)和多层感知机(multi-layer perceptron, MLP)，可以理解为有很多隐藏层的神经网络，代表性模型包括卷积神经网络、循环神经网络、递归神经网络等。深度卷积神经网络中有两个关键技术，即卷积和池化。卷积的完成依靠的是邻域模板运算，它通过设置不同的卷积核(邻域模板)来提取不同尺度的特征。随着深度的增强会提取到更深层、更抽象的特征信息。池化处理既能完成特征的提取，又能完成数据的降维。本章主要讨论深度卷积神经网络的基本理论及其在遥感图像滤波增强和遥感图像目标检测中的应用[1-3]。

8.2　深度卷积神经网络

8.2.1　深度卷积神经网络概述

机器学习的发展经历了浅层学习和深度学习两次浪潮。浅层学习是指包含一层或两层的非线性特征变换，可以看成具有一层隐含层或者没有隐含层的结构。大多数传统的机器学习和信号处理技术都是利用浅层结构的架构，如高斯混合模型(Gaussian mixture model, GMM)、SVM 和决策树(decision tree, DT)等都是浅层结构。深度学习主要是指超过三层的神经网络模型，如置信网络、卷积网络和生成对抗网络等。深度学习是通过构建具有许多隐含层的机器学习模型和海量的训练数据来学习更有用的特征，从而提升分类或预测的准确性。深度学习作为机器学习的一个分支，其学习算法可以分为无监督学习(如深度信念网)和有监督学习(如卷积神经网络)。卷积神经网络是人工神经网络的一种，是多层感知机的一个变种模型，是一种前馈型的神经网络。它在大型图像处理方面有出色的表现，目前已经被大范围应用到图像分类和定位等领域中。相比于其他神经网络结构，卷积神经网络需要的参数较少。

　　卷积神经网络与普通神经网络的区别在于，卷积神经网络包含一个由卷积层和子采样层构成的特征提取器。在卷积神经网络的卷积层中，一个神经元只与部分邻层神经元连接。在卷积神经网络的一个卷积层中，通常包含若干特征平面，每个特征平面由一些矩形排列的神经元组成，同一特征平面的神经元共享权值(卷积核)。卷积核一般以随机小数矩阵的形式初始化，在网络的训练过程中卷积核通过学习得到合理的权值。共享权值(卷积核)带来的直接好处是减少网络各层之间的连接，同时降低过拟合的风险。子采样也称池化，通常有均值子采样和最大值子采样两种形式。卷积和子采样可以大大简化模型的复杂度，减少模型参数。卷积神经网络基本结构示意图如图 8.1 所示[4,5]。卷积神经网络由三部分构成：第一部分是数据输入层；第二部分由 n 个卷积层和池化层组合而成；第三部分由一个全连接的多层感知机分类器构成。

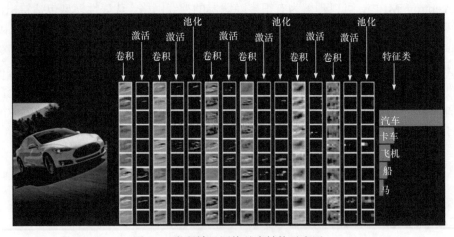

图 8.1　卷积神经网络基本结构示意图

1.数据输入层

数据输入层的工作就是对原始图像数据进行预处理，一般包括去均值和归一化。

(1) 去均值。把输入数据各个维度都中心化为 0，如图 8.2 所示。其目的就是把样本数据的中心拉回到坐标系原点上。

(2) 归一化。幅度归一化到同样的范围，如图 8.2 所示，即减少各维度数据取值范围的差异带来的干扰。例如，有两个维度的特征 A 和 B，A 范围是 0～10，B 范围是 0～10000，如果直接使用这两个特征是有问题的，好的做法就是归一化，即 A 和 B 的数据都变为 0～1 的范围。

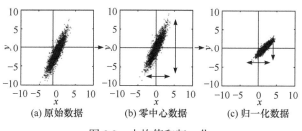

图 8.2　去均值和归一化

2. 卷积层与池化层

1) 卷积层

卷积层是卷积神经网络最重要的一个层次，也是"卷积神经网络"名字的由来。卷积运算的实质是将输入数据的表示方式变换成另一种表示方式。若把卷积层视为黑盒子，则可以把输出看作输入的另一种表示，整个网络的训练就是训练出这种表示所需的中间参数。卷积运算的目的是提取输入数据的不同特征，第一层卷积层可能只提取一些低级特征，如边缘、线条、角等层级，更多层的网络能从低级特征中迭代提取更复杂的高级特征。图 8.3 为彩色 RGB 图像的卷积运算示意图。

从图 8.3 可知，同一卷积核可对不同输入层进行卷积运算，得到一组输出，多个卷积核得到多个输出。不同的图层和不同的输入图处理算法相似，中间的卷积运算是一种对参数进行处理的过程，最后决定分类个数的是最后一层全连接层的个数。例如，有 100 幅图像，大小为 32×32，图像为 3 维，即输入为 100×32×32×3，通过大小为 3×3 的 256 个卷积核进行边缘补充后进行计算，输出为 100×32×32×256，即在该层的卷积运算仅需对 256 个卷积核进行共享就可实现，大大减少了所需参数[6]。每个卷积核都会把图像生成为另一幅图像，即特征图像。如果有 5 个卷积核，那么就可以生成 5 幅图像，可以认为这 5 幅图像是一幅图像通过的不同通道。

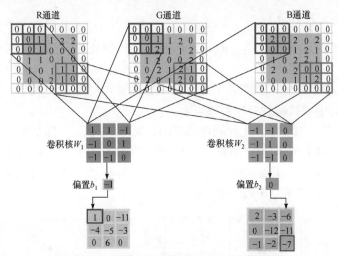

图 8.3　彩色 RGB 图像的卷积运算示意图

在卷积运算中，如果输入图像的大小为 $W \times W$，卷积核的大小为 $F \times F$，卷积核移动步长为 1(卷积间隔像素个数)，那么输出图像的大小为 N，且 $N = (W - F) + 1$。例如，输入图像大小为 32×32，卷积核为 3×3，则进行一次卷积处理后输出的图像大小为 30×30。

2) 局部感受野

卷积神经网络中有两种"神器"可以降低参数数目。第一种"神器"称为局部感受野。一般认为人对外界的认知是从局部到全局的，而图像的空间联系也使局部的像素联系较为紧密，距离较远的像素相关性较弱。因此，每个神经元其实没有必要对全局图像进行感知，只需要对局部图像进行感知即可，然后在更高层将局部图像的信息综合起来就可以得到全局图像的信息。网络部分连通的思想，也是受启发于生物学中的视觉系统结构。视觉皮层的神经元就是局部接收信息的(即这些神经元只响应某些特定区域的刺激)。图 8.4 为局部感受野示意图，其中图 8.4(a)为全连接，图 8.4(b)为局部连接。

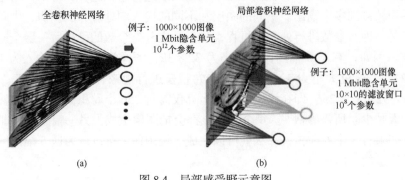

图 8.4　局部感受野示意图

如图 8.4(b)所示，假设每个神经元只与 10×10 个像素值相连，则权值数据有 1000000×100 个参数，减少为原来的 1/10000，而 10×10 个像素值对应的 10×10 个参数其实就相当于卷积运算。

3) 权值共享

虽然局部感受野减少了参数的个数，但是参数仍然过多。为了进一步减少参数的个数，启用第二种神器，即权值共享。在上面的局部连接中，每个神经元都对应 100 个参数，一共 1000000 个神经元。如果这 1000000 个神经元的 100 个参数都是相等的，那么参数数目就变为 100。

怎么理解权值共享呢？可以把这 100 个参数(也就是卷积运算个数)看成提取特征的方式。该方式与位置无关。其中隐含的原理则是图像一部分的统计特性与其他部分是一样的。这也意味着，在这一部分学习的特征也能用在另一部分上，所以对于这个图像上的所有位置，都可以使用同样的学习特征。更直观一些，从一个大尺寸图像中随机选取一小块，如 8×8 作为样本，并且从这个小块样本中学习到一些特征，这时就可以把从这个 8×8 样本中学习到的特征作为探测器，应用到这个图像的任意位置。特别是可以用从 8×8 样本中学习到的特征与原本的大尺寸图像进行卷积，从而在这个大尺寸图像上的任一位置获得一个不同特征的激活值。每个卷积都是一种特征提取方式，就像一个筛子，将图像中符合条件(激活值越大越符合条件)的部分筛选出来。

4) 激活函数

在神经网络中，神经元向后传递信息需要与阈值做比较来激活神经元，从而向后传递信息。同样，在卷积神经网络中，卷积后同样需要一个激活过程，而把卷积层输出的结果进行非线性映射的过程就起到了激励层的作用。

为什么要用激活函数？如果不用激活函数，每层输出都是上层输入的线性函数，无论神经网络有多少层，输出都是输入的线性组合，这种情况就是最原始的感知机。如果使用激活函数，它给神经元引入了非线性因素，使神经网络可以任意逼近任何非线性函数，这样神经网络就可以应用到众多的非线性模型中。此外，通过激活函数还可以获得更为强大的表达能力。

在卷积神经网络中，卷积运算和池化运算都是线性运算，而生活中的大量样本，在进行分类时并不是线性关系，因此需要在网络中引入非线性元素，使网络能解决非线性问题。常见的激活函数有 Sigmoid、Tanh、ReLU、ELU 和 Mish 等函数。卷积神经网络采用的激活函数一般为修正线性单元(rectified linear unit, ReLU)，它的特点是收敛速度快、求梯度简单。

5) 池化层

在通过卷积运算获得特征后，下一步的目的是利用这些特征完成分类任务。理论上讲，可以用所有提取到的特征训练分类器，如 Softmax 分类器，但这样做

面临计算量的挑战。例如，对于一幅大小为 96×96 的图像，假设通过学习获得
400 个定义在 8×8 输入上的特征，每个特征和图像卷积都会得到一个(96−8+1)×
(96−8+1)=7921 维的卷积特征。由于有 400 个特征，所以每个样例都会得到一个
7921×400=3168400 维的卷积特征向量。学习一个拥有超过 300 万特征输入的分
类器十分不便，并且容易出现过拟合。为了解决这个问题，首先回忆一下，之所
以使用卷积后的特征是因为图像具有一种"静态性"的属性，这意味着在一个图
像区域有用的特征极有可能在另一个区域同样适用。因此，为了描述大尺寸的图
像，一个很自然的想法就是对不同位置的特征进行聚合统计。例如，人们可以计
算图像一个区域某个特征的平均值(或最大值)。这些概要统计特征不仅具有低得
多的维度(相比使用所有提取得到的特征)，同时还会改善结果(不容易过拟合)。这
种聚合的操作就称为池化，经常使用的池化算法是最大池化和平均池化。在实际
应用过程中，使用比较多的池化算法是最大池化。图 8.5 为池化原理示意图，其
中图 8.5(a)为最大池化原理，图 8.5(b)为下采样原理。在图 8.5(a)中，对于每个
2×2 的窗口选出最大的数作为输出矩阵相应元素的值，如果输入矩阵第一个 2×
2 窗口中最大的数是 6，那么输出矩阵的第一个元素就是 6，依此类推。

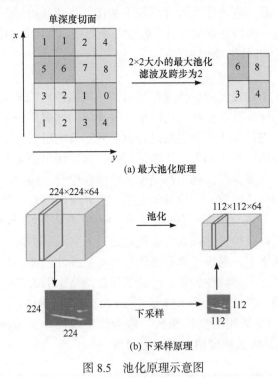

图 8.5　池化原理示意图

3. 全连接层

在卷积神经网络的最后，往往会出现一个或两个全连接层。全连接层一般会把卷积输出的二维特征图转换成一维的向量。下面以图 8.6 为例来介绍。在图 8.6中，最后一列中的小圆球是输出层，倒数第二列和第三列小圆球是两个全连接层。在最后一层卷积结束后，进行最后一次池化，输出 20 个 12×12 的图像，然后通过一个全连接层变成 1×100 的向量。

这是怎么做到的呢? 其实就是由 20×100 个 12×12 的卷积核卷积出来的。对于输入的每幅图像，用一个与图像一样大小的卷积核，这样整幅图就变成一个数。如果厚度是 20，则是 20 个核卷积完成后相加求和。这样就能把一幅图像高度浓缩成一个数。

全连接的目的是什么呢? 因为传统网络的输出就是分类，也就是几个类别的概率，甚至就是一个数(类别号)，所以全连接层就是高度提纯的特征，方便交给最后的分类器或者回归。但是，全连接的参数太多，一张图里就有 20×12×12×100 个参数。前面随便一层卷积，假设卷积核是 7×7 的，厚度是 64，也才 7×7×64 个参数，所以现在的趋势是尽量避免全连接。目前主流的算法是全局平均值，也就是最后那一层的特征图(最后一层卷积的输出结果)直接求平均值。有多少种分类就训练多少层，这 10 个数字就是对应的概率，也称置信度。

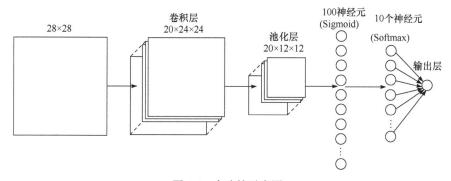

图 8.6　全连接示意图

8.2.2　全卷积神经网络

卷积神经网络的组成主要有卷积层、池化层、全连接层、Softmax 分类层。卷积神经网络的主要作用是完成图像的分类任务，通过卷积运算将获得的特征图经过全连接层映射为特征向量，从而表示输入的图像属于每个类别的概率。全卷积网络(fully convolutional networks, FCN)是在卷积神经网络的基础上改进得到的，将全连接层替换为卷积层，从而保留图像数据的二维信息，再对二维特征图进行上采样，反卷积恢复到原图大小，建立端到端、像素到像素的网络架构。因此，FCN 完成了从图像级别分类到像素级别分类的转变。

FCN 的网络结构如图 8.7 所示。输入网络的 SAR 图像经过卷积运算得到深度为 64 的卷积层 Conv1，然后 Conv1 经过最大池化运算得到池化层。卷积运算和最大池化运算交替进行直到得到深度为 4096 的卷积层 Conv6，接着进行两次卷积运算得到深度为 2 的特征图，即热图。热图通过反卷积运算得到深度为 2 的预测分类图，分别表示目标和背景的概率。最后经过 Softmax 分类层输出分割结果图。

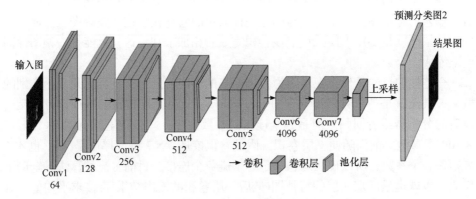

图 8.7　FCN 的网络结构

8.2.3　U-Net 网络

U-Net 网络是一个经典的全卷积神经网络，其结构如图 8.8 所示。从图中可以看出，U-Net 网络是一个对称的 U 形结构，前半部分为编码器，后半部分为解码

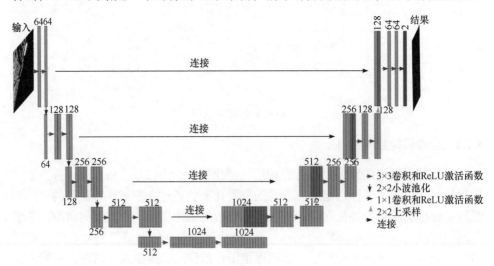

图 8.8　U-Net 网络结构

器。编码器中有五个块，每个块中有两次卷积操作，块之间通过最大池化层连接。特征图经过最大池化之后，大小变为原来的 1/2。解码器中也有对称的 5 个块，每个块之间通过上采样连接。特征图经过上采样之后深度降为原来的 1/2，大小变为原来的 2 倍。在每个块内部，上采样获得的特征图和前半部分编码器的特征图在深度上叠加融合，使融合后的特征图变为上采样得到的特征图的 2 倍。在解码器的最后一个块中，特征图通过两次 3×3 的卷积运算之后进行 1×1 的卷积运算，从而获得深度为 2 的预测特征图。最后，预测特征图通过 Softmax 函数获得每个像素属于每个类别的概率，进而输出分割结果图。

8.3　基于滚动深度学习的多光谱图像雾霾消除算法

雾霾天气产生的原因是空气中包含大量的气溶胶和浮尘颗粒，使光线在大气中的透射率降低，场景区域反射回来的光线减少，导致场景区域拍摄的影像模糊感强烈，呈现灰蒙蒙的色调。这给室外拍摄、自动驾驶、目标跟踪、导航和光学遥感带来极大的影响，因此消除光学图像和视频中雾霾带来的影响是图像预处理的重要内容。针对图像中雾霾的消除已有许多算法[7-17]。Cai 等[7]提出 DeHazeNet 算法，即设计了用一种端到端的卷积神经网络实现对雾霾图像透射率图的估计，然后结合传统的大气散射雾霾模型完成图像雾霾的消除。Ren 等[8]提出用一个多尺度卷积神经网络(multi-scale convolutional neural network, MSCNN)估计雾霾图像的透射图来完成雾霾的消除。Ke 等[9]提出利用全卷积神经网络来消除遥感图像中雾霾带来的影响。Li 等[10]提出一种统一的卷积神经网络框架，不但可以重新建立大气散射模型，而且可以实现雾霾消除过程的统一。它无须中间参数估计，是一个完全端到端的网络。Li 等[11]提出利用条件生成对抗网络(conditional generative adversarial network, CGAN)对图像中的雾霾进行处理。Bu 等[12]提出端到端网络与引导滤波结合的雾霾消除算法。Qin 等[17]提出基于残差结构卷积神经网络的多光谱遥感图像雾霾消除算法。文献[18]对基于深度学习的图像雾霾消除算法进行了综述。从这些文献可知，深度学习算法是通过数据驱动训练复杂的神经网络来完成图像中雾霾的消除，不需要依赖先验知识，因此在合成数据集上的深度学习算法一般能降低图像中雾霾的影响，但是图像透射率估计的准确性，以及能否真正实现从端到端地捕捉透射图、大气光值和雾霾图像之间的关系，都会影响图像雾霾消除的效果。

在文献[7]所提 DeHazeNet 算法的基础上，本节提出一种基于滚动深度学习和 Retinex 理论(rolling deep learning and Retinex theory, RDLRT)的多光谱遥感图像雾霾消除算法。RDLRT 算法充分结合了深度学习和 Retinex 理论的优势，不但能够有效消除遥感图像和彩色室外图像中的雾霾，而且处理后的图像可以保持较好的细节信息和对比度，具有较高的清晰度和较少的失真度。该算法的贡献主要包括以下几个方面。

(1) 提出基于深度学习的图像滚动处理概念。

(2) 通过对图像进行滚动处理，提出获得相对清晰稳定图像层的概念，达到尽可能消除图像雾霾的目的。

(3) 提出利用图像的 PSNR 来确定稳定清晰图像的策略。

(4) 对稳定清晰图像的饱和度和亮度进行均衡化及增强处理，不但能进一步消除雾霾，而且能获得较饱和的色调。

(5) 利用 Retinex 理论处理相对稳定清晰的图像，继续消除雾霾，同时还可获得更多的细节信息和较高的对比度。

(6) 实现了深度学习的优化与图像增强的有机融合。

(7) 为尽可能消除雾霾的影响，设计了三次消除雾霾的过程。

8.3.1　算法原理概述

本节在结合基于深度学习的 DeHazeNet 算法和 Retinex 理论的基础上，提出 RDLRT 算法[1]。该算法可以有效去除多光谱遥感图像中的雾霾，较好地保持图像中的细节信息和图像色彩特征，而且失真较少。对于室外的彩色图像或照片，广义上讲它们也是多光谱遥感图像。因此，RDLRT 算法同样适用于室外彩色图像的雾霾消除。下面详细介绍 RDLRT 算法的原理和实现步骤。其原理框图如图 8.9 所示。主要实现步骤如下。

(1) 输入多光谱遥感图像 I_O。这里输入的多光谱遥感图像受雾霾的影响，图像的质量和视觉效果都比较差。多光谱遥感图像是不同波段图像合成的彩色图像，可以是真彩色图像，也可以是假彩色图像。室外图像或照片可认为是广义的遥感图像，是三个通道的图像合成的 RGB 彩色图像。

(2) 基于深度学习的图像雾霾消除。这里利用文献[7]提出的 DeHazeNet 算法处理雾霾遥感图像。在 RDLRT 算法，多次调用 DeHazeNet 算法，即滚动式的深度学习。随着处理次数的增加，雾霾的干扰越来越少，但是图像越来越暗。因此，在处理之前要预先设置雾霾消除滚动的次数 M，一般情况下设 $M \geqslant 5$。详细的情况将在 8.3.2 节进行讨论。第一次处理后的输出图像是第二次处理时的输入图像，依此类推，直到满足结束条件。

(3) 获得每次处理后图像的 PSNR。计算每次利用 DeHazeNet 算法处理后图像的 PSNR 值，并保存结果。假设利用 DeHazeNet 算法处理了 n 次，$n \leqslant M$，则可得到 n 幅图像和 n 个 PSNR 值。两者之间的差异越大，说明雾霾的消除效果越好，此时 PSNR 值越小。相反，如果两者之间的差异越小，表明雾霾消除效果越差，即处理后的图像越接近原始图像，PSNR 值越大，特别是与原始图像一样时，

PSNR 值为无穷大。

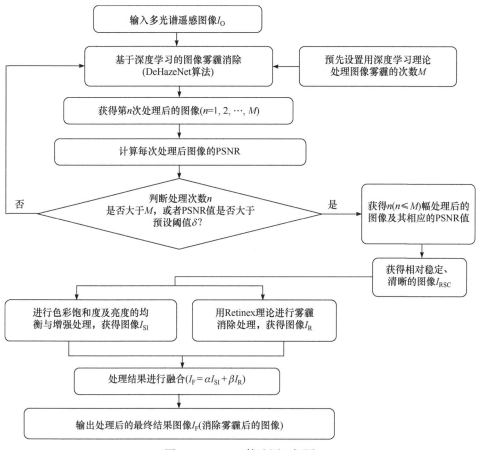

图 8.9　RDLRT 算法原理框图

（4）判断是否继续对图像进行雾霾消除滚动处理。当每次调用 DeHazeNet 算法处理图像时，都会降低雾霾带来的影响。当图像达到一定的清晰度时，继续用该算法处理图像，图像几乎不会变化，因此没有必要继续对图像进行基于深度学习的滚动处理。我们设计如下两种方式来判断是否继续操作。

① 判断处理次数 n 是否大于预设置的次数 M。若 $n > M$，则终止滚动处理，进入步骤(5)；否则，继续进行雾霾的滚动消除处理。

② 利用 PSNR 值判断是否要继续进行消除雾霾的处理。首先计算 n 幅图像的 PSNR 值，然后用第 $n-1$ 次和第 n 次的 PSNR 值进行比较，若它们的差值小于预定的阈值 δ，则认为是稳定的，即雾霾的消除达到了目的，终止滚动处理，进入下一步操作，否则，继续进行雾霾的滚动消除处理。用 PSNR 进行判断的数学表达式为

$$\Delta PSNR = (PSNR_{n-1} - PSNR_n) < \delta \tag{8.1}$$

(5) 获得相对稳定的清晰图像 I_{RSC} 。对最终处理后的 n 幅图像进行分析，$n \le M$ 。通过前面的步骤已经获得这 n 幅图像的 PSNR 值，通过这些 PSNR 值确定稳定清晰层图像。按式(8.2)判断是否为相对稳定清晰的图像 I_{RSC} ，即

$$\begin{cases} (PSNR_{n-2} - PSNR_{n-1}) < 1 \\ (PSNR_{n-1} - PSNR_n) < 1 \end{cases} \tag{8.2}$$

式中，$PSNR_{n-2}$、$PSNR_{n-1}$ 和 $PSNR_n$ 分别表示第 $n-2$ 次、第 $n-1$ 次和第 n 次获得图像的 PSNR。

如果连续两两之差都小于 1，那么第 $n-2$ 次获得图像就是相对稳定清晰的 I_{RSC} 图像。

(6) 对稳定清晰图像 I_{RSC} 的饱和度和亮度进行均衡化处理和增强处理，处理后的图像用 I_{SI} 表示。经 DeHazeNet 算法的滚动处理后，图像变得较暗，滚动次数越多，图像越暗。因此，对图像进行饱和度和亮度的处理，可以达到以下两个目的：第一，可以对图像色调的饱和度与亮度进行调整，尽量恢复和保持图像的色调，减少颜色失真，提高图像亮度；第二，继续完成对图像雾霾的消除。虽然原始图像经过多次 DeHazeNet 算法处理，也能有效消除雾霾，但是消除能力有限。具体的处理思路如下：首先把获得的稳定清晰的多光谱 RGB 图像转换成 HSI 模型图像，分别提取 H、S 和 I 分量图像；然后对 S 和 I 分量图像进行均衡化处理和增强处理；最后把处理后的 HSI 图像转换成 RGB 图像。

(7) 用 Retinex 理论对 I_{RSC} 图像进行雾霾消除处理，获取处理后的图像 I_R 。Retinex 理论能有效消除雾霾，增强图像的细节信息，但是处理后的图像严重失真。在 RDLRT 算法中，用 Retinex 理论处理图像也有两个目的：一是继续消除雾霾；二是增强细节。

(8) 进行融合处理。把步骤(6)获得的图像 I_{SI} 和步骤(7)获得的图像 I_R 进行融合，获得最终消除雾霾的图像 I_F 。融合规则为

$$I_F = \alpha I_{SI} + \beta I_R \tag{8.3}$$

式中，α 和 β 分别为权因子，最简单的设置为 $\alpha = \beta = 0.5$ 。

(9)输出图像 I_F 。I_F 就是最后消除雾霾而恢复的图像，其尽可能接近无雾霾的同一场景图像。

8.3.2 实验结果与分析

为了验证 RDLRT 算法的正确性与性能好坏，设计了一系列的比较实验。RDLRT 算法涉及深度学习的 DeHazeNet 算法、Retinex 理论和均衡化处理与增强处理，因此实验选择的对比算法有 DeHazeNet 算法[7]、Retinex 算法[19]和 DCP 算

法[20]。文献[19]提出的算法是单尺度 Retinex 算法,在本实验中其尺度参数设置为 128。RDLRT 算法中用 DeHazeNet 算法对图像进行滚动处理的次数设置为 5。下面分别介绍各组实验的具体情况。

1. 滚动处理次数的确定实验

RDLRT 算法涉及滚动处理次数 M 的确定,因此实验详细讨论此问题。利用深度学习理论对图像中雾霾消除的思路是基于 DeHazeNet 算法原理,并进行滚动调用的。除了第一次处理输入端输入的原始图像,其余处理输入的图像是前一次处理输出的结果。基于 DeHazeNet 算法的滚动雾霾消除结果如图 8.10 所示。

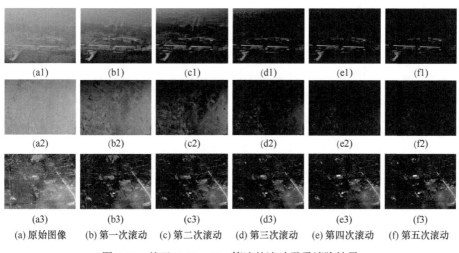

(a1)	(b1)	(c1)	(d1)	(e1)	(f1)
(a2)	(b2)	(c2)	(d2)	(e2)	(f2)
(a3)	(b3)	(c3)	(d3)	(e3)	(f3)
(a) 原始图像	(b) 第一次滚动	(c) 第二次滚动	(d) 第三次滚动	(e) 第四次滚动	(f) 第五次滚动

图 8.10　基于 DeHazeNet 算法的滚动雾霾消除结果

在图 8.10 中,图 8.10(a1)~图 8.10(a3)分别表示不同场景的原始图像,它们都受到雾霾的影响。其中,图 8.10(a1)和图 8.10(a2)受到雾霾的影响比较均匀,图 8.10(a3)受到雾霾的影响不均匀。图 8.10(a)表示原始图像,图 8.10(b)~图 8.10(f)分别表示第一次到第五次滚动处理的结果图像。从图 8.10 可以看到,基于 DeHazeNet 算法的雾霾消除处理,随着滚动次数的增加,图像中的雾霾不断减少,同时色调不断加深变暗。对于图 8.10(a1)和图 8.10(a2),雾霾的消除效果比较明显。对于图 8.10(a3),雾霾的整体消除效果不太理想,但对于局部的薄雾霾消除效果还可以,对于较浓的雾霾区域,雾霾的消除能力则非常有限。这可能与 DeHazeNet 算法的训练数据选择和来源有关。还有一个明显的特点是,经 DeHazeNet 算法处理后的图像,其颜色的失真比较小。计算图 8.10(b)~图 8.10(f)所示各幅图像的 PSNR 可知,雾霾图像被 DeHazeNet 算法滚动处理,每次处理后,图像的 PSNR 值均会有所下降,表明图像中的噪声不断减少,即雾霾逐次被消除。当滚动处理到一定次数时，PSNR 值不再下降，或者下降的量非常小，此时认为图像中雾霾非常少，接近无雾霾时的场景图像。从表 8.1 和图 8.11 可知，如果前后处理的两幅图像的 PSNR 值相差不大，如差值小于 1，就可认为是比较稳定清晰的图像，没有必要再进行滚动处理。对于图 8.10(a1)和图 8.10(a2)，第四次滚动和第五次滚动处理后图像 PSNR 值差值小于 1，表明第四次滚动处理后的图像就是相对清晰的图像。同理，对于图 8.10(a3)，相对稳定清晰图像是第三次滚动处理后的图像。

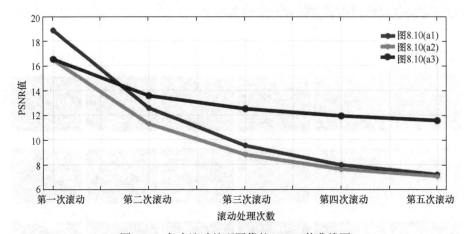

图 8.11 各次滚动处理图像的 PSNR 值曲线图

表 8.1 滚动处理后图像的 PSNR 值

图像	第一次滚动	第二次滚动	第三次滚动	第四次滚动	第五次滚动
图 8.10(a1)	18.8429	12.5753	9.5171	7.9612	7.1837
图 8.10(a2)	16.4459	11.2815	8.7871	7.6206	7.0542
图 8.10(a3)	16.5004	13.5575	12.5024	11.9290	11.5537

2. 多光谱遥感图像雾霾消除实验

雾霾天气主要影响光学成像设备的正常工作，所以多光谱遥感图像的获取会受到雾霾的严重干扰。多光谱遥感图像一般是由多个波段中任意三个波段图像合成的彩色图像，当然也可以是摄像机直接获取的 RGB 图像。多光谱遥感图像雾霾消除结果如图 8.12 所示。图 8.12(a)所示的是原始图像，其中图 8.12(a1)～图 8.12(a7)分别表示不同场景的遥感图像。图 8.12(a1)和图 8.12(a2)来自 QuickBird 卫星，空间分辨率为 2.5m，大小分别为 600×600 和 612×612。图 8.12(a3)、图 8.12(a5)和图 8.12(a7)由 GeoEye-1 卫星平台获取，空间分辨率为 2m，大小分别为 700×700、1000×1000 和 700×600。图 8.12(a4)是通过 WorldView-3 卫星获取的，空间分辨率为 1.24m，图像大小为 1000×1000。图 8.12(a6)是由无人机获取的，空间分辨率为 2m，图像大小为 500×350。图 8.12(b)～图 8.12(e)所示图像分别由 DCP 算法、DeHazeNet 算法、Retinex 算法和 RDLRT 算法处理后得到的结果。图 8.12(a1)成像区域是山地，图 8.12(a6)成像区域是海边，其他图像包含的区域都是城市或郊区。图 8.12(a2)、图 8.12(a3)和图 8.12(a5)中的雾霾不均匀，其他图像中的雾霾比较均匀。

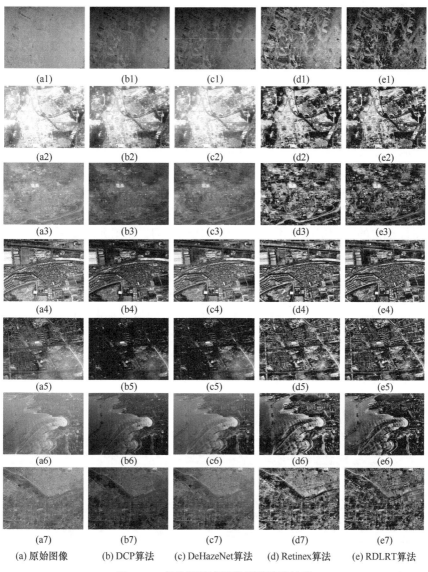

(a1)	(b1)	(c1)	(d1)	(e1)
(a2)	(b2)	(c2)	(d2)	(e2)
(a3)	(b3)	(c3)	(d3)	(e3)
(a4)	(b4)	(c4)	(d4)	(e4)
(a5)	(b5)	(c5)	(d5)	(e5)
(a6)	(b6)	(c6)	(d6)	(e6)
(a7)	(b7)	(c7)	(d7)	(e7)
(a) 原始图像	(b) DCP算法	(c) DeHazeNet算法	(d) Retinex算法	(e) RDLRT算法

图 8.12　多光谱遥感图像雾霾消除结果

　　从图 8.12 可知，对于比较均匀的雾霾，DCP 算法和 DeHazeNet 算法均能一定程度地降低雾霾的影响。但是，对于非均匀雾霾，其对雾霾的消除能力相对弱一些。另外，DeHazeNet 算法处理图像的颜色失真较少。Retinex 算法最大的优势是能有效消除雾霾对图像的影响，恢复的图像具有较丰富的细节信息，而且具有较好的清晰度。但是，其最大的弱点也非常明显，即处理后的图像存在较严重的颜色失真和细节过增强的现象。本节提出的 RDLRT 算法，不但能有效消除图像中雾霾的影响，获得较高清晰度和对比度的图像，而且恢复的图像颜色失真也较少，如图 8.12(e)所示。因此，RDLRT 算法确实是一种非常有效且可行的多光谱遥感图像雾霾消除算法，并且具有较好的普适性，能够处理不同类型的遥感图像。

3. 室外图像的雾霾消除实验

　　从广义的角度来说，室内外图像都属于遥感图像，因为它们也是通过非接触方式获取目标信息的。因此，这部分是用室外 RBG 图像进行比较实验，目的是进一步验证各算法的普适性特点。如图 8.13 所示，图 8.13(a)表示原始图像，图 8.13(b)～图 8.13(e)分别由 DCP 算法、DeHazeNet 算法、Retinex 算法和 RDLRT 算法获得的结果。图 8.13(a1)～图 8.13(a5)分别反映不同场景的室外图像。同时，这些图像包含的雾霾情况也不一样，有些比较均匀，如图 8.13(a1)所示；有些不均匀，如图 8.13(a3)所示。从图 8.13 可以看到，不论是哪种场景的图像，RDLRT 算法处理后图像的视觉效果最好，清晰度最高，色彩失真较少，表明其具有比较好的普适性，也适合处理不同类型的室外图像。其他三种算法均有各自的不足，反映的规律与图 8.12 反映的规律类似。对于均匀的雾霾图像，DCP 算法和 DeHazeNet 算法既能降低雾霾的影响，也能保持好的色调，但是对于非均匀雾霾图像，其效果会差一些。相对于多光谱遥感图像，此时的 Retinex 算法似乎有点过饱和，使处理后的图像有一层灰白的感觉。

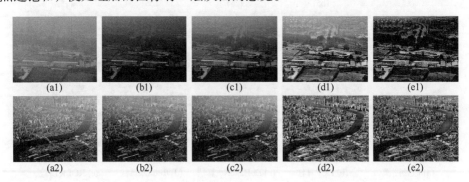

(a1)　　　　　(b1)　　　　　(c1)　　　　　(d1)　　　　　(e1)

(a2)　　　　　(b2)　　　　　(c2)　　　　　(d2)　　　　　(e2)

(a3)	(b3)	(c3)	(d3)	(e3)
(a4)	(b4)	(c4)	(d4)	(e4)
(a5)	(b5)	(c5)	(d5)	(e5)
(a) 原始图像	(b) DCP算法	(c) DeHazeNet算法	(d) Retinex算法	(e) RDLRT算法

图 8.13　室外图像的雾霾消除实验结果

8.3.3　定量分析与评价

从视觉效果来看，RDLRT 算法确实可行，下面从定量的角度进一步对其性能进行评价。常用于评价图像雾霾消除效果的参数有 SSIM、PSNR、IE 和 CR，对于其定义和计算，可以参考文献[21]。光学图像质量在获取的过程中会受到雾霾天气的影响，进一步影响其正确的解译和价值的发挥。因此，在消除图像雾霾时，既要尽可能消除图像雾霾，提高图像清晰度和对比度，保持丰富的有效信息，又要尽可能恢复无雾霾时的场景色调，减少颜色失真。为从不同的角度来定量分析不同算法的性能，选择上述四个不同侧面的评价参数。

SSIM 描述的是两幅图像在结构方面的相似程度，包括轮廓信息、边缘信息和细节信息等。由于是在处理后的图像与原始图像之间进行比较与分析，所以雾霾消除的越多，恢复后的图像与原始图像之间在结构方面的差异越大，SSIM 值就越小。如果消除的雾霾越少，则越接近原始图像，它们的结构越相似，SSIM 值越接近 1。

受雾霾影响的图像呈现偏灰白的现象，等价于图像受到强信号干扰，在图像中产生了大量的噪声。因此，利用图像的 PSNR 来评价图像中雾霾含量的多少。如果图像雾霾消除少，则 PSNR 值较大；如果雾霾消除比较多，则 PSNR 值较小。

图像的对比度反映图像的清晰程度和细节信息情况。CR 值越大，表明图像的清晰度较好，图像的视觉效果也比较好，一般具有比较丰富的细节信息。如果 CR 值较小，表明图像中雾霾的消除量比较少，细节信息不丰富。

信息熵反映图像的平均信息量。因此，其值较大，说明图像包含的平均信息量比较多，反之亦然。如果图像中雾霾比较多，则场景空间信息均被雾霾覆盖，无法被反映出来。

本节计算了图 8.12 和图 8.13 中经 DeHazeNet 算法、DCP 算法、Retinex 算法和 RDLRT 算法处理后图像的 PSNR 值、SSIM 值、CR 值和 IE 值，如图 8.14～图 8.17 所示。图 8.14(a)、图 8.15(a)、图 8.16(a)和图 8.17(a)表示的是图 8.12 中各处理后图像的参数值。图 8.13 所示图像的参数值在图 8.14(b)、图 8.15(b)、图 8.16(b)和图 8.17(b)中分别被显示和比较分析。

如图 8.14 所示，对于图 8.12(a4)、图 8.12(a5)、图 8.12(a7)、图 8.13(a2)和图 8.13(a3)所示图像，利用 DCP 算法处理的图像的 PSNR 值要比 RDLRT 算法获得的 PSNR 值稍微小一点。在其他图像中，利用 RDLRT 算法获得的图像的 PSNR 值几乎是最小的，也就是说 RDLRT 算法的 PSNR 值是最小或次最小的。为了便于直接分析，把所有的 PSNR 值在表 8.2 中列出。在上述五幅图像中，RDLRT 算法的 PSNR 值只比 DCP 算法的 PSNR 值稍微大一点。例如，在图 8.12(a4)中，RDLRT 算法的 PSNR 值为 17.75，DCP 算法的 PSNR 值为 17.02；在图 8.13(a3)中，RDLRT 算法的 PSNR 值为 16.70，DCP 算法的 PSNR 值为 16.41。这五幅图像都是城市区域的图像，包含较多的边缘信息和细节信息。DCP 算法可能把这些细节模糊了，因此其 PSNR 值低一些。其他三项指标都是 RDLRT 算法优于 DCP 算法，如图 8.15～图 8.17 所示。此外，DeHazeNet 算法的 PSNR 值比较大，表明消除雾霾的能力不是很强。

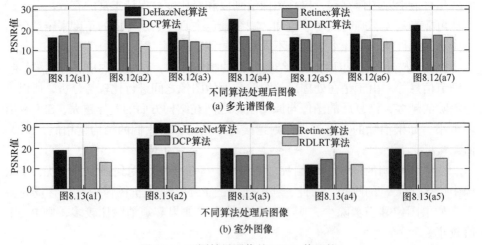

(a) 多光谱图像

(b) 室外图像

图 8.14　不同结果图像的 PSNR 值比较

表 8.2　图像雾霾消除后的 PSNR 值

算法	DeHazeNet 算法	DCP 算法	Retinex 算法	RDLRT 算法
图 8.12(a1)	16.44	17.41	18.53	13.43
图 8.12(a2)	28.19	18.56	19.07	12.07
图 8.12(a3)	19.23	15.11	14.46	13.29
图 8.12(a4)	25.37	17.02	19.58	17.75
图 8.12(a5)	16.50	15.51	18.00	17.27
图 8.12(a6)	18.20	15.49	15.97	14.47
图 8.12(a7)	22.47	15.78	17.55	16.45
图 8.13(a1)	18.84	15.64	20.29	13.10
图 8.13(a2)	24.55	16.82	17.69	17.92
图 8.13(a3)	19.81	16.41	16.60	16.70
图 8.13(a4)	11.77	14.57	17.34	12.16
图 8.13(a5)	19.58	16.89	17.96	15.00

图 8.15 为不同结果图像的 SSIM 值比较。非常明显，不论是哪幅图像，DeHazeNet 算法和 DCP 算法处理后图像的 SSIM 值比较高，表明它们与原始图像更接近，消除雾霾量少。在大多数情况下，由 RDLRT 算法处理的图像的 SSIM 值最小，表明处理后的图像与原始图像之间有较大差异，说明雾霾的消除量比较多。在有些图像中，Retinex 算法的 SSIM 值比 RDLRT 算法的小，但是它们之间的差距比较小。这也说明，Retinex 算法确实能够消除雾霾的影响，但是雾霾消除效果越好，颜色失真越大，图像过度增强的信息越多。

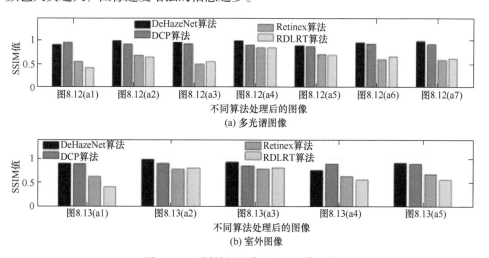

图 8.15　不同结果图像的 SSIM 值比较

图 8.16 显示的是不同结果图像的 CR 值比较。从图 8.16 可知, 不论是哪幅图像, 总是 Retinex 算法和 RDLRT 算法的 CR 值较大, 大部分情况下仍然是 RDLRT 算法的值最大。这说明, 经 RDLRT 算法处理后图像的对比度更好, 图像清晰度更高。只有在城市场景的图像中, Retinex 算法的 CR 值才比 RDLRT 算法的大, 表明其适合城市建筑物边缘等信息的处理。经 DeHazeNet 算法和 DCP 算法处理后, 图像的 CR 值较小, 说明这两种算法很难提高原始图像的对比度。

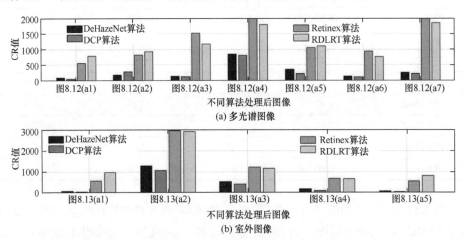

图 8.16　不同结果图像的 CR 值比较

图 8.17 显示的是不同结果图像的 IE 值比较。从图 8.17 可知, 不论哪种情况, 经 RDLRT 算法处理后图像的 IE 值几乎最大, 接着是 Retinex 算法, DCP 算法和 DeHazeNet 算法相对小一些。从整体来看, 虽然它们的差别都不是很大, 但是 RDLRT 算法稍微占一点优势。

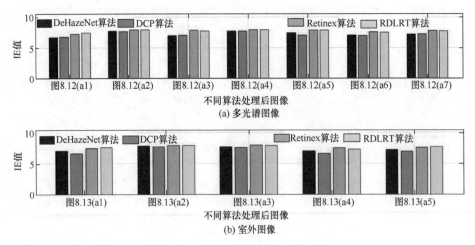

图 8.17　不同结果图像的 IE 值比较

　　由于 RDLRT 算法比其他算法更复杂，所以运行时间更长。下面讨论不同算法对不同图像的处理时间，实验结果如表 8.3 所示。从表 8.3 可以看出，无论是什么图像，Retinex 算法的运行时间最少。该算法是一种滤波算法，不涉及参数估计，因此它比其他算法运行得更快。另外三种算法涉及大气传输速率参数的估计，因此运行时间相对较长。尤其是 RDLRT 算法，它需要多次调用 DeHazeNet 算法来完成滚动处理和深度学习。此外，还有色调处理和使用 Retinex 算法的进一步过滤，以及不同算法处理后结果的融合操作。这些都需要时间来处理，因此其处理的时间会更长，如表 8.3 所示。同时，处理时间与图像的大小和包含的内容也有关系，图像越大，处理时间越长，同样，图像覆盖区域越复杂，处理时间越长。

表 8.3　不同算法运行时间比较

图序	图像大小	DCP 算法/s	DeHazeNet 算法/s	Retinex 算法/s	RDLRT 算法/s
图 8.12(a1)	600×800	1.09	5.39	0.59	22.04
图 8.12(a2)	612×612	2.23	7.81	0.80	17.89
图 8.12(a3)	700×700	1.02	5.52	0.57	23.74
图 8.12(a4)	1000×1000	5.96	20.21	1.53	54.87
图 8.12(a5)	1000×1000	3.68	17.36	1.44	59.62
图 8.12(a6)	500×350	1.26	3.44	0.46	9.79
图 8.12(a7)	700×600	1.95	8.27	0.57	19.74
图 8.13(a1)	373×426	1.08	2.79	0.43	8.49
图 8.13(a2)	520×700	0.71	4.01	0.44	13.43
图 8.13(a3)	578×999	1.19	6.33	0.67	21.11
图 8.13(a4)	960×1280	2.70	13.07	0.94	59.41
图 8.13(a5)	598×400	1.75	4.57	0.71	11.55

　　通过不同的实验和评价指标的分析，可以得出 RDLRT 算法是一种可行的多光谱遥感图像雾霾消除算法，不但能取得好的消除雾霾效果，而且能保持较好的细节信息和较小的颜色失真。Retinex 算法虽然能有效消除雾霾，但是失真效果比较明显，而且容易产生过度增强的现象，出现过多的细节。例如，在城市区域，它可能会把建筑物的阴影边缘当作细节信息进行提取。同时，该算法尺度参数的选择也会对处理结果产生较大影响。DCP 算法和 DeHazeNet 算法均能降低雾霾的影响，但是其消除雾霾不彻底。虽然 DeHazeNet 算法滚动处理会进一步消除雾霾，但是图像的色调也会逐渐变暗。显而易见，对于图像中不均匀的雾霾，这两种算法均无法取得较理想的效果。

虽然 RDLRT 算法的运行时间较长，但它具有更好的处理性能，可以得到更好的实验结果和更高质量的图像。在实时性要求较低的情况下，RDLRT 算法是一种高效、高性能、可行的算法，具有较大的应用潜力。

8.4　基于注意力卷积神经网络的 SAR 舰船目标检测算法

SAR 舰船分割检测的目的是从复杂的背景中提取完整的目标区域，并且保持舰船的边缘信息。恰当的舰船分割能够消除 SAR 图像中复杂背景的干扰。然而，SAR 系统造成的斑点噪声是一个普遍问题，它降低了图像质量和图像判读。因此，自动且准确地对 SAR 舰船分割仍然是一个具有挑战的任务。

基于遥感图像的目标检测就是将目标区域从背景区域中分割和提取出来。基于图像的舰船目标分割算法较多[22,23]，大体上可以划分为监督分割算法和非监督分割算法。非监督分割算法不需要先验知识，如标签和地面真实场景等。非监督舰船目标检测算法主要包括阈值分割、聚类、活动轮廓和 MRF 等。典型的有 Otsu 算法[24]和最小误差阈值算法[25]，它们对黑色背景图像中的舰船是有效的，但是对于背景杂乱的 SAR 图像分割效果不太理想。Jin 等[26]提出以高斯模型的形式来融合舰船目标全局分布信息的模糊 C 均值(fuzzy C-means, FCM)聚类算法。Bai 等[27]设计了一种结合对称信息的 MRF 的目标分割算法。该算法对行人的分割效果是有效的，但是对于姿态变换的舰船目标分割检测效果不理想。Cao 等[28]用分水岭算法分割和提取图像中的舰船目标。Zhang 等[29]通过结合椭圆约束和梯度矢量流蛇模型来提取 SAR 图像中的舰船目标。在目标检测方面，非监督分割算法总体上不如监督分割算法优越，因此非监督分割算法的研究和应用不如监督分割算法广泛。监督分割算法需要先验知识来训练模型，而且其核心功能是挖掘数据中隐藏的特征。流行的深度卷积神经网络结构属于监督深度学习算法。监督深度学习算法能够自动提取和选择目标特征，但是传统的机器学习算法需要人工创建目标对象的特征。传统的监督学习算法主要包括贝叶斯算法、SVM 和 K 最近邻算法等。这些算法也广泛用于舰船目标的检测[28,30,31]。

随着计算机硬件的提升，深度学习算法在计算机视觉和图像处理领域得到越来越广泛的应用。一般的卷积神经网络是把整幅图像输入网络，经过多层网络处理，然后由 Softmax 层获得整幅图像的类别概率，但是其结果仅是获取图像的类别，而不能实现标记每个像素类别的语义分割任务。FCN 能够克服卷积神经网络的弱点，而且能实现像素级别的图像分割任务[32]。文献[33]和[34]把基于掩码区域的卷积神经网络和特征金字塔网络结构进行结合用于舰船目标的检测和分割，并且获得好的检测效果。文献[35]把空洞卷积应用到卷积神经网络中，增大局部感受野来保存池化丢失的特征。Chen 等[36]提出一种深度卷积神经网络与全连接条件随机场相结合的端到端框架。文献[37]设计了一种匹配语义分割网络，可以检测舰船目标的最小边界框。文献[38]提出一种判断图像中干扰因素(海雾、航迹、海浪)的鉴别器，可以提高舰船目标的检测效果。文献[39]提出利用 DeepLabv3+结构对舰船目标进行检测。从这些文献可以看出，虽然基于深度学习的理论和算法可以实现对舰船目标的检测，但是这些算法还可以不断得到优化和改进。例如，这些网络结构不但复杂，而且拥有大量的参数；对于 SAR 图像的舰船目标的检测和分割，通常没有考虑 SAR 图像斑点噪声等因素对舰船检测效果带来的干扰和影响；随着网络结构层的加深，特别是很深的结构网络，中间特征图的特征变得越来越弱。因此，通过深入研究现有舰船目标检测算法，发现降低网络复杂度、消除噪声影响、充分利用网络中间层的特征可以提升网络性能。本节在此基础上提出一种引入小波和注意力机制的卷积神经网络 (wavelet and attention convolutional neural network, WA-CNN)算法[2]，并用于 SAR 图像舰船目标的检测。

WA-CNN 算法的网络结构采用的是 U-Net 网络[40]，其基本结构包括编码器和解码器。WA-CNN 算法的主要贡献包括以下几个方面。

(1) 在编码器的池化过程中引入双树复小波变换，对 SAR 图像的斑点噪声进行抑制，减少噪声的干扰，有利于保持特征图的结构。

(2) 在解码器中创建注意力机制层，提高中间层的利用率，同时充分利用特征计算过程中的全局信息，使获取的信息更加准确。

(3) 提出的算法可以大幅降低 U-Net 网络的深度，以更少的参数量提高网络的效率。

8.4.1 构建 WA-CNN 结构

WA-CNN 的总体框架如图 8.18 所示，总体上是一个带有编码解码形式的 U-Net 结构。编码器部分的结构由 3 个阶段组成，每个阶段通过池化层来连接。因为双树复小波变换在方向选择、冗余和重构方面具有很好的优势，所以以编码过程中的池化层通过双树复小波变换进行池化运算，即小波池化。其目的是降低 SAR 图像中固有斑点噪声的影响，保存图像中更多的结构信息，如边、端点和角。解码器部分的结构也由 3 个阶段构成，每个阶段通过上采样层连接，把输出特征图放大为输入图像的 2 倍。解码过程中构建了注意力机制，能够更好地进行特征提取和融合，有利于提取全局信息。

为了提高网络的计算性能，原始图像被裁剪成 256×256 大小的图像。在编码器的第一个阶段，卷积层进行 3 次卷积运算，卷积核大小为 3×3，卷积核的个数为 64 个，因此可以获得特征图的深度为 64。在编码器的第二个阶段中，首先

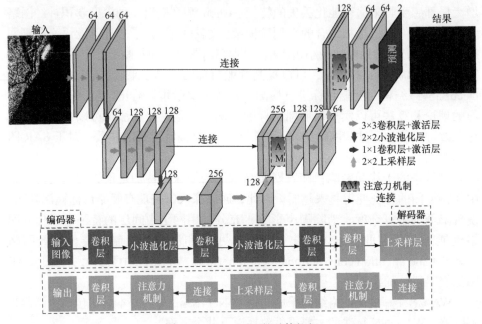

图 8.18　WA-CNN 的总体框架

对输入的特征图进行小波池化处理，小波池化层获得大小降为输入特征图 1/2 且深度为 64 的特征图。接下来，对小波池化层的结果进行 3 次卷积运算。卷积核的大小仍然为 3×3，有 128 个卷积核，故此卷积层可获得深度为 128 的特征图。在编码器的第三个阶段中，通过小波池化层的处理可以获得大小为输入特征图 1/2 且深度是 128 的特征图。卷积核的大小还是 3×3，其个数为 256 个，因此可以获得深度为 256 的特征图。编码器第三个阶段的输出特征图作为解码器第一个阶段的输入图像，解码器对称于编码器。将上采样层获得的特征图和编码器的特征图进行融合，增加特征图的通道数，而且在特征融合时引入注意力机制。注意力机制输出在特征计算过程中提取全局信息的特征图。在解码器的最后一个阶段，深度为 64 的特征图进行卷积核大小为 1×1 且卷积核数量为 2 的卷积运算，而且卷积层获得通道为 2 的预测特征图(分别表示舰船目标和背景)。网络结构中小波池化层和注意力机制的实现细节将在 8.4.2 节和 8.4.3 节详细介绍。

8.4.2　小波池化原理

卷积神经网络中卷积层提取的是最基本的视觉特征，如端点和角等，并且这些特征在后面的层中将形成高水平的抽象特征，保存这些特征对分割效果是非常重要的。然而，SAR 图像中固有的斑点噪声会影响这些特征的提取，进一步影响舰船目标的检测和分割，而且卷积神经网络中简单的最大池化处理也会丢失一些细节特征。为了降低斑点噪声的影响，保存更多的细节特征信息，在卷积神经网络中引入小波池化层代替传统的最大池化层。在小波池化层中选择用 DT-CWT 进行池化运算，因为它具有近似不变性、顺序的有效性、冗余的有限性、重构的完美性和方向的选择性。卷积层产生的特征图通过 DT-CWT 处理，可产生两个低频系数子图像 LL_1 和 LL_2，以及 6 个不同方向的高频系数子图像 HL_1、HL_2、LH_1、LH_2、HH_1 和 HH_2，它们对应的方向分别为 $\pm15°$、$\pm45°$ 和 $\pm75°$。两个低频系数子图像 LL_1 和 LL_2 的均值作为小波池化层的输出。

把 DT-CWT 引入深度卷积网络结构，不但可以使低频系数子图像保留输入层的结构特征信息，而且可以通过高频系数子图像抑制 SAR 图像中的斑点噪声。类似于最大池化层，小波池化层的输入是卷积层的输出，如图 8.19 所示。在小波池化层中，每幅输入的特征图通过 DT-CWT 理论的变换处理后都可获得 8 幅子图像特征图，即

$$I(x_i) = \{LL_1, LL_2, LH_1, LH_2, HL_1, HL_2, HH_1, HH_2\} \tag{8.4}$$

式中，$I(x_i)$ 表示输入的特征图像。

然后把两幅低频系数子图像 LL_1 和 LL_2 进行均值运算，就可以获得它们的平均值 $LL_{average}$，把它作为小波池化层的输出，即

$$LL_{average} = \frac{LL_1 + LL_2}{2} \tag{8.5}$$

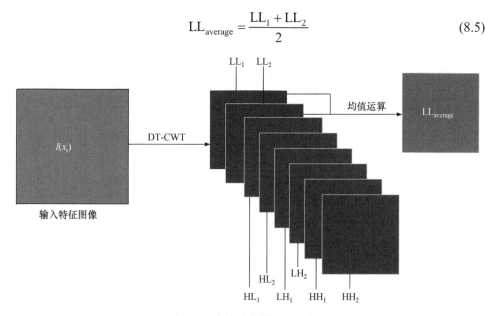

图 8.19　小波池化层原理示意图

实际上，在图 8.19 所示的小波池化层，通过 DT-CWT 产生的低频系数子图

像能够降低 SAR 图像斑点噪声的影响，从而保持较好的结构特征，对 SAR 图像中目标的分割非常有利。图 8.20 显示的是卷积神经网络中最大池化层和 WA-CNN 中小波池化层获得的特征图。其中，图 8.20(a)为两幅不同原始 SAR 图像，分别包含一个舰船目标。图 8.20(b)是卷积神经网络最大池化层处理后获得的特征图。图 8.20(c)所示的特征图是通过 WA-CNN 获得的。从图 8.20 可以看到，WA-CNN 提取的特征图保留了更多的特征信息，舰船目标的形状更加完整，同时减少了噪声的干扰。

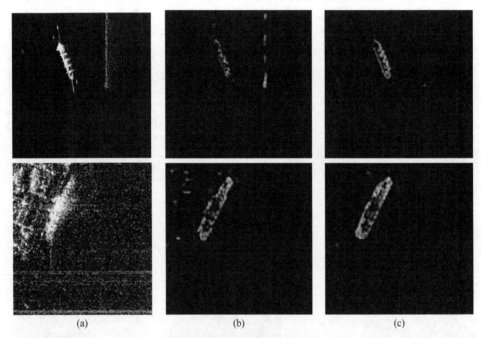

图 8.20　不同池化层产生的特征图

8.4.3　基于注意力机制的特征提取

在传统的卷积神经网络中，卷积核和输入的特征图通过卷积运算获取深层次的特征。然而，由于卷积核相对于原始图像或者目标区域比较小，所以部分信息得不到有效提取，影响目标区域最后的检测和分割效果。随着卷积层数的加深，这个缺陷会越来越严重。对于 SAR 图像中舰船目标的细节结构，解决这个问题至关重要，在网络的合适位置加入注意力机制可以克服该问题。

WA-CNN 算法利用注意力机制提高 SAR 图像舰船目标检测准确性的过程主要包括三个步骤，即相似特征抽取、特征相似性计算和原始特征增强。注意力机制提取特征示意图如图 8.21 所示，其具体操作过程如下。

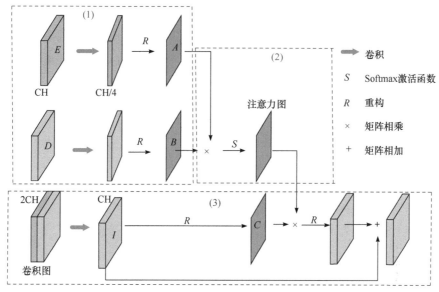

图 8.21　注意力机制提取特征示意图

(1) 相似特征抽取。首先把原始特征图像中的特征分为 A、B 和 C 三个空间，并且 A 和 B 空间特征的分布与 C 空间特征的分布相似，所以 C 空间的特征可以用 A 和 B 空间的特征来增强处理。整个网络中编码部分和解码部分的特征分别产生 A 和 B 空间。编码器和解码器的特征通过串联方式在通道上融合，然后获得串联后的特征，并产生 C 空间的特征。三个空间的产生是通过卷积层实现的。

在图 8.21 中，编码和解码过程中的特征图用 E 和 D 表示，通过卷积运算来降低通道数。通道数降为原始特征的 1/4。$\{E, D\} \in \mathbb{R}^{W \times H \times \mathrm{CH}}$。这里 W、H 和 CH 分别表示特征图的宽度、高度和通道数。为了计算特征相似性，需要将三维特征降为二维特征。然后将通道降低的三维特征重塑为二维特征矩阵 A 和 B。

(2) 特征相似性计算。矩阵 A 和 B 的相似性矩阵通过点积运算来实现，即

$$G(\cdot) = A^{\mathrm{T}} B \tag{8.6}$$

相似矩阵通过 Softmax 激活函数激活，并得到注意力特征图 $F \in \mathbb{R}^{W \times H \times \mathrm{CH}}$，则有

$$F_{ij} = \frac{\exp(A_i \times B_j)}{\sum\limits_{i=1}^{W \times H} \sum\limits_{j=1}^{W \times H} \exp(A_i \times B_j)} \tag{8.7}$$

式中，F_{ij} 表示矩阵 A 中第 i 个特征和矩阵 B 中第 j 个特征之间的相关性。

注意力特征图是一个值在 0~1 的系数矩阵，用来增强 C 空间，并且反映矩阵 A 和 B 中任意两个点之间的相似性。

(3) 原始特征增强。编码特征和解码特征在通道上堆叠形成串联特征，同时它的维度变为 $W \times H \times 2\mathrm{CH}$。串联特征通过卷积层减少通道数而获得新的特征图 I，$I \in \mathbb{R}^{W \times H \times \mathrm{CH}}$。为了增强原始特征，特征图 I 被重塑为矩阵 C。矩阵 C 和二维的注意力特征图相乘得到增强后的特征图。增强特征图通过卷积层从二维特征图重塑为三维特征图，其维度是 $\mathbb{R}^{W \times H \times \mathrm{CH}}$。它可以当作一个用来增强原始特征的系数矩阵，即

$$Q_j = \varepsilon \sum_{i=1}^{W \times H} (F_{ji} C_j) + I_j \tag{8.8}$$

式中，Q_j 是通过注意力机制产生的第 j 个特征；ε 是衡量注意力特征在所有特征中占比的一个系数。

注意力特征图和原始特征图相加就可以获得最终的增强特征图。

8.4.4　参数设置与评价

下面实验所用的 SAR 图像数据来源于两个公开的数据集，即 SSDD 数据集[41]和 SAR-SHIP-SET 数据集[42]。SSDD 数据集中有 1160 幅图像和 2356 个舰船。数据集中图像的大小约为 500×500。数据主要由 RADARSAT-2、TerraSAR-X 和 Sentinel-1 等卫星获取，包含 HH、HV、VV 和 VH 四种极化方式，空间分辨率为 $1 \sim 15\mathrm{m}$，在大片海域和近岸地区都有舰船目标。为了提高网络的训练速度，原始图像被裁剪成大小为 256×256 的图像。为了比较相同条件下不同算法的实验结果，训练集和测试集的分配不具体指定。因为 SSDD 数据集的数量比较多，所以采用训练集和测试集各 50%的数据分配方式来验证实验。

SAR-SHIP-SET 数据集包含 210 幅 SAR 舰船图像，其中 102 幅图像是由中国的高分三号卫星获取的，另外的 108 幅图像由 Sentinel-1 卫星获取。为便于运算和处理，原始 SAR 图像被裁剪为 256×256，共包含 43819 幅舰船切片图像。整个数据集随机分成训练集和测试集，它们的比例分别为 70%和 30%。

本节提出的 WA-CNN 算法采用批迭代算法来完成网络的训练。训练过程中批的大小设置为 20，迭代次数为 1000 次。学习率的设置和更新根据迭代的次数分段赋值。当迭代次数小于 200 次时，为第一阶段，此时学习率设为 0.001。当迭代次数大于等于 200 而小于 800 时，为第二阶段，学习率为 0.0005。当迭代次数大于等于 800 时，为第三阶段，学习率为 0.0001。

对于 SAR 图像舰船目标检测，每个像素最终的分类结果只有两种类型，即舰船和非舰船，也称为正类(positive)和负类(negative)。当检测结果与真值进行比较时，会出现正确分类和错误分类两种，分别记作真(true)和假(false)。如果一个舰船的像素被检测为舰船，这个像素就是真正类(true positive, TP)；如果被检测为非舰船类，这个像素就是假负类(false negative, FN)。如果一个非舰船像素被正确检

测为非舰船类，这个像素称为真负类(true negative, TN)；如果它被错误地检测为舰船类，这个像素称为假正类(false positive, FP)。真正类和真负类的值越大，舰船目标正确分类的精度就越高。

图像分割性能的评价指标有灵敏度(sensitivity, SE)、特异度(specificity, SP)、准确度(accuracy, ACC)和 ROC 曲线下的区域(area under curve, AUC)等。下面分别给出前三者的具体计算公式，即

$$SE = \frac{TP}{TP + FN} \tag{8.9}$$

$$SP = \frac{TN}{TN + FP} \tag{8.10}$$

$$ACC = \frac{TP + TN}{TP + TN + FP + FN} \tag{8.11}$$

式中，SE 表示舰船目标像素的分割性能；SP 表示非舰船目标像素的分割性能；ACC 表示整个图像像素的分割性能。

AUC 是 ROC 曲线下的面积，并且面积的最大值是 1。AUC 的值越大，代表网络的分割效果越好。

8.4.5　实验结果与分析

为了验证 WA-CNN 算法的可行性和有效性，用 SSDD 数据集和 SAR-SHIP-SET 数据集的 SAR 图像进行验证实验，并与 FCN、U-Net 和 DeepLabv3+等网络进行比较实验，利用评价指标对实验结果和算法的性能进行定量分析。

1. SSDD 数据集的实验

用 SSDD 数据集中的 SAR 图像进行舰船目标检测和分割实验，检测结果如图 8.22 所示。图 8.22(a1)～图 8.22(a10)表示原始图像，里面都包含舰船目标。这些实验图像包含了不同场景的情况，既有近海岸的 SAR 图像，也有深海区域的 SAR 图像；既有含大量斑点噪声的 SAR 图像，也有无斑点噪声的 SAR 图像；既有高分辨率的 SAR 图像，也有中低分辨率的 SAR 图像。其中，图 8.22(a5)和图 8.22(a6)包含大量的强斑点噪声，其他图像的斑点噪声比较弱。图 8.22(a3)和图 8.22(a5)中舰船目标的尾迹比较明显。图 8.22(a2)、图 8.22(a4)和图 8.22(a8)中有多个舰船目标。图 8.22(a1)～图 8.22(a6)是中低分辨率的 SAR 图像，而且舰船处于分散状态，与周围其他物体没有联系。图 8.22(a4)是近海岸的 SAR 图像，有大量的陆地场景。图 8.22(a7)～图 8.22(a10)是高分辨率 SAR 图像，而且其中的舰船目标都停靠在码头，因此舰船与周围其他物体相连接。图 8.22(b)表示真实舰船情况。图 8.22(c)～图 8.22(f)分别表示 FCN 算法、U-Net 算法、DeepLabv3+算法和

WA-CNN 算法等获得的实验结果。

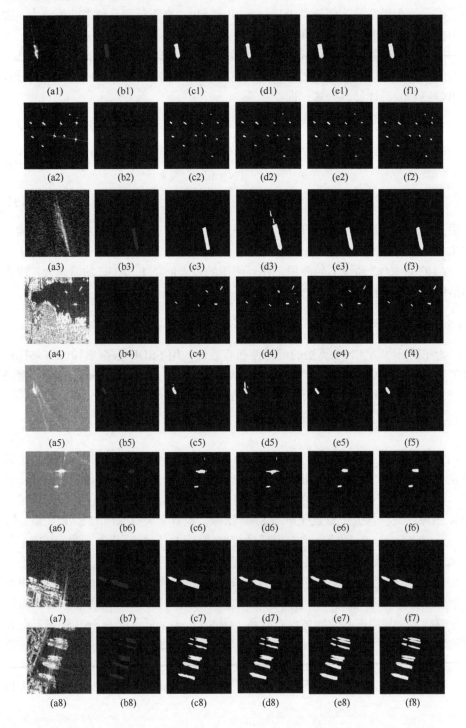

(a1) (b1) (c1) (d1) (e1) (f1)

(a2) (b2) (c2) (d2) (e2) (f2)

(a3) (b3) (c3) (d3) (e3) (f3)

(a4) (b4) (c4) (d4) (e4) (f4)

(a5) (b5) (c5) (d5) (e5) (f5)

(a6) (b6) (c6) (d6) (e6) (f6)

(a7) (b7) (c7) (d7) (e7) (f7)

(a8) (b8) (c8) (d8) (e8) (f8)

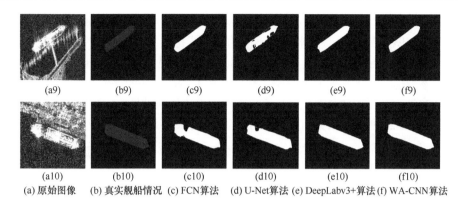

(a9)　　　(b9)　　　(c9)　　　(d9)　　　(e9)　　　(f9)

(a10)　　　(b10)　　　(c10)　　　(d10)　　　(e10)　　　(f10)

(a) 原始图像　(b) 真实舰船情况 (c) FCN算法　(d) U-Net算法 (e) DeepLabv3+算法 (f) WA-CNN算法

图 8.22　SSDD 数据集不同算法的舰船检测结果

从图 8.22(c)可以看到，当用 FCN 结构对图 8.22(a1)进行检测时，检测结果中舰船的边界有缺失。在图 8.22(a2)中，对舰船目标的检测有遗漏。在图 8.22(a5)和图 8.22(a6)中，有强烈的斑点噪声被误检测为舰船目标。在图 8.22(a8)中，邻接在一起的舰船检测结果的边界区分不明显。在图 8.22(a10)中，检测的舰船目标存在缺失和不完整的现象。

用 U-Net 算法检测的结果如图 8.22(d)所示。U-Net 算法获得的实验结果与 FCN 算法获得的结果非常相似，不太理想。例如，在图 8.22(a1)中，其检测的效果还可以，舰船的边界检测比较完整。对于图 8.22(a2)，出现了漏检现象。在图 8.22(a3)中，舰船行驶产生的海浪被误检为舰船。在图 8.22(a4)中，部分岛屿被检测为舰船目标。在图 8.22(a5)和图 8.22(a6)中，斑点噪声比较强烈，产生了虚检现象，噪声波误检测为舰船。图 8.22(a8)中，邻接在一起的舰船的边界也没有被区分出来。对于图 8.22(a9)和图 8.22(a10)显示的高分辨率 SAR 图像，检测的结果存在不完整性，有缺失现象。

图 8.22(e)所示图像为 DeepLabv3+算法的检测结果。总体上，舰船的边缘比较完整，受斑点噪声的影响比较小，检测的舰船目标与港口、海岸和岛屿等有较好的区分，对于高分辨率下舰船目标的检测无缺失现象发生。唯一不足的是，图 8.22(a2)中弱散射的小船目标漏检了。

WA-CNN 算法的实验结果如图 8.22(f)所示。从视觉效果来看，WA-CNN 算法获得的结果非常好，不但能准确地识别不同场景 SAR 图像中的舰船目标，而且边缘结构是完整的。不论是中低分辨率还是高分辨率 SAR 图像，舰船都能得到有效检测，没有漏检和虚检，而且能够克服斑点噪声、海浪、港口、小岛和相邻舰船等因素的影响。

由前面的实验结果分析可知，对于 SSDD 数据集的 SAR 图像舰船检测，WA-CNN 算法的效果最好，其次是 DeepLabv3+算法，最后是 FCN 算法和 U-Net

算法。下面用 SE、SP、ACC 和 AUC 等四个评价指标对算法的性能进一步比较分析，结果如图 8.23 所示。横坐标是不同的评价指标，纵坐标是各个指标对应所有图像的平均值。各个指标的值不是单幅图像的值，而是某种算法处理后所有图像相同评价参数值的算术平均值。例如，图 8.23 中 U-Net 算法的评价参数 SE 的值，它是图 8.22(d)对应的全部图像的 SE 值相加然后求均值的结果，其他参数值的获取过程类似。图 8.23 所示的参数值是由图 8.22 中不同算法提取的结果图像计算获得的。

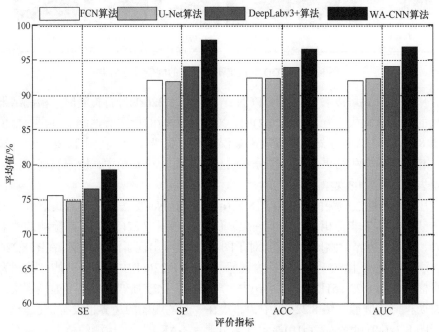

图 8.23　不同算法对 SSDD 数据集处理结果的性能指标比较

从图 8.23 可以看出，对于四个评价指标 SE、SP、ACC 和 AUC，利用 WA-CNN 算法获取的结果图像来计算，其值都是最大的，明显高于其他三种算法。这表明，对于 SSDD 数据集中的 SAR 图像，WA-CNN 算法均能有效完整地检测并分割出舰船目标，参数评价效果也是最好的。其次性能比较好的算法是 DeepLabv3+算法，再次是 FCN 算法和 U-Net 算法。从图 8.23 可知，FCN 算法和 U-Net 算法的性能指标非常接近，说明它们的检测效果非常相似，如图 8.22(c)和图 8.22(d)所示。

2. SAR-SHIP-SET 数据集的实验

为了验证 WA-CNN 算法对其他 SAR 图像数据的处理效果，利用 SAR-SHIP-SET 数据集中的 SAR 图像继续进行验证实验。该数据集采集的舰船目标种类更丰富，成像场景更复杂，检测结果更能说明问题。如图 8.24 所示，图 8.24(a1)～图 8.24(a10)

表示原始图像。图 8.24(a1)和图 8.24(a4)来自 Sentinel-1 卫星。其余的图像均由高分三号卫星获取。其中，图 8.24(a3)～图 8.24(a6)属于中等分辨率图像，成像区域为近海岸和大浪区域。图 8.24(a7)～图 8.24(a10)为高分辨率 SAR 图像，而且干扰因素也比较多。图 8.24(b)表示真实舰船情况，图 8.24(c)～图 8.24(f)分别表示 FCN 算法、U-Net 算法、DeepLabv3+算法和 WA-CNN 算法等获得的实验结果。

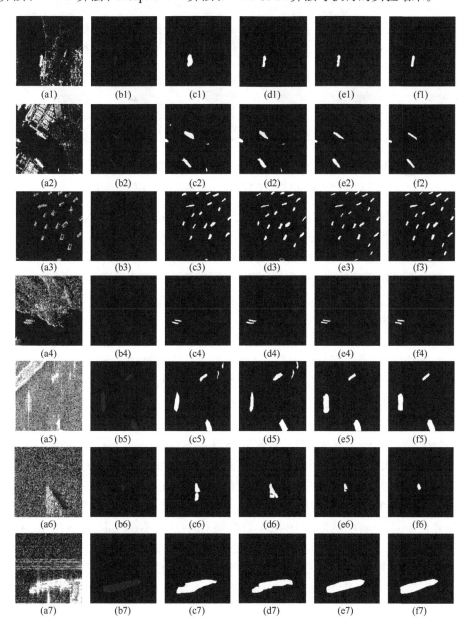

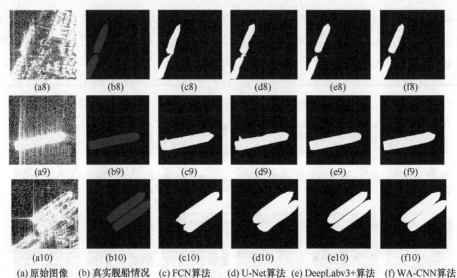

(a) 原始图像　(b) 真实舰船情况　(c) FCN算法　(d) U-Net算法　(e) DeepLabv3+算法　(f) WA-CNN算法

图 8.24　SAR-SHIP-SET 数据集不同算法的舰船检测结果

　　FCN 算法的检测结果如图 8.24(c)所示。对于图 8.24(a1)，FCN 算法把部分港口误检测为舰船。图 8.24(a2)把岛屿当作舰船目标来检测。在图 8.24(a3)中，有两只小舰船目标被漏检。对于图 8.24(a5)和图 8.24(a6)，强烈噪声和海浪被检测为舰船。在图 8.24(a8)和图 8.24(a10)中，舰船的边缘提取不理想，不但边缘信息缺失，而且邻接的舰船边缘信息很难区分。可以看到，FCN 算法对于 SAR-SHIP-SET 数据集中 SAR 图像舰船目标的检测效果比较差。图 8.24(d)所示的图像为 U-Net 算法获得。很明显，U-Net 算法和 FCN 算法的检测效果非常相似。它不但把港口、岛屿、噪声和海浪等误当作舰船来检测，而且对于小舰船目标，出现漏检及边缘检测不清晰等情况。所以，U-Net 算法和 FCN 算法用来检测 SAR 图像中的舰船目标，检测效果比较差。图 8.24(e)显示了 DeepLabv3+算法的检测结果。可以看出，DeepLabv3+算法的效果总体上比 U-Net 算法和 FCN 算法好，但是对于图 8.24(a6)和图 8.24(a8)的处理，存在分类错误，对于图 8.24(a1)、图 8.24(a5)和图 8.24(a10)的检测，提取的舰船边缘和形状出现较大偏差。对于图 8.24(a1)～图 8.24(a10)中的各类型舰船，WA-CNN 算法均能有效检测，而且效果非常不错，与真实场景情况非常接近。

　　经过以上直观的视觉舰船检测实验，性能指标 SE、SP、ACC 和 AUC 被用来定量评估不同算法在 SAR-SHIP-SET 数据集上的性能，结果如图 8.25 所示。横坐标是评价指标，纵坐标是算法对应指标的平均值。图 8.25 中参数值的获取过程与图 8.23 完全相同，物理含义也相同。图 8.25 是通过图 8.24 实验结果计算的。从图 8.25 可知，不论是哪个评价指标值，WA-CNN 算法获得的结果较高，而其他三种算法差别不大。DeepLabv3+算法获得的参数值稍大于 FCN 算法和 U-Net 算法获得的值，同时 FCN 算法和 U-Net 算法的性能指标比较接近。图 8.25 反映的规律与图 8.23 反映的规律是一样的，也就是说，对于 SAR-SHIP-SET 数据集，WA-CNN 算法同样能获得不错的舰船目标检测效果，而且其性能要优于 FCN 算法、U-Net 算法和 DeepLabv3+算法。

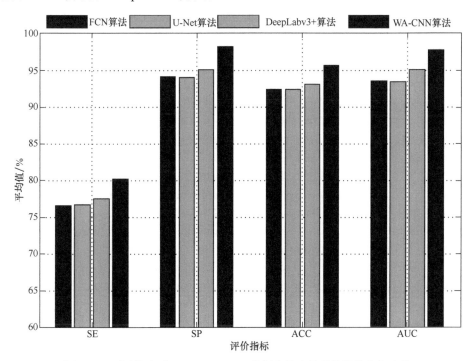

图 8.25　不同算法对 SAR-SHIP-SET 数据集处理结果的性能指标比较

8.5　本 章 小 结

深度学习是人工智能的实现算法，已逐渐融入日常生活和社会经济发展中。特别是以卷积神经网络结构为代表的深度学习技术已在不少领域获得成功应用。卷积运算和池化处理是各种卷积神经网络架构的关键技术，离不开基于邻域运算的多尺度卷积核。因此，本章主要介绍深度学习理论在遥感图像处理中的应用。在 DeHazeNet 算法的基础上提出 RDLRT 算法，把深度学习理论和视觉颜色恒定 Retinex 理论以及图像增强理论进行有机结合，不但能有效消除雾霾，而且对比度得到较好提升，图像清晰度和视觉效果较好，颜色失真小，同时具有较好的普适性。SAR 成像过程会受到各种因素的干扰，导致 SAR 图像舰船目标的有效检测和分割比较难，所以本章通过 WA-CNN 算法对 SAR 图像舰船目标进行检测。该算法能有效降低斑点噪声的影响，提高特征的提取能力，实现 SAR 图像舰船目标的有效检测和分割。

参 考 文 献

[1] Huang S Q, Xu J, Liu Z G, et al. Image haze removal based on rolling deep learning and Retinex theory[J]. IET Image Processing, 2022, 16(2):485-498.

[2] Huang S Q, Pu X W, Zhang X K, et al. SAR ship target detection method based on CNN structure with wavelet and attention mechanism[J]. PLOS One, 2022, 17(6): 0265599.

[3] 罗鹏, 黄世奇, 蒲学文, 等. 基于生成对抗网络的遥感图像生成方法[C]//第十六届国家安全地球物理专题研讨会, 2020: 125-131.

[4] 李彦冬, 郝宗波, 雷航. 卷积神经网络研究综述[J]. 计算机应用, 2016, 36(9): 2508-2515.

[5] 曾文献, 张淑青, 马月, 等. 基于卷积神经网络的图像检测识别算法综述[J]. 河北省科学院学报, 2020, 37(4): 1-8.

[6] 俞颂华. 卷积神经网络的发展与应用综述[J]. 信息通信, 2019, (2): 39-43.

[7] Cai B, Xu X, Jia K, et al. DeHazeNet: an end-to-end system for single image haze removal[J]. IEEE Transactions on Image Processing, 2016, 25 (11): 5187-5198.

[8] Ren W, Liu S, Zhang H, et al. Single image dehazing via multi-scale convolutional neural networks [C]//European Conference on Computer Vision, 2016: 154-169.

[9] Ke L, Liao P, Zhang X, et al. Haze removal from a single remote sensing image based on a fully convolutional network[J]. Journal of Applied Remote Sensing, 2019, 13(3): 036505.

[10] Li B, Peng X, Wang Z, et al. AOD-Net: all-in-one dehazing network[C]//International Conference on Computer Vision, 2017: 4780-4788.

[11] Li R, Pan J, Li Z, et al. Single image dehazing via conditional generative adversarial network[C]//Proceedings of the IEEE Conference on Computer Vision and Pattern Recognition, 2018: 8202-8211.

[12] Bu Q R, Luo J, Ma K, et al. An enhanced pix2pix dehazing network with guided filter layer[J]. Applied Sciences -Computing and Artificial Intelligence, 2020, 10(17): 5898.

[13] Yang X, Li H, Fan Y L, et al. Single image haze removal via region detection network[J]. IEEE Transactions on Multimedia, 2019, 21(10): 2545-2560.

[14] Li B, Zhao J, Fu H. DLT-Net: deep learning transmittance network for single image haze removal[J]. Signal, Image and Video Processing, 2020, 14(6): 1245-1253.

[15] Zhang S, He F, Ren W. NLDN: non-local dehazing network for dense haze removal[J]. Neurocomputing, 2020, 410: 363-373.

[16] Zhang X. Research on remote sensing image de-haze based on GAN[J]. Journal of Signal Processing Systems, 2022, 94: 305-313.

[17] Qin M, Xie F, Li W, et al. Dehazing for multispectral remote sensing images based on a convolutional neural network with the residual architecture[J]. IEEE Journal of Selected Topics in Applied Earth Observations and Remote Sensing, 2018, 11(5): 1645-1656.

[18] Sharma N, Kumar V, Singla S K. Single image defogging using deep learning techniques: past, present and future[J]. Archives of Computational Methods in Engineering, 2021, 28(2):

4449-4469.

[19] Jobson D J, Rahman Z, Woodell G A. Properties and performance of a center/surround Retinex [J]. IEEE Transactions on Image Process, 1997, 6 (3): 451-462.

[20] He K M, Sun J, Tang X O. Single image haze removal using dark channel prior[J]. IEEE Transactions on Pattern Analysis and Machine Intelligence, 2011, 33(12): 2341-2353.

[21] Huang S Q, Li D, Zhao W W, et al. Haze removal algorithm for optical remote sensing image based on multi-scale model and histogram characteristic[J]. IEEE Access, 2019, 7: 104179-104196.

[22] Zhang X, Chen Z, Wu Q M J, et al. Fast semantic segmentation for scene perception[J]. IEEE Transactions on Industrial Informatics, 2018, 15(2): 1183-1192.

[23] Li X, Jiang Y, Li M, et al. Lightweight attention convolutional neural network for retinal vessel image segmentation[J]. IEEE Transactions on Industrial Informatics, 2020, 17(3): 1958-1967.

[24] Otsu N. A threshold selection method from gray-level histograms[J]. IEEE Transactions on Systems, Man, and Cybernetics, 1979, 9(1): 62-66.

[25] Kittler J, Illingworth J. Minimum error thresholding[J]. Pattern Recognition, 1986, 19(1): 41-47.

[26] Jin D, Bai X. Distribution information based intuitionistic fuzzy clustering for infrared ship segmentation[J]. IEEE Transactions on Fuzzy Systems, 2019, 28(8): 1557-1571.

[27] Bai X, Wang Y, Liu H, et al. Symmetry information based fuzzy clustering for infrared pedestrian segmentation[J]. IEEE Transactions on Fuzzy Systems, 2017, 26(4): 1946-1959.

[28] Cao X, Gao S, Chen L, et al. Ship recognition method combined with image segmentation and deep learning feature extraction in video surveillance[J]. Multimedia Tools and Applications, 2020, 79(13): 9177-9192.

[29] Zhang X, Dong G, Xiong B, et al. Refined segmentation of ship target in SAR images based on GVF snake with elliptical constraint[J]. Remote Sensing Letters, 2017, 8(8): 791-800.

[30] Proia N, Pagé V. Characterization of a Bayesian ship detection method in optical satellite images[J]. IEEE Geoscience and Remote Sensing Letters, 2009, 7(2): 226-230.

[31] Shaik J, Iftekharuddin K M. Detection and tracking of targets in infrared images using Bayesian techniques[J]. Optics & Laser Technology, 2009, 41(6): 832-842.

[32] Long J, Shelhamer E, Darrell T. Fully convolutional networks for semantic segmentation[C]// Proceedings of the IEEE Conference on Computer Vision and Pattern Recognition, 2015: 3431-3440.

[33] Nie X, Duan M, Ding H, et al. Attention mask R-CNN for ship detection and segmentation from remote sensing images[J]. IEEE Access, 2020, 8: 9325-9334.

[34] Yekeen S T, Balogun A L, Yusof K B W. A novel deep learning instance segmentation model for automated marine oil spill detection[J]. ISPRS Journal of Photogrammetry and Remote Sensing, 2020, 167: 190-200.

[35] Wang W, Fu Y, Dong F, et al. Semantic segmentation of remote sensing ship image via a convolutional neural networks model[J]. IET Image Processing, 2019, 13(6): 1016-1022.

[36] Chen Y, Li Y, Wang J, et al. Remote sensing image ship detection under complex sea conditions based on deep semantic segmentation[J]. Remote Sensing, 2020, 12(4): 625.

[37] Xiao X, Zhou Z, Wang B, et al. Ship detection under complex backgrounds based on accurate rotated anchor boxes from paired semantic segmentation[J]. Remote Sensing, 2019, 11(21): 2506.

[38] Zhang W, He X, Li W, et al. An integrated ship segmentation method based on discriminator and extractor[J]. Image and Vision Computing, 2020, 93: 103824.

[39] Chen L C, Zhu Y, Papandreou G, et al. Encoder-decoder with atrous separable convolution for semantic image segmentation[C]//Proceedings of the European Conference on Computer Vision, 2018: 801-818.

[40] Ronneberger O, Fischer P, Brox T. U-Net: convolutional networks for biomedical image segmentation[C]//International Conference on Medical Image Computing and Computer-assisted Intervention, 2015: 234-241.

[41] Li J , Qu C , Shao J . Ship detection in SAR images based on an improved faster R-CNN[C]// SAR in Big Data Era: Models, Methods & Applications, 2017: 1-6.

[42] Wang Y, Wang C, Zhang H, et al. A SAR dataset of ship detection for deep learning under complex backgrounds[J]. Remote Sensing, 2019, 11(7): 765.